高职高专院校“十二五”精品示范系列教材（软件技术专业群）

JSP设计与开发

主 编 秦 毅 王 可

副主编 李法平 谭宴松 吴 蔚

内 容 提 要

本书结合 NetBeans IDE，从入门到深入，层层步进，从设计和开发的角度阐述了 JSP 知识：第 1、2 章介绍 JSP 的构成基础、HTML 的常用标签和表单，并简要提出 Servlet 和 JSP 的比较；第 3 章详细论述 JSP 元素和隐式对象；第 4 章引入 JavaBean 的概念和在 JSP 中的使用方式；第 5 章详细分析了会话跟踪的不同方式和相同点；第 6 章介绍 NetBeans 调试 JSP 的方法；第 7～9 章对 EL、JSTL 和扩展标签联合分析；第 10 章通过 JDBC 和数据库连接池的不同方式详述了 JSP 与数据库的连接；第 11 章介绍了 MVC 框架模式。

本书每一章以实例为引子，以章节内容为佐证，章节末尾给出实例的解决方法和步骤。全书的每一章实例都围绕一个项目展开，每一章的内容都在对这个项目进行堆积和扩展，使其最终成为一个完整的应用。

本书既可作为高等学校计算机软件技术课程的教材，也可作为 JSP 程序开发者的自学参考书。

图书在版编目（CIP）数据

JSP设计与开发 / 秦毅，王可主编. -- 北京 : 中国水利水电出版社，2013.8

高职高专院校“十二五”精品示范系列教材 : 软件技术专业群

ISBN 978-7-5170-1101-9

Ⅰ. ①J… Ⅱ. ①秦… ②王… Ⅲ. ①JAVA语言－网页制作工具－高等职业教育－教材 Ⅳ. ①TP312②TP393.092

中国版本图书馆CIP数据核字(2013)第172907号

策划编辑：寇文杰　　责任编辑：张玉玲　　封面设计：李　佳

书　名	高职高专院校“十二五”精品示范系列教材（软件技术专业群） JSP 设计与开发
作　者	主　编　秦　毅　王　可 副主编　李法平　谭宴松　吴　蔚
出版发行	中国水利水电出版社 （北京市海淀区玉渊潭南路 1 号 D 座　100038） 网址：www.waterpub.com.cn E-mail：mchannel@263.net（万水） sales@waterpub.com.cn 电话：（010）68367658（发行部）、82562819（万水）
经　售	北京科水图书销售中心（零售） 电话：（010）88383994、63202643、68545874 全国各地新华书店和相关出版物销售网点
排　版	北京万水电子信息有限公司
印　刷	三河市鑫金马印装有限公司
规　格	184mm×240mm　16 开本　19 印张　420 千字
版　次	2013 年 8 月第 1 版　2013 年 8 月第 1 次印刷
印　数	0001—2000 册
定　价	38.00 元

I

前　言

随着 Browser/Server 模式的普及，使用 Java 技术开发 Web 应用程序的案例和开发人员越来越多。“工欲善其事，必先利其器”，一个免费且功能强大的快速集成化开发工具对 Web 应用程序的开发是必不可少的。本书的内容均与 Oracle 旗下的 NetBeans IDE 紧密结合，让学生能够在课堂的有限时间内快速而准确地跟进教师进度，实现理论认知和实际操作的无缝接合。

本书主要特色如下：

（1）知识阶段分明，由浅入深，循序渐进，涉及当前 JSP 技术的主要内容。

（2）以模拟的项目案例需求启动各章节，且所有章节的项目案例层层关联，通过不断地完善、修改，在最后汇聚成一个完整的项目解决方案。

（3）目标针对性强，缓冲高职学生直接学习 Servlet 的突兀感和台阶感，从 HTML 和 Scriptlet 结合的 JSP 入手，层次递进所学知识。

本书由秦毅、王可任主编，李法平、谭宴松、吴蔚任副主编，李法平编撰全书模拟案例和习题；由于本书参考了较多的英文资料，感谢吴蔚对这些英文资源的翻译和组织。

由于时间仓促及编者水平有限，书中疏漏之处在所难免，恳请广大读者批评指正。

编　者

2013 年 6 月

目　录

第一篇　网页开发基础

第二篇　Java Web 初步

第三篇 Java Web 进阶

第四篇 深入 JSP 开发

第一篇　网页开发基础

1 HTML 简介

超文本标记语言（HyperText Markup Language，HTML）是为“网页创建和其他可在网页浏览器中看到的信息”设计的一种标记语言。HTML 被用来结构化信息——如标题、段落和列表等，也可用来在一定程度上描述文档的外观和语义，1982 年由蒂姆·伯纳斯-李创建，如今由万维网联盟（W3C）维护，HTML 4.01 是现行的推荐标准。

学习完本章，您能够：

- 了解 HTML 的发展和基本结构。
- 熟悉 HTML 的常用标签。
- 熟悉 HTML 的数据输入方式。
- 创建带有表单的 HTML 页面。

1.1 实例引入

CHERRYONE 是一家全球知名的计算机外设公司，为了能够扩大用户群对公司的进一步了解，让用户核实所购产品的真实性，也方便公司能更好地了解用户在使用产品时的意见反馈，公司决定对每位购入公司产品的用户提供相应的通行证信息，让用户通过产品上附加的通行证信息登录公司网站，验证产品的真实性，并对所购产品提出使用后的改进信息。

公司把该任务布置给公司内部的 Zac 团队来进行开发，团队先给出简单的原型供公司上层参考。原型需要实现的功能如下：

- 用户名和验证码的输入。
- 验证用户名和验证码的正确性。
- 用户所在国家的录入。

1.2 HTML 基本结构

1.2.1 历史

1982 年，因为工作需要，蒂姆·伯纳斯-李为使世界各地的物理学家能够方便地进行合作研究，创建了使用于其系统的 HTML。他设计的 HTML 以纯文字格式为基础，可以使用任何文本编辑器处理，最初仅有少量标记，所以非常容易掌握和运用。随着 HTML 使用率的增加，完全是文字的 HTML 已经无法满足使用者的需求；在之后的发展中，不断有人对 HTML 进行扩充和改进，1993 年，HTML 中引入了图形“<IMG>”标签，由此可以在 Web 页面上浏览图片；随着各种形式的多媒体在网页上的呈现和 Internet 的飞速发展，HTML 在表现手法和展现形式上变得越来越受人瞩目。

超文本标记语言（第一版）——在 1993 年 6 月互联网工程任务小组（IETF）作为工作草案发布（并非标准）。

HTML 2.0——1995 年 11 月作为 RFC 1866 发布。

HTML 3.2——1997 年 1 月 14 日发布，是 W3C 的推荐标准。

HTML 4.0——1997 年 12 月 18 日发布，是 W3C 的推荐标准。

HTML 4.01——1999 年 12 月 24 日发布，在 HTML 4.0 上做了细微的改进，是 W3C 的推荐标准。

HTML 没有 1.0 版本是因为当时有很多不同的版本。有些人认为蒂姆·伯纳斯-李的版本应该算初版，这个版本全部由文字组成，没有 IMG 元素。

现在网络中经常提及的 HTML 5 目前仍为草案，但已经被 W3C 接纳，预计在 2022 年会成为 W3C 的推荐标准。

1.2.2 构成

这里对 HTML 做一个简单的剖析，以让读者能更轻松地理解相关的专业词汇。

HTML 的全称是 Hyper Text Markup Language（超文本标记语言），是用来描述网页的一种语言，它不是一种编程语言，而是一种标记语言（Markup Language），这种标记语言使用了一套标记标签（Markup Tag），通过标记标签来描述网页。

下面来看一个最简单 HTML 页面的例子，从中分解出 HTML 页面的一般结构。

例 1-1 HTML 的主要结构。

```
<html>
<head>
<title>本书的第一个 HTML 页面</title>
```

```
</head>
<body>
<p>body 元素的内容会显示在浏览器中。</p>
<p>title 元素的内容会显示在浏览器的标题栏中。</p>
<p>这些是显示在浏览器中的内容：你好，读者！</p>
</body>
</html>
```

把该例中的代码用三个不同颜色的方框括起来，用大小和颜色来区分代码结构，如图 1-1 所示。

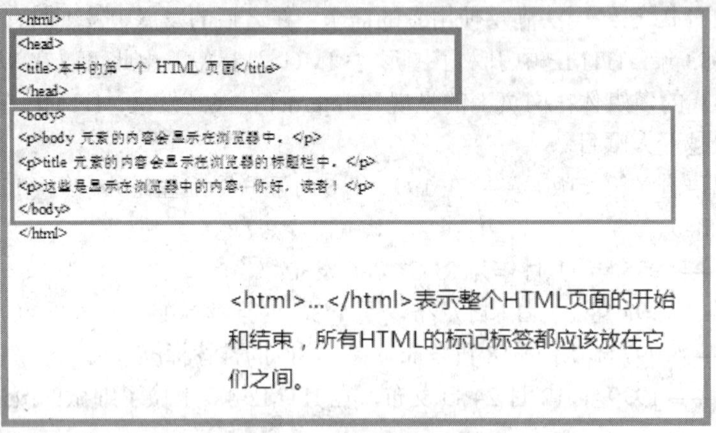

图 1-1　HTML 页面基本结构

- 最大的方框代表着整个 HTML 页面，它由开始标签<html>和结束标签</html>组成，所有 HTML 的标记标签[1]都应该放在它们之间。
- 最小的方框代表着 HTML 头部，head 元素[2]是所有头部元素的容器。head 内的子元素可包含脚本[3]，指示浏览器在何处可以找到样式表[4]、提供元信息[5]等。例 1-1 中在 head 元素内的是元素 title，title 元素能定义浏览器工具栏中的标题，提供页面被添加到收藏夹时显示的标题，或是显示在搜索引擎结果中的页面标题。
- 中大的方框代表着 HTML 主题部分，即实际表现的内容，body 元素是 HTML 文档的主体，大部分 HTML 元素都是在 body 元素内得以实现的。

注释：[1]标记标签：包含开始标签（start tag）和结束标签（end tag），开始标签由“<”和“>”加上标签名构成，而结束标签由</标签名>构成。

[2]元素：指的是从开始标签到结束标签之间的所有代码，比如图 1-1 中最小方框括起来的是 head 元素，中大方框括起来的是 body 元素，最大方框括起来的是 html 元素。

[3]脚本：是广泛用于客户端网页开发的较为简单易用的程序编写语言，在 HTML 上广泛使用，用于给 HTML 网页添加动态功能。

[4]样式表：CSS（Cascading Style Sheets），一般称为级联样式表或层叠样式表，是用来结

构化文档，添加样式的计算机语言，由 W3C 定义和维护。

[5]元信息：是用 head 元素内部的 meta 元素来描述的信息，大多数情况下，meta 元素用来提供与浏览器或搜索引擎相关的信息，如描述文档的内容等。

1.3 HTML 常用标签

1.3.1 标签和属性

HTML 拥有八十余种（甚至更多）标签，以及同这些标签相关的上百种属性。HTML 的功能便是告诉浏览器，在文档中的这些标签和相应属性的集合体是怎样对文档中的内容进行显示格式上的修饰的。

HTML 的一些常用标签如表 1-1 所示。

表 1-1 HTML 常用标签

标签	描述
<html>	定义 HTML 文档
<body>	定义文档的主体
<h1> to <h6>	定义 HTML 标题
<p>	定义段落
 	定义简单的换行
<hr>	定义水平线
<!--...-->	定义注释
<a>	定义锚点
<img>	定义图像
<b>	定义粗体文本
<font>	定义文本的字体、尺寸和颜色，HTML 4.0 中不建议使用
<i>	定义斜体文本
<table>	定义表格
<center>	定义文本居中对齐，HTML 4.0 中不建议使用
<head>	定义关于文档的信息
<title>	定义文档的标题
<strong>	定义语气强烈的强调文本

HTML 的大部分标签都无法单独使用，像本节第一段提到的，HTML 的标签需要和相应的属性一起协作来规划文档的显示格式。

例 1-2 部分常用 HTML 标签的示例。

```
<html>
    <head>
        <meta http-equiv="Content-Type" content="text/html; charset=UTF-8">
        <title>古诗二首</title>
    </head>
    <body bgcolor="gray">
        <h2><a href="#S1">春思</a></h2><br/>
        <h2><a href="#S1">凉思</a></h2><br/>
        <hr/>
        <table>
            <tr>
                <td bgcolor="white">
                    <h2><a name="#S1">《春思》 作者：李白</a> </h2>
                    燕草如碧丝，秦桑低绿枝。  <br />
                    当君怀归日，是妾断肠时。  <br />
                    春风不相识，何事入罗帏？  <br />
                    <br />
                    <br />
                    <br />
                    <h3>【韵译】：</h3>
                    燕塞春草，才嫩得象碧绿的小丝，<br />
                    秦地桑叶，早已茂密得压弯树枝。<br />
                    郎君啊，当你在边境想家的时候，<br />
                    正是我在家想你，肝肠断裂日子。<br />
                    多情的春风呵，我与你素不相识，<br />
                    你为何闯入罗帏，搅乱我的情思？<br />
                    <br />
                    <br />
                    <br />
                    <br />
                </td>
                <td bgcolor="white">
                    <img src="chunsi.png" alt="春思图片未显示" />
                </td>
            </tr>
            <tr>
                <td bgcolor="white">
                    <h2><a name="#S2">《凉思》 作者：李商隐</a>  </h2>
```

1 Chapter

```
                    客去波平槛，蝉休露满枝。    <br />
                    永怀当此节，倚立自移时。    <br />
                    北斗兼春远，南陵寓使迟。    <br />
                    天涯占梦数，疑误有新知。
                    <br />
                    <br />
                    <br />
                    <h3>【韵译】：</h3>
                    当初你离去时春潮漫平栏杆；<br/>
                    如今秋蝉不鸣露水挂满树枝。<br/>
                    我永远怀念当时那美好时节；<br/>
                    今日重倚槛前不觉时光流逝。<br/>
                    你北方的住处象春天般遥远；<br/>
                    我在南陵嫌送信人来得太迟。<br/>
                    远隔天涯我屡次占卜着美梦；<br/>
                    疑心你有新交而把老友忘记。  <br/>
                    <br />
                    <br />
                    <br />
                </td>
                <td bgcolor="white">
                    <img src="liangsi.png" alt="凉思图片未显示" />
                </td>
            </tr>
        </table>
    </body>
</html>
```

例 1-2 的执行结果如图 1-2 所示。

HTML 4 中属性分为标准属性和事件属性，标准属性用来支持相应标签的详细信息或显示效果，事件属性可以触发浏览器中的行为，并且事件脚本需要和 JavaScript 一起连用。

HTML 中的大部分元素都可分为两种类型：块级元素（block level element）和内联元素（inline element）[1]。块级元素会从新的一行出现，内联元素则会按行逐一显示。

- 块级元素的前后都会有插入的断行，所以如果不用 CSS[2]则没法让两个块级元素并列在一起。块级元素一般作为容器出现，用来组织结构。
- 内联元素一般只能包含文字或其他内联元素。

确认块级和内联元素，能够方便页面的后续布局设计，同时能够防止出现把块级元素放入内联元素内部显示的基本标签错误。

注释：[1]内联元素：一般情况下也被称为行级元素。

[2]CSS：级联样式表，见 1.2 节注释[3]。

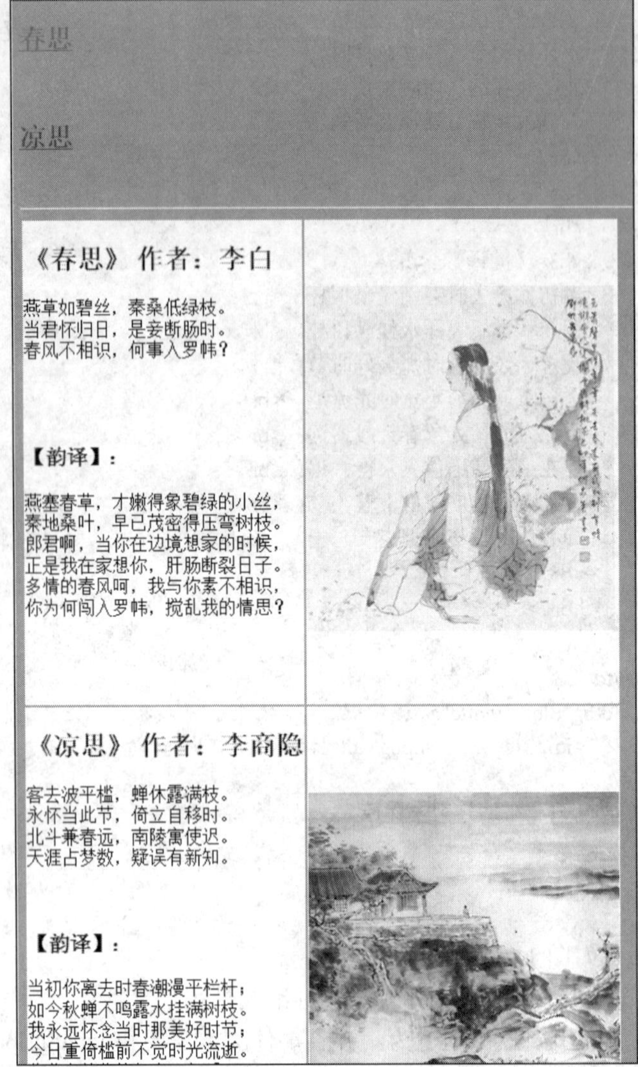

图 1-2　部分常用 HTML 标签的示例

1.3.2　数据输入

HTML 能通过 input 元素来实现信息的输入和选择，用来收集用户信息，比如在文本框中输入单行文本，通过复选框进行选择和取消。

input 元素的语法如下：

```
<input type="输入控件的类型" name="输入控件名称" value="输入控件的值"/>
```

input 元素的 type 属性值即输入控件的类型如表 1-2 所示。

表 1-2 input 元素的 type 属性

type 值	功能描述
button	定义可单击的按钮（多数情况下，用于通过 JavaScript 启动脚本）
checkbox	定义复选框
file	定义输入字段和“浏览”按钮，供文件上传
hidden	定义隐藏的输入字段
image	定义图像形式的“提交”按钮
password	定义密码字段，该字段中的字符被掩码
radio	定义单选按钮
reset	定义“重置”按钮
submit	定义“提交”按钮
Text	定义单行的输入字段，用户可在其中输入文本，默认宽度为 20 个字符

type 属性值的具体使用方法如下：

（1）text。

<input type="text" /> 定义用户可输入文本的单行输入字段。

Email：<input type="text" name="email" />

Pin：<input type="text" name="pin" />

（2）button。

<input type="button" /> 定义可单击的按钮，但没有任何行为，常用于在用户单击按钮时启动 JavaScript 程序。如：

<input type="button" value="Click me" onclick="msg()" />

<!-- msg()为用 JavaScript 定义的函数名 -->

（3）checkbox。

<input type="checkbox" /> 定义复选框，允许用户在一定数目的选择中选取一个或多个选项。如：

<input type="checkbox" name="vehicle" value="Bike" /> I have a bike

<input type="checkbox" name="vehicle" value="Car" /> I have a car

（4）file。

<input type="file" /> 用于文件上传。如：

<input type="abc_file.doc" />

（5）image。

<input type="image" src="图像名" alt="自定义值"/> 定义图像形式的“提交”按钮。如：

<input type="image" src="submit.gif" alt="Submit" />

（6）password。

<input type="password" /> 定义密码字段。密码字段中的字符会被掩码（显示为星号或圆点）。如：

<input type="password" name="pwd" />

（7）radio。

<input type="radio" /> 定义单选按钮。单选按钮允许用户选取给定数目的选择中的一个选项。如：

<input type="radio" name="sex" value="male" /> Male

<input type="radio" name="sex" value="female" /> Female

注意：以上所有 input 元素内容无法单独实现，需要和下一节的表单元素 form 结合使用。

1.3.3 表单和提交

上面一节所提到的数据输入如果在 HTML 页面中是无法单独使用的，它们必须作为另一个容器元素的子元素才能实现数据的收集，而这个元素就是表单 form。

HTML 表单用于搜集不同类型的用户输入，并且把输入信息提交到指定的目标页面。表单是一个包含表单元素的区域，是允许用户在表单中通过 input 元素输入信息的元素。

表单使用表单标签<form>定义，<input>标签作为一个子标签放置在<form>内部，收集不同种类的用户输入。

form 元素语法如下：

```
<form name="表单名" action="目标地址" method="提交方式">
...
  input 元素
...
</form>
```

form 元素的属性 action 表示把用户输入提交到的目标页面地址，如果 action 的属性值为空，则表示把数据提交到包含 form 元素的当前页面。

在表单中，除了使用 input 元素作为用户输入外，HTML 还提供了其他元素来实现各种方式的用户输入，如表 1-3 所示。

表 1-3 <form>里的输入标签

标签	描述
<input>	定义输入域
<textarea>	定义文本域（一个多行的输入控件）
<label>	定义一个控制的标签

续表

标签	描述
<select>	定义一个下拉列表
<optgroup>	定义选项组
<option>	定义下拉列表中的选项

因为<input>已在上一节重点介绍，本节不占用篇幅，另外几个标签的实现如下：

（1）textarea。

```
<textarea rows="行数" cols="字符数">
```

col 属性表示字符个数，会自动换行。如：

```
<textarea rows="10" cols="30">
The cat was playing in the garden.
</textarea>
```

（2）label。

```
<label for="输入 id"/>
```

label 元素本身只显示文本，没有任何的特殊效果，但是 label 元素可以修饰其他输入元素，如果其他输入元素的 id 属性和 label 元素的 for 属性相同，则单击 label 显示的文本就会触发其修饰的控件。

```
<label for="male">Male</label>
<input type="radio" name="sex" id="male" />
<br />
<label for="female">Female</label>
<input type="radio" name="sex" id="female" />
```

（3）select。

```
<select name="列表名" size="显示行数">
    <option></option>
</select>
```

1.4 开发工具 NetBeans

NetBeans 最初诞生于 1997 年的 Xelfi 计划，本身是捷克布拉格查理大学 Charles University 数学及物理学院的学生计划。此计划延伸而成立了一家公司，进而发展这个商用版本的 NetBeans IDE，直到 1999 年 Sun Microsystems 买下此公司，并将 NetBeans IDE 开放为公开源码，至今为止，虽然 Sun 被 Oracle 收购，但仍作为独立而免费的子项目被数以万计的个人及企业使用并作为程序开发的工具。

利用 NetBeans 集成开发环境可以开发标准的 Java 应用程序、Web 程序、手机程序，甚至是 C++程序；作为 Java 的同源公司产品，针对 Java 的支持可谓是原汁原味。

NetBeans 可以快速创建基于 Java 技术的 Web 应用程序，支持 JSP 2.0、Servlet 2.4、JSTL 1.1 和 1.2 以及现在流行的几种 Java 框架技术。这里需要读者们注意的一点是，NetBeans 为不同需求的用户提供了不同的功能支持，在 https://netbeans.org/downloads/下载时要略微留心一下，如图 1-3 所示。

	NetBeans IDE 下载包				
所支持的技术*	Java SE	Java EE	C/C++	PHP	All
NetBeans 平台 SDK	•	•			•
Java SE	•	•			•
Java FX	•	•			•
Java EE		•			•
Java ME					•
HTML5		•		•	•
Java Card(tm) 3 Connected					•
C/C++			•		•
Groovy					•
PHP				•	•
绑定的服务器					
GlassFish Server Open Source Edition 3.1.2.2		•			•
Apache Tomcat 7.0.34		•			•
	下载	下载	下载	下载	下载
	免费，80 MB	免费，178 MB	免费，53 MB	免费，53 MB	免费，198 MB

图 1-3　NetBeans 的下载须知

就本书而言，读者们选择支持 JavaEE 技术的 NetBeans IDE 下载即可，即在图 1-3 中下载大小为 178MB 的数据包。顺便说一下，NetBeans 提供了对 Windows、Linux、Mac、Solaris 等 32/64 位不同操作系统平台的支持，更提供了一个“不受平台限制”的 Zip 压缩包下载，有兴趣的读者可以尝试一下。

现在的 NetBeans 除了能够开发标准的 Java 程序、Java Web 程序、手机移动程序、C++程序和 UML 建模等，还集成了对数据库管理和开发的支持，用户可以通过在 NetBeans 上执行 SQL 或可视化命令对数据库进行操作；集成了 Tomcat 和 GlassFish Web 服务器，并且支持 JavaEE 服务器注册和管理；NetBeans 提供 JUnit 进行单元测试，提供代码分析工具 Profiler 进行性能分析、应用监视；并且通过内置对 CVS 和 Subversion 的支持，对开发进行版本控制。

简单了解了 NetBeans 的历史和功能，下面来看一下 NetBeans 的使用方法，本书使用的是 NetBeans 7.3 版。

由于 NetBeans 是一款针对于 Java 的集成开发工具，所以对本章的 HTML 页面，需要在存在 Web 项目的前提下，在项目中创建 HTML 页面，步骤如下：

（1）创建 Java Web 项目。

打开 NetBeans IDE，选择主菜单中的“文件”→“新建项目”命令，在弹出的“新建项目”对话框中选择类别 Java Web，如图 1-4 所示。

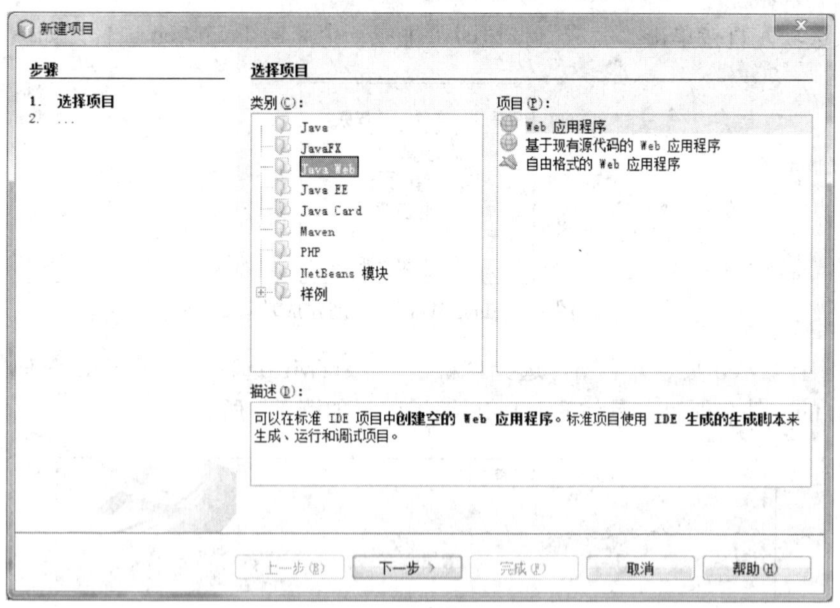

图 1-4　新建 Java Web 项目对话框

在 Java Web 项目列表中选择“Web 应用程序”节点，单击“下一步”按钮，弹出“新建 Web 应用程序”对话框，键入 Web 应用程序的项目名称并指定该项目的存储路径，如图 1-5 所示。

图 1-5　命名新 Web 应用程序

至于之后的服务器和设置，以及框架选择，会在第 3 章给出相关的介绍。这里服务器和设置保持默认选项，直接单击“完成”按钮即可生成一个新的 Java Web 项目，如图 1-6 所示。

图 1-6　Java Web 项目创建成功

（2）选中“Web 页”并右击，选择“新建”→HTML 选项，弹出 New HTML 对话框，输入 HTML 的文件名即可。具体的 HTML 编辑效果如图 1-7 所示。

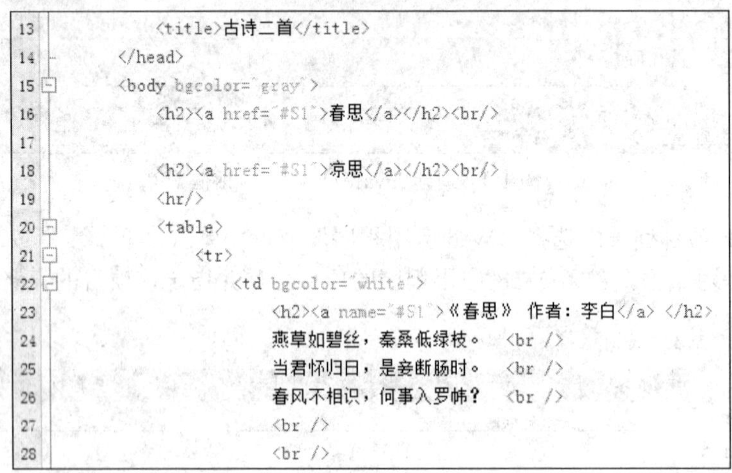

图 1-7　NetBeans 编辑 HTML 代码

NetBeans 还提供了对 CSS 的支持，由于篇幅有限，这里就不一一介绍了。

1.5　实例实现

通过本章的学习，1.1 节引入的 CHERRYONE 公司需要开发的简单原型，读者是否能够根据 1.1 节给出的功能需求自行实现呢？下面来看一下 Zac 开发团队是如何实现该原型的。

提示：这仅仅是一个简单的登录界面，由于用户的验证信息由 CHEERYONE 公司在其产品上提供，所以用户只需要输入用户名，再输入验证码，用下拉菜单选择个人所属的国家，然后单击“提交”按钮即可。

界面布局：文本框、下拉菜单、“提交”按钮和“清空”按钮。把上述控件放在表单中备用。

有兴趣的读者可以对自己的登录界面创建 CSS 美化，NetBeans 提供对 CSS 的支持，这里请读者们自己探索。

1.6 习题

1．在 HTML 文件中创建一个脚本块，要求在网页上直接输出一段文字“XX 网站欢迎您！”，请填空完成以下代码：

```
<body>
<script language=javascript>
________________________________
________________________________
</body>
```

2．表单是实现动态交互的可视化界面，在表单开始标记中一般包含哪些属性，其含义分别是什么？

3．用户注册页面如图 1-8 所示，要求写出客户端验证代码，确保“用户名（Username）”和“密码（Password）”文本框的内容不为空，才允许提交表单内容；若为空，则弹出警告信息框。

图 1-8 用户注册页面

4．制作一张注册信息表单，要求运用 10 种及以上的表单项，内容自定，要与表格相结合。

5．利用框架来完成各网页间的操作，要求各载入网页可以相互访问，框架至少三栏。

6．实现在标题栏和状态栏上动态显示当前时间的效果。

7．编程实现在网页中以 2009 年 12 月 28 日的格式动态显示当前日期。

8．在 HTML 文档中编写函数 test()，实现如下功能（如图 1-9 所示）：

（1）当多行文本框中的字符数超过 20 个时截取至 20 个。

（2）在 id 为 number 的<td>标签中显示文本框的字符个数。

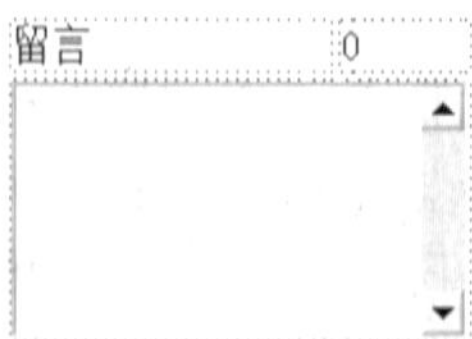

图 1-9 实现效果

2 Web App Architecture 入门

WWW、HTTP、HTML 和浏览器的运用与流行导致 Web 开发的热潮，现在已经成为人们日常生活中不可缺少的一部分，将 Web 作为一种应用环境的思路产生了 Web App(Web 应用)，Web App 已经渗透到人们生产和生活的各个层面，特别是对于商业的发展影响尤为突出。随着互联网技术的家庭化、移动化，以及网络和硬件设备的不断更新，支持服务器端技术的 Web App 设计和开发已经成为众多程序开发者的不二选择。

学习完本章，您能够：

- 了解 HTTP 协议的基本结构。
- 掌握 request（请求）和 response（响应）。
- 了解 Servlet 的基本配置和实现方式。
- 掌握 JSP 的执行过程。

2.1 实例引入

当 Zac 团队为 CHEERYONE 公司拟定了登录原型后，继续为其扩充内容，为了验证用户输入信息的有效性和正确性，Zac 团队决定预留一张用户信息的显示页面，把用户提交到服务器的信息重新反馈回客户端浏览器，让用户和之前输入的信息进行对比。

新原型在原有功能的前提下，需要实现的功能如下：

- 用户信息提交到 Web Server。
- Web Server 把信息反馈给 Browser。
- Browser 显示用户信息。

2.2 Web Server 和 Browser

Web Server（Web 服务器）也称为 WWW（万维网）服务器，主要功能是提供网上信息浏览服务；一般也指驻留于因特网上某种类型计算机的程序。

Browser（浏览器）指的是用户在浏览含有丰富多媒体资源的 HTML 文档时，HTTP 客户端所需要的图形用户接口（GUI）。

当 Browser 连到 Web Server 上并请求文件时，Web Server 将处理该请求并将文件反馈到该 Browser 上，附带的信息会告诉 Browser 如何查看该文件。Web Server 使用 HTTP（超文本传输协议）与 Browser 进行信息交流，所以也常把 Web Server 称为 HTTP 服务器。

最常用的 Web Server 是 Apache 和 Microsoft 的 IIS（Internet Information Server）。其实，最早的 Web Server 是一个被称为 httpd 的进程，而第一个广泛使用的 Browser 是 Mosaic。

基于 HTTP 的服务器/浏览器架构如图 2-1 所示。

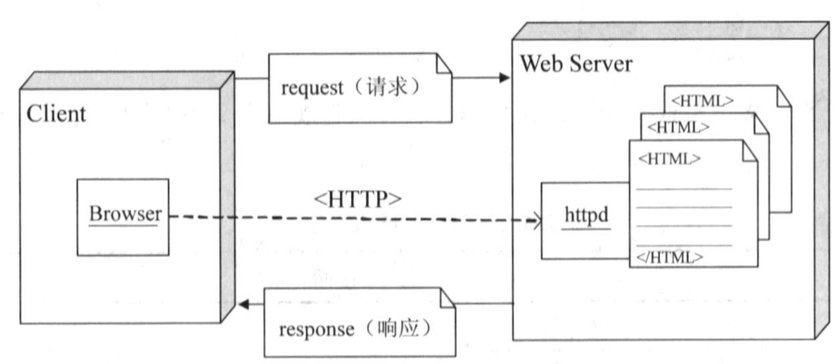

图 2-1　HTTP 服务器/浏览器架构

Browser 发送 request（请求）给 Web Server 后，Web Server 根据请求内容决定把某个具体文件返回作为对客户端的 response（响应），客户端接收响应数据后，由 Browser 进行解释，并把内容显示在屏幕上。更多的 request 和 response 内容会在 2.5 节中阐述。

2.3 HTTP 剖析

HTTP 即超文本传输协议，是一种让 Web Server 和 Browser 通过 Internet 发送与接收数据的协议，HTTP 是一种无状态协议，默认使用 80 端口。

HTTP 的工作过程如下：

（1）客户端 Browser 向 Web Server 发送请求，试图通过 Web Server 的 HTTP 端口的套接字进行连接。

HTTP 请求由 4 部分组成：请求方法、头标、空行和包体。

- 请求方法（Request Method）：请求行由三个标记组成：请求方法、请求 URI 和 HTTP 版本，它们用空格分隔。例如：
  GET /index.html HTTP/1.1
- 头标（Head Field）：由关键字/值对组成，每行一对，关键字和值用冒号（:）分隔。头标通知服务器有关于客户端的功能和标识，典型的头标有：User-Agent（客户端厂家和版本）、Accept（客户端可识别的内容类型列表）、Content-Length（附加到请求的数据字节）。
- 空行：最后一个头标之后是一个空行，发送回车符和退行，通知服务器以下不再有头标。
- 包体（Body）：客户端 Browser 发送给 Web Server 的实际内容。

（2）服务端接受请求并返回 HTTP 响应。

Web 服务器解析请求，定位指定资源。服务器将资源副本写至套接字，在此处由客户端读取。一个响应由 4 部分组成：状态行、响应头标、空行、包体。

2.4 GET 和 POST

HTTP 定义了与 Web Server 交互的不同方法，HTTP 规范定义了 8 种可能的请求方法，如表 2-1 所示。

表 2-1 HTTP 的请求方法

方法	说明
GET	检索 URI 中标识资源的一个简单请求
HEAD	与 GET 方法相同，服务器只返回状态行和头标，并不返回请求文档
POST	服务器接受被写入客户端输出流中的数据的请求
PUT	服务器保存请求数据作为指定 URI 新内容的请求
DELETE	服务器删除 URI 中命名的资源的请求
OPTIONS	关于服务器支持的请求方法信息的请求
TRACE	Web 服务器反馈 HTTP 请求和其头标的请求
CONNECT	已文档化但当前未实现的一个方法，预留做隧道处理

这里介绍最常用的两种方法：GET 和 POST。

2.4.1 GET

根据 HTTP 规范，GET 用于信息获取，即仅仅是获取资源信息，就像数据库查询一样，不会修改、增加数据，不会影响资源的状态。

GET 请求的数据会附在 URL 之后，即把数据放置在 HTTP 的头标中，以“?”分割 URL 和传输数据，参数之间以“&”相连。一般把“?”后面的内容称为查询字符串，如 http://localhost:8080/login.jsp?name=xyz&password=idontknow&verify=%E4%BD%A0%E5%A5%BD。如果查询字符串里的数据是英文字母或数字，则原样发送；如果是空格，则转换为+，如果是中文或其他字符，则直接把字符串用 BASE64[1]加密，如上例中的%E4%BD 等字符，其中%XX 中的 XX 为该符号以十六进制表示的 ASCII。

值得一提的是，GET 请求提交的数据最多只能是 1024 字节，因为 GET 请求是通过 URL 提交数据，那么 GET 请求可提交的数据量就跟 URL 的长度有直接关系。而实际上，URL 不存在参数上限的问题，HTTP 协议规范没有对 URL 长度进行限制。这个限制是特定的浏览器及服务器对它的限制。IE 浏览器对 URL 长度的限制是 2083 字节（2K+35），部分浏览器理论上对 URL 没有长度限制，其限制取决于操作系统的支持。

通过 HTML 页面使用<a>元素插入一个链接，那么单击该链接就会向服务器发出一个 GET 请求。由于 GET 请求使用查询字符串来传递参数，因此可以在 URL 中直接写入参数值。例如：

```
<a href="/forecast?city=Hermosa+Beach&state=CA">
    Hermosa Beach weather forecast
</a>
```

当使用表单来提交用户请求给服务器时，也可以通过<form>元素的 method 属性指定是否使用 GET 方法。

注释：[1]BASE64 是网络上最常见的用于传输 8Bit 字节代码的编码方式之一，该编码可用于在 HTTP 环境下传递较长的标识信息。

2.4.2 POST

POST 请求把提交的数据放置在 HTTP 包的包体中。理论上讲，POST 请求是没有大小限制的，HTTP 规范也没有进行大小限制，起限制作用的是服务器处理程序的处理能力。POST 请求的目的是在服务器上执行某些不可逆的动作，每当浏览器要重新发送同一 POST 请求时，都必须询问用户是否确定。读者可能已多次在浏览器里看到诸如此类的确认对话框，如图 2-2 所示。

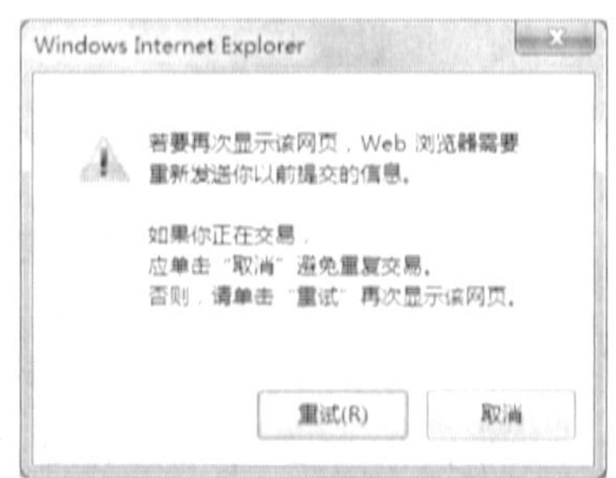

图 2-2　再次发出 POST 请求的确认对话框

当使用表单来提交用户请求给服务器时，也可以通过<form>元素的 method 属性指定是否使用 POST 方法。由于 POST 请求把客户端浏览器的信息保存在 HTTP 包的包体中，从安全性方面考虑要强于直接把信息放在 URL 请求字符串里的 GET 请求。

2.5 Servlet 和 JSP

2.5.1 Servlet 技术简介

Servlet 从 1997 年产生至今，已经成为 Web Server 上进行 Java Web 开发的主要环境和手段。Servlet 是通过动态生成 Web 页面进而扩展了 Web Server 功能的 Java 类语言，它通过 API 来处理客户端浏览器请求。Servlet API 由 javax.servlet 和 javax.servlet.http 两个包组成，这两个包中包含了编写 Servlet 所需的最基本的类和接口以及这些基础类和接口的扩展，并对 HTTP 提供了特殊的支持。

Servlet 是由 Java Web 服务器端的 Servlet 引擎负责管理运行，并在服务器端执行的 Java class 文件。Servlet 是使用 Java Servlet API 编写的 Java 程序，和标准的 Java 程序不同的是，Servlet 必须符合相应的规范，实现相关接口，并且在 Servlet 容器[1]中才能运行。

当客户浏览器请求一个 Servlet 时，Servlet 引擎会将服务器端对应的 class 文件载入内存；如果有多个客户同时访问一个 Servlet，则会启用多线程技术。Servlet 容器通过一个线程池来维护来自客户端的请求。线程池实际上是等待执行代码的一组线程，其中的每个线程均称为工作者线程（Worker Thread）；Servlet 容器使用一个调度线程（Dispatcher Thread）来管理工作者线程，由此实现多线程访问。

Servlet 的工作过程大致分成 4 个步骤，这 4 个步骤也称为 Servlet 的生命周期。

（1）Servlet 容器装载并创建 Servlet 的一个实例。

（2）Servlet 容器调用该 Servlet 实例的 init()方法。如果 Servlet 容器对该 Servlet 有请求，则调用此实例的 service()方法。

（3）Servlet 容器在销毁本实例前调用它的 destroy()方法。

（4）销毁并标记该实例以供作为垃圾收集。

Servlet 的生命周期如图 2-3 所示。

一旦请求了一个 Servlet，就没有办法阻止 Servlet 容器执行一个完整的生命周期。容器在 Servlet 首次被调用时创建它的一个实例，并保持该实例在内存中，让它对所有的请求进行处理。容器可以决定在任何时候把这个实例从内存中移走。在典型的模型中，容器为每个 Servlet 创建一个单独的实例，容器并不会每接到一个请求就创建一个新线程，而是使用一个线程池来动态地将线程分配给到来的请求，但是这从 Servlet 的观点来看，效果和为每个请求创建一个新线程的效果相同。

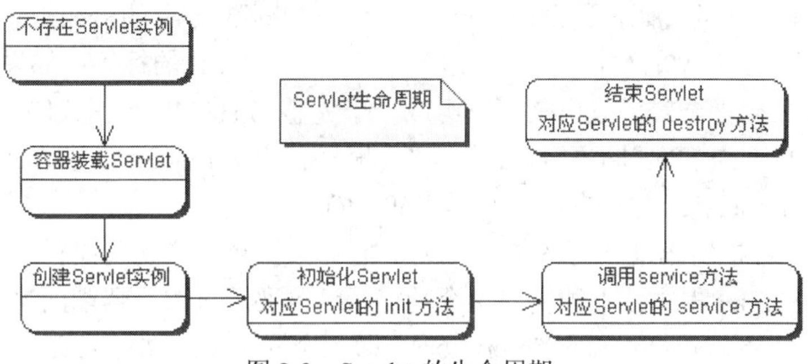

图 2-3　Servlet 的生命周期

作为 Java 在 Web Server 上的扩展，Servlet 具有可移植、安全高效、模块化、可扩展等特点，同时 Servlet 除了支持 HTTP 访问，还支持图像处理、数据压缩、多线程、JDBC、RMI 和序列化等功能。

注释：[1]Servlet 容器负责处理客户请求，把请求传送给 Servlet 并把结果返回给客户。不同程序的容器的实际实现可能有所变化，但容器与 Servlet 之间的接口是由 Servlet API 定义好的，这个接口定义了 Servlet 容器在 Servlet 上要调用的方法及传递给 Servlet 的对象类。

2.5.2　一个 Servlet 实例

为了让读者进一步了解 Servlet，下面来看一个简单的 Servlet 例子。

例 2-1　HelloWorld。

```
import java.io.*;
import javax.serlvet.http.*;
public class HelloWorld extends HttpServlet{
    public void doGet(HttpServletRequest request,HttpServletResponse response)throws IOException{
        response.setContentType("text/html;charset=UTF-8");
        PrintWriter out = response.getWriter();
        out.println("<html>");
        out.println("<head>");
        out.println("<title>Servlet HelloWorld</title>");
        out.println("</head>");
        out.println("<body>");
        out.println("<h1>Servlet HelloWorld !</h1>");
        out.println("Now is: " + new java.util.Date());
        out.println("</body>");
        out.println("</html>");
    }
}
```

粗略地读一下上面的代码，会发现 Servlet 的语法和标准 Java 的语法是一致的，不同的只是使用了针对 Servlet 的 API，并且在输出语句中携带了 HTML 的标签；如果仔细一点则会发现，把这些 HTML 元素全部提取出来可以组成一个完整的 HTML 页面代码。

Servlet 是继承了 HttpServlet 的 Java 类，它会根据客户端 request 请求方式的不同，即 GET 或 POST，覆盖 HttpServlet 类中的 doGet()或 doPost()方法。

Servlet 是一个在服务器端执行的 Java 程序，它必须提供一个访问路径让 Web 服务器找到并执行，单一的 Servlet 程序并不能实现这个功能，这需要通过服务器端的 Web 应用程序发布描述符（Web application deployment descriptor），即一个 web.xml 文件来实现，web.xml 文件的命名是强制的，不能由用户自定义，错误地定义该文件会导致 Servlet 无法运行。

例 2-1 的 web.xml 文件细节如下：

```
<?xml version="1.0" encoding="UTF-8"?>
<web-app version="3.0"
xmlns=http://java.sun.com/xml/ns/javaee xmlns:xsi="http://www.w3.org/2001/XMLSchema-instance"
xsi:schemaLocation="http://java.sun.com/xml/ns/javaee http://java.sun.com/xml/ns/javaee/web-app_3_0.xsd">
    <servlet>
        <servlet-name>HelloWorld</servlet-name>
        <servlet-class>org.me.hello.HelloWorld</servlet-class>
    </servlet>
    <servlet-mapping>
        <servlet-name>HelloWorld</servlet-name>
        <url-pattern>/HelloWeb/helloworld</url-pattern>
    </servlet-mapping>
</web-app>
```

当完成例 2-1 的 Servlet 代码和 web.xml 文件的编码之后，则应该启动 Servlet 的容器——Web 服务器 Tomcat。这里以 Tomcat 7 为例来讲解如何在容器中运行 Servlet，具体步骤如下：

（1）在安装了 Tomcat 服务器之后，找到服务器的安装目录，打开其中的 webapps 子目录。

（2）webapps 是 Tomcat 中 Web 应用程序的存储目录，即 Web 应用的根目录，在 webapps 下创建子目录 hellowebapp，所有用户创建的 JSP 文件和 HTML 文件都应该存放在该子目录下。路径为 webapps\hellowebapp\。

（3）在 hellowebapp 下创建子目录 WEB-INF，web.xml 文件存放在 WEB-INF 目录下。路径为 webapps\hellowebapp\WEB-INF\。

（4）在 WEB-INF 下创建子目录 classes，例 2-1 的 Servlet 类文件 HelloWorldServlet.class 就存放在该子目录下。路径为 webapps\hellowebapp\WEB-INF\classes\。

（5）启动 Apache Tomcat 服务器。

（6）打开浏览器，在地址栏中输入 http://127.0.0.1:8080，查看 Tomcat 服务器是否启动成功，如果显示欢迎界面，则表示 Tomcat 启动成功。在浏览器中重新输入 http://127.0.0.1:8080/HelloWeb/helloworld，即可得到例 2-1 的执行结果，如图 2-4 所示。

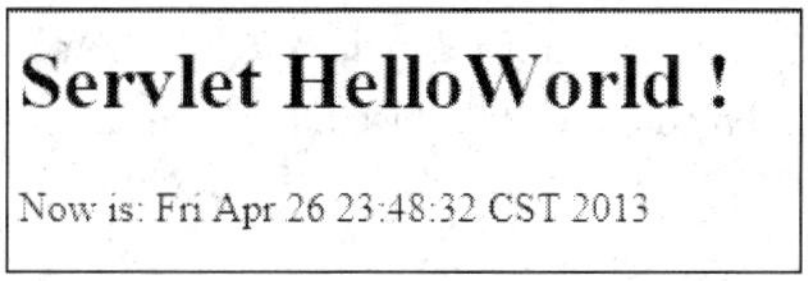

Servlet HelloWorld !

Now is: Fri Apr 26 23:48:32 CST 2013

图 2-4　例 2-1 的运行结果

2.5.3　Servlet 基本配置

在了解了整个 Servlet 的执行过程之后，再来读一下 Web 应用程序发布描述符 web.xml，这个 xml 文件用来发布和描述相应 Web 应用程序的信息，包括 Servlet、会话、JSP、监听器、过滤器、安全性等。本节只针对 Servlet 的方面进行阐述。

Servlet 的配置包括<servlet>和<servlet-mapping>两个元素。语法如下：

```
<servlet>
        <servlet-name>Servlet 名</servlet-name>
       <servlet-class>包名.Serlvet 类名</servlet-class>
        <description>Servlet 描述信息</description >
        <display-name>部署 Serlvet 显示的名称</display-name >
        <init-param>
            <param-name>参数名</param-name>
            <param-vlaue>参数值
        </init-param>
        …
</servlet>
<servlet-mapping>
       <servlet-name>Servlet 名</servlet-name>
       <url-pattern>url 映射</url-pattern>
</servlet-mapping>
```

<servlet>下包含 Servlet 名、描述和 class 的定位、Servlet 描述信息和初始化参数定义。其中<description>元素和<display-name>元素可选，而<init-param>则根据 Serlvt 中的具体要求使用，如果 Servlet 中存在对多个参数赋初值的情况，则参数的个数决定<init-param>元素的个数。

<servlet-mapping>包含 Servlet 名与 url 的映射。其中<url-pattern>元素的内容即是在当前服务器端口号后给出的需要在浏览器中显示的 Servlet 路径，一般以"/"做起始符号。

如例 2-1 中的<url-pattern>/HelloWeb/helloworld</url-pattern>，对于一个 Servlet 还可以提供多个 url 映射，这样便可以通过不同的 url 来访问同一个 Servlet，新提供的 url 模式映射可以用一个新的<servlet-mapping>元素来包装，也可以放在原来的<servlet-mapping>元素之中。

把例 2-1 的 web.xml 修改为多个 url 映射。

```
<?Xml version="1.0" encoding="UTF-8"?>
<web-app version="3.0"
```

```
Xmlns=http://java.sun.com/xml/ns/javaee xmlns:xsi="http://www.w3.org/2001/xmlschema-instance"
xsi:schemalocation="http://java.sun.com/xml/ns/javaee http://java.sun.com/xml/ns/javaee/web-app_3_0.xsd">
    <servlet>
        <servlet-name>helloworld</servlet-name>
        <servlet-class>org.me.hello.helloworld</servlet-class>
    </servlet>
    <servlet-mapping>
        <servlet-name>helloworld</servlet-name>
        <url-pattern>/helloweb/helloworld</url-pattern>
    </servlet-mapping>
        <servlet-mapping>
        <servlet-name>helloworld</servlet-name>
        <url-pattern>/hello/*</url-pattern>
        <!-- * 表示任意字符 -->
        <url-pattern>/hiweb/hello</url-pattern>
    </servlet-mapping>
</web-app>
```

2.5.4 Servlet 存在的问题

用 Servlet 来表示页面的外观是其致命的硬伤。

由于一般情况下，处理请求和产生响应均是由同一个 Servlet 类来实现的，试想一下，如果需要响应给客户端浏览器的页面内容较为丰富，花样和显示效果繁多，那作为产生响应的 Servlet 类，通过调用 println()方法嵌入到 Servlet 代码的行数就非常可观，并且很不方便阅读。这需要用 Serlvet 来开发和维护 Web 应用程序的所有部分，不但需要有深厚的 Java 程序编程知识，还要有相当过硬的 HTML 设计功底，毕竟程序逻辑和 HTML 元素是交织在一起的。

善于思考的读者会认为，可以把 Web 应用程序，即响应给浏览器的页面交给专门的网页开发工具来开发，生成的 HTML 代码再依次嵌入到 Servlet 代码中；但是这个过程既耗时间又容易出错，同时也极度的枯燥乏味。

Servlet 本身是一个 Java 类，意味着对 Web 应用程序的外观和风格进行修改，都需要更新并重新编译 Servlet 代码。

2.5.5 用 NetBeans 开发 Servlet

NetBeans 作为 Java Web 的集成开发工具，对 Web 程序的开发提供了良好的支持，可以对 Web 程序中的 Servlet 进行开发、调试，并且能对 Web 程序进行生产和部署。这里通过一个例子来演示 NetBeans 对 Servlet 的开发和执行的支持。

例 2-2　用 NetBeans 实现例 2-1 的 Servlet。

（1）创建项目，选择 Web 应用程序，键入项目名称 Chapter2d，设置方法在 1.4 节已经详细介绍，这里着重演示“新建 Web 应用程序”中的“服务器和设置”，如图 2-5 所示。

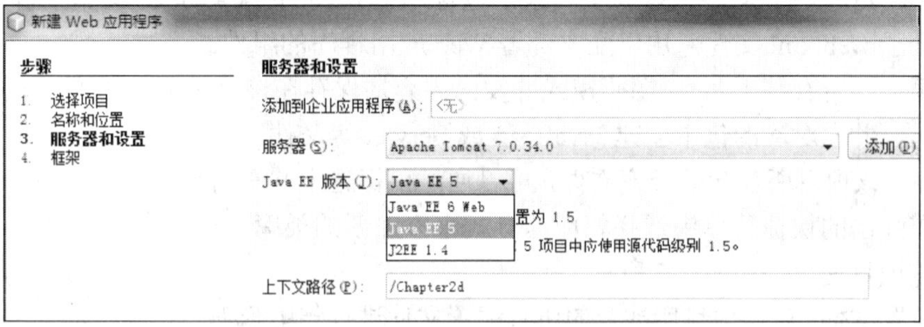

图 2-5　服务器和设置

在“服务器和设置”阶段，“服务器”下拉列表框的默认选项为 GlassFish Server[1]，GlassFish Server 在 NetBeans 6.0 之后是服务器安装的默认选项，所以读者在安装 NetBeans 的时候，安装服务器时应该把 GlassFish Server 和 Apach Tomcat 一并选中；为了简单起见，也可以取消对 GlassFish Server 的选择，单选 Apache Tomcat，这样在图 2-5 所示的“服务器和设置”界面中就只会有 Apache Tomcat 选项。

在 JavaEE 版本中的默认选项在 NetBeans7 之后是 JavaEE 6 Web，通过下拉列表框选择 JavaEE 5。

默认的上下文路径根据项目名称拟定，表示当前 Web 应用程序执行的目录。

设置之后直接单击“完成”按钮跳过之后的“框架”选择。

项目创建成功后 NetBeans 开发工具的显示效果如图 2-6 所示。

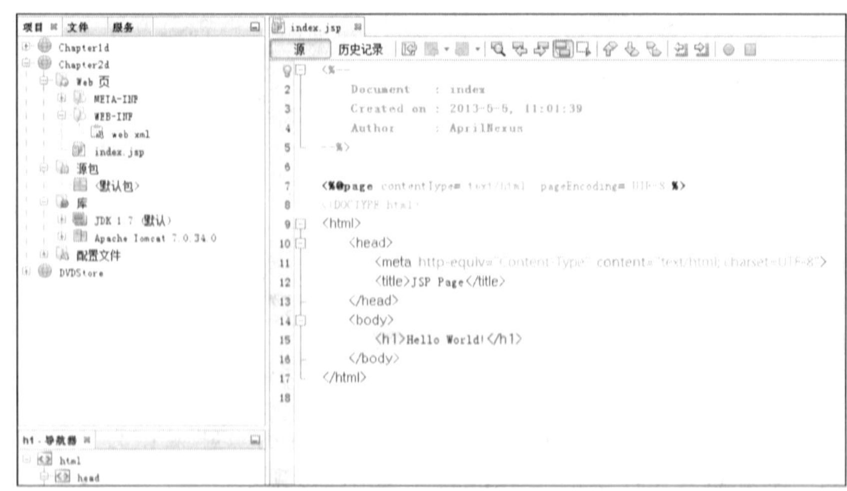

图 2-6　Chapter2d Web 项目示意

图 2-6 显示了 NetBeans 针对 Web 应用程序开发模式的设计界面，分左右两个部分。

左边上半部分是项目管理器，一个 Web 项目由 Web 页、源包、库和配置文件 4 个部分组成。

- Web 页：所有基于或扩展 HMTL 模式开发的页面均保存在该目录下，包括 HTML 文件、JSP 文件等。在 Web 页目录下包含 WEB-INF 目录，和 2.5.2 节一样，目录中包含了 web.xml 文件，用于配置部署 Web 应用程序的组件。
- 源包：所有基于 Java 源码模式开发的内容均保存在该目录下，在源包下可以自定义包，并在对应的包中创建 JavaBean 或 Servlet 等文件。
- 库：该项目所包含的类库文件，可以通过鼠标选中并右击，在弹出的快捷菜单中选择相应的方式来添加新的类库以供该项目使用，如图 2-7 所示。
- 配置文件：对该项目所涉及的所有配置文件进行集中管理。

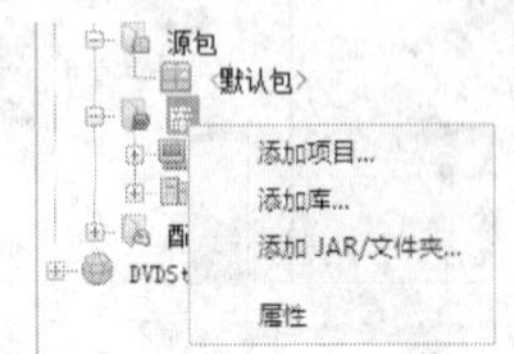

图 2-7　添加新的类库

左边下半部分是 HTML 导航器，可以对编辑文件中的 HMTL 标签进行层次管理，并对选择的标签在文件中的位置进行导航。

右边是项目文件的设计窗口。

（2）选中“源包”并右击，选择新建“Java 包”，自定义包名。

（3）选中定义好的包名并右击，选择新建 Servlet，弹出 New Servlet 对话框，如图 2-8 所示。

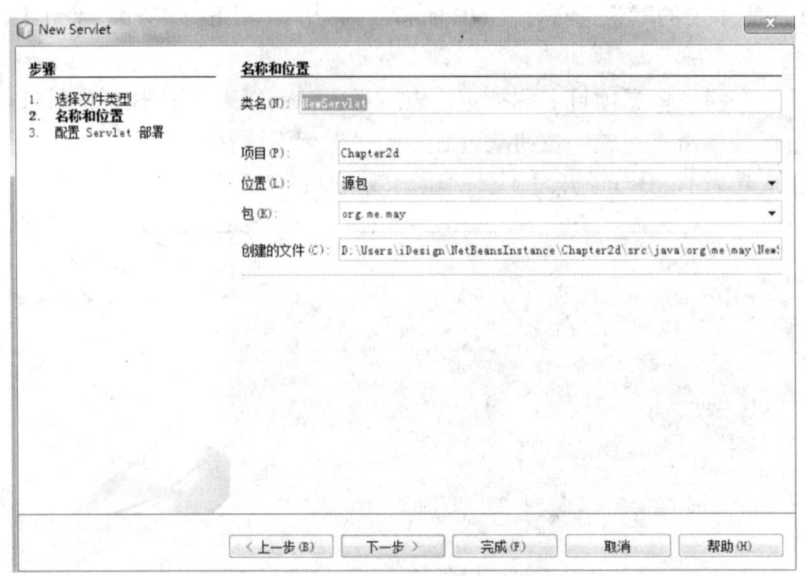

图 2-8　Servlet 的名称和位置设置

键入类名，即 Servlet 的名字，如例 2-1 中的 HelloWorld，这里修改为 HelloWorldServlet，单击“下一步”按钮进入 Servlet 的配置和部署，如图 2-9 所示。

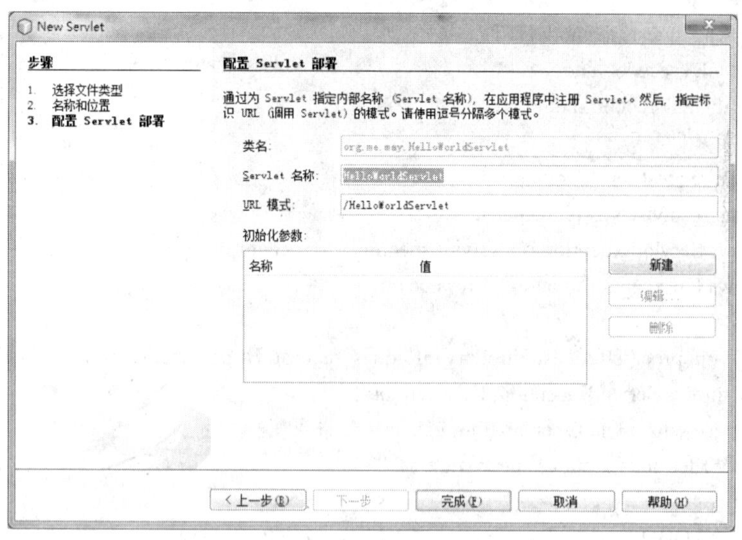

图 2-9 Servlet 的配置和部署

图 2-9 实际上也是 NetBeans 针对 Servlet 开发提供图形化的配置，对 Servlet 名称和 URL 模式的修改也可以在 web.xml 文件中实现；默认的 Servlet 名称和创建的 Servlet 类名同名。

（4）单击“完成”按钮，HelloWorldServlet 便创建成功。

NetBeans 会自动生成部分 Servlet 代码，减少开发人员的代码量；同时也会根据原 Sun 公司的开发标准生成某些新的方法，这些方法的实现是为了更好地减少代码冗余，专注实现程序的业务逻辑，提升整个程序的可读性。

代码如下：

```
package org.me.may;

import java.io.IOException;
import java.io.PrintWriter;
import javax.servlet.ServletException;
import javax.servlet.http.HttpServlet;
import javax.servlet.http.HttpServletRequest;
import javax.servlet.http.HttpServletResponse;

/**
 *
 * @author AprilNexus
 */
public class HelloWorldServlet extends HttpServlet {

    /**
```

```
     * Processes requests for both HTTP
     * <code>GET</code> and
     * <code>POST</code> methods.
     *
     * @param request servlet request
     * @param response servlet response
     * @throws ServletException if a servlet-specific error occurs
     * @throws IOException if an I/O error occurs
     */
    protected void processRequest(HttpServletRequest request, HttpServletResponse response)
            throws ServletException, IOException {
        response.setContentType("text/html;charset=UTF-8");
        PrintWriter out = response.getWriter();
        try {
            /* TODO output your page here. You may use following sample code. */
            out.println("<!DOCTYPE html>");
            out.println("<html>");
            out.println("<head>");
            out.println("<title>Servlet HelloWorldServlet</title>");
            out.println("</head>");
            out.println("<body>");
            out.println("<h1>Servlet HelloWorldServlet at " + request.getContextPath() + "</h1>");
            out.println("</body>");
            out.println("</html>");
        } finally {
            out.close();
        }
    }

    // <editor-fold defaultstate="collapsed" desc="HttpServlet methods. Click on the + sign on the left to edit
      the code.">
    /**
     * Handles the HTTP
     * <code>GET</code> method.
     *
     * @param request servlet request
     * @param response servlet response
     * @throws ServletException if a servlet-specific error occurs
     * @throws IOException if an I/O error occurs
     */
```

```
    @Override
    protected void doGet(HttpServletRequest request, HttpServletResponse response)
            throws ServletException, IOException {
        processRequest(request, response);
    }

    /**
     * Handles the HTTP
     * <code>POST</code> method.
     *
     * @param request servlet request
     * @param response servlet response
     * @throws ServletException if a servlet-specific error occurs
     * @throws IOException if an I/O error occurs
     */
    @Override
    protected void doPost(HttpServletRequest request, HttpServletResponse response)
            throws ServletException, IOException {
        processRequest(request, response);
    }

    /**
     * Returns a short description of the servlet.
     *
     * @return a String containing servlet description
     */
    @Override
    public String getServletInfo() {
        return "Short description";
    }// </editor-fold>
}
```

Servlet 类的业务逻辑和主要功能便在 processRequest()方法内实现，而 doGet()和 doPost()方法直接调用 processRequest()即可。

（5）修改 processRequest()的方法体，实现程序的功能。

代码修改如下：

```
protected void processRequest(HttpServletRequest request, HttpServletResponse response)
        throws ServletException, IOException {
    response.setContentType("text/html;charset=UTF-8");
    PrintWriter out = response.getWriter();
    try {
```

```
            /* TODO output your page here. You may use following sample code. */
            out.println("<!DOCTYPE html>");
            out.println("<html>");
            out.println("<head>");
            out.println("<title>Servlet HelloWorldServlet</title>");
            out.println("</head>");
            out.println("<body>");
            out.println("<h1>Servlet HelloWorldServlet at " + request.getContextPath() + "</h1>");
            out.println("Now is: " + new java.util.Date());
            out.println("</body>");
            out.println("</html>");
        } finally {
            out.close();
        }
    }
```

（6）代码修改完成，可以打开 WEB-INF 目录下的 web.xml 文件查看该 Servlet 的配置情况，web.xml 代码如下：

```
<?xml version="1.0" encoding="UTF-8"?>
<web-app version="2.5" xmlns="http://java.sun.com/xml/ns/javaee" xmlns:xsi="http://www.w3.org/2001/
XMLSchema-instance" xsi:schemaLocation="http://java.sun.com/xml/ns/javaee http://java.sun.com/xml/ns/
javaee/web-app_2_5.xsd">
    <servlet>
        <servlet-name>HelloWorldServlet</servlet-name>
        <servlet-class>org.me.may.HelloWorldServlet</servlet-class>
    </servlet>
    <servlet-mapping>
        <servlet-name>HelloWorldServlet</servlet-name>
        <url-pattern>/HelloWorldServlet</url-pattern>
    </servlet-mapping>
    <session-config>
        <session-timeout>
            30
        </session-timeout>
    </session-config>
    <welcome-file-list>
        <welcome-file>index.jsp</welcome-file>
    </welcome-file-list>
</web-app>
```

通过前面步骤（3）的配置，web.xml 内容可以不用修改，即可直接运行该 Servlet。如果有需要，也可以按照 2.5.2 节提到的添加或修改<servlet-mapping>元素里的<url-pattern>内容来新增或更新 url 模式映射。

值得注意的是，由于 NetBeans 在创建 Web 应用程序时指定了上下文路径，所以在 web.xml 文件中的<url-pattern>元素直接写 Servlet 运行的 URL，不需要添加上下文路径（这和 2.5.2 节提到的在 Tomcat 服务器目录下直接配置该元素内容有所不同），否则用户在浏览器的地址栏中键入地址运行 Serlvet 或者在 Web 项目中进行提交或跳转时会出现某些不必要的问题。

NetBeans 运行 Web 应用程序是其一大特色，直接选中当前的 Web 项目并右击选择“运行”选项，NetBeans 便会为用户部署 Web 应用，自动启动服务器，打开浏览器显示 index.jsp 或指定的页面信息。运行 Servlet 只需要在项目管理器中选中要运行的 Servlet 文件并右击选择“运行文件”选项；还可以在打开的 Servlet 源代码上右击并选择“运行文件”或者用快捷键 Shift+F6 运行。

NetBeans 6.9 之后的版本，运行 Servlet 时会弹出“设置 Servlet 运行的 URI”对话框，用户可以直接用默认设置确定或修改为<url-pattern>元素设定的内容，大大简化了运行步骤，如图 2-10 所示。

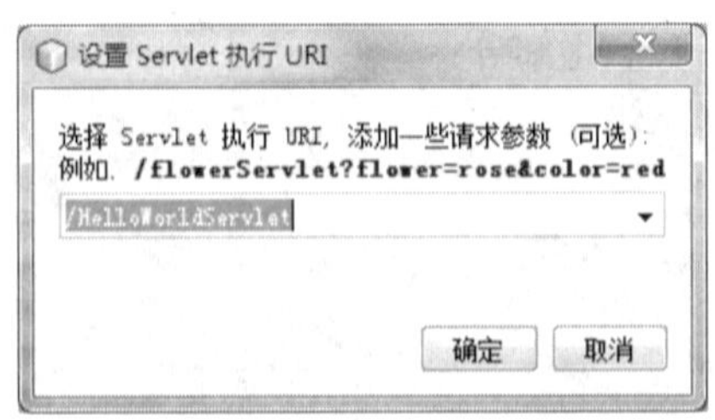

图 2-10 “设置 Servlet 执行 URI”对话框

如果要配置 Servlet 或 Web 应用的运行参数，可以在项目管理器中选择当前项目并右击，选择“属性”选项，在弹出的“项目属性”对话框中选择类别“运行”。

运行结果如图 2-11 所示，请读者们留意浏览器地址栏中的路径。

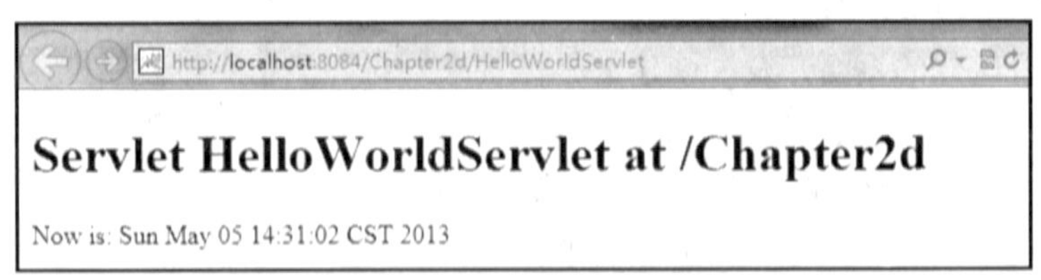

图 2-11 例 2-2 的运行结果

细心的读者可能会发现，图 2-11 的地址栏路径中 localhost 后的端口号是 8084，而不是前面提到的 8080，原因很简单，如果当前系统通过 NetBeans 安装了两个 Web Server，则 8080 端口号留给 NetBeans 默认的 Web 服务器 GlassFish Server。

注释：[1]GlassFish Server 是原 Sun Microsystem 支持的 GlassFish 开源社区开发的一个免费的、开源的，并且通过 OpenSource 实现了 JavaEE 5 的全部功能的应用服务器。

2.5.6 JSP 技术简介

JavaServer Page（JSP）是由原 Sun Microsystems 公司倡导，由许多公司和组织共同参与建立的一种动态生成 HTML、XML 或其他格式文档的 Web 网页的技术标准，以 Java 语言作为脚本的服务器端脚本，是一种 Web 服务器端技术。

JSP 带来了 Servlet 问题的解决方案，即实现业务逻辑和页面外观的分离，使得网页设计人员能够专心设计页面外观，而软件开发人员可以专心开发业务逻辑。

一个 JSP 页面由静态数据和动态脚本组成。

静态数据表示在输入文件中的内容和输出给 HTTP 响应的内容完全一致。此时，该 JSP 输入文件会是一个没有内嵌 Java 代码或 JSP 行为元素的 HTML 页面，而且客户端每次请求都会得到相同的响应内容。

动态脚本则是嵌入到静态页面中的 Java 代码和标准的或自定义的行为元素，通过它们来实现数据提交、响应、显示、跳转、数据库访问等操作。

一个 JSP 页面可以被分为以下几部分：

- 静态数据（一般指 HTML 元素）
- 指令元素
- 脚本元素
- 行为元素
- 用户自定义标签

JSP 作为 Servlet 的有力补充，其优点更为明显和充分。

（1）“Write Once,Run Anywhere”，一次编写，处处运行。除了系统之外，代码无需做任何更改。

（2）系统的多平台支持。基本上可以在所有平台上的任意环境中开发，在任意环境中进行系统部署，在任意环境中扩展。

（3）采用标签化的页面开发。创建 JSP 标签库，将许多功能封装起来，然后像使用标准 HTML 或 XML 标签一样使用它们，甚至可以在页面中不出现 Java 代码，实现静态数据和动态标签的融合。标签库提供了一种与平台无关的扩展服务器性能的方法。

（4）支持可复用的组件，包括 JavaBean 和 EJB（Enterprise JavaBean）。开发人员可以共享这些完成的组件，大大降低开发成本。

2.5.7 一个 JSP 实例

为了进一步体验 JSP 的优势，先来看一个简单的 JSP 例子。

例 2-3 用 JSP 实现例 2-1，即输出 HelloWorld 和当前系统时间。

JSP 页面文件名为 HelloWorld.jsp，实现代码如下：

```
<%@page contentType="text/html" pageEncoding="UTF-8"%>
<!DOCTYPE html>
<html>
    <head>
        <meta http-equiv="Content-Type" content="text/html; charset=UTF-8">
        <title>JSP Page</title>
    </head>
    <body>
        <h1>Hello World!</h1>
        <br/>
        <%=new java.util.Date() %>
         <%--显示当前系统时间 --%>
    </body>
</html>
```

执行步骤和 2.5.2 节 Servlet 的运行步骤类似，不过 JSP 的执行步骤更简单，简述如下：

（1）进入 Tomcat 服务器根目录下的 webapps 目录，新建名为 Chapter2d 的文件夹。

（2）在 Chapter2d 目录下，创建 WEB-INF 文件夹，并在 WEB-INF 目录下创建 web.xml 文件。由于 JSP 不需要配置执行 URI，所以可以直接把 webapps 目录下的 ROOT 文件夹中的 WEB-INF 目录拷贝到 Chapter2d 目录下。

（3）如果在系统 path 变量中配置了 Tomcat 的执行路径，则打开 Windows 命令提示符，键入 startup 启动 Tomcat 服务器；如果未配置，则在命令提示符中通过相关命令进入 Tomcat 服务器目录下，进入 bin 目录，再执行 startup 启动 Tomcat 服务器。Tomcat 服务器启动后的提示如图 2-12 所示。

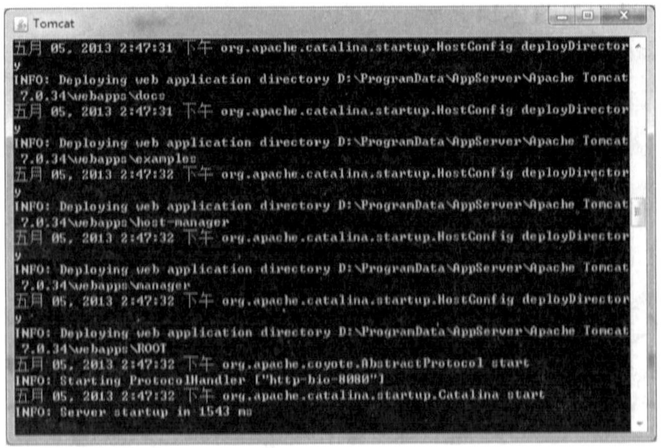

图 2-12 Apache Tomcat Server 启动成功

（4）打开浏览器，在地址栏中键入 http://localhost:8080/Chapter2d/helloWorld.jsp，运行结果如图 2-13 所示。

图 2-13　例 2-3 的运行结果

细心的读者可以发现，由于是直接启动 Apache Tomcat Server，并不是在 NetBeans 的集成开发环境下，所以 localhost 后的端口号仍然是 8080。

由例 2-3 可以看出，相同的页面、相同的显示效果，JSP 实现起来相较于 Servlet，在页面设计上方便不少，同时由于配置更简单，JSP 的易用性和实用性很明显。

2.5.8　JSP 执行过程

与 Servlet 需要 Servlet 容器来提供 API 一样，Web Server 需要一个 JSP 容器来处理 JSP 页面。JSP 容器负责解释对 JSP 页面的请求，把 JSP 页面转化成 Servlet，该 Servlet 称为 JSP 页面实现类（JSP Page implementation class），转换后的 Servlet 将被编译成 class 二进制字节码文件，然后根据不同的请求调用执行 class 文件进行应答。

上述过程中，JSP 容器将 JSP 页面转化成 Servlet 并编译成 class 文件的过程称为翻译阶段，而执行 class 文件的阶段称为请求处理阶段。

如果 JSP 页面未被修改，任何后续的请求都会直接进入请求处理阶段，即仅仅执行 class 文件，这使整个 JSP 页面的运行时间在第一次运行后大大缩短。

当 JSP 页面被修改后，后续请求将再次通过翻译阶段，然后才进入请求处理阶段。

JSP 页面的执行过程如图 2-14 所示。

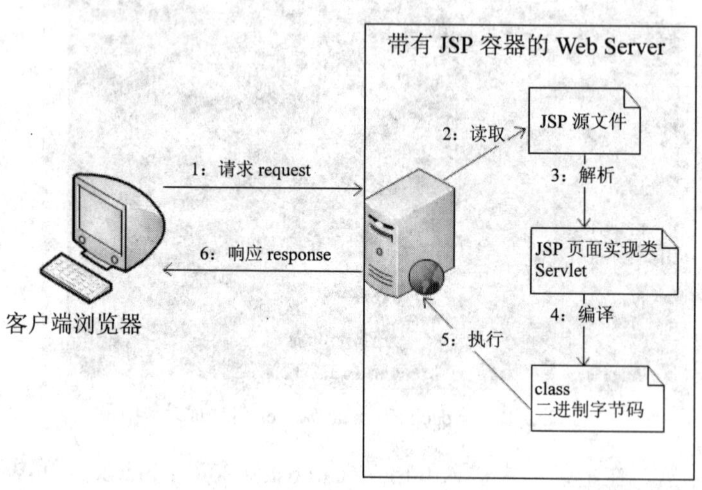

图 2-14　JSP 页面的执行过程

综上所述，JSP 实际上算是编写 Servlet 的另一种存在形式，但是不管作为页面设计人员还是软件开发人员面对各自的内容都不会感到尴尬和枯燥。在页面运行时，除了翻译阶段，JSP 页面的处理过程与一般的 Servlet 完全相同，载入一次即可多次重复执行，直到服务器关闭为止，可以说，JSP 继承了 Servlet 的所有优点，也决定了它在 Web 应用程序领域的开发中长久立于不败之地。

2.6　实例实现

通过本章的学习，2.1 节引入的 CHERRYONE 公司需要开发的第二代原型，读者是否能够根据 2.1 节给出的功能需求自行实现呢？下面来看一下 Zac 开发团队是如何实现该原型的。

提示：本章实例涉及到了 Web Server 技术，通过 Servlet 或 JSP 均可以实现。由于 NetBeans 提供了 Servlet 的模板，因此编写本实例的 Servlet 并不复杂。服务器端需要通过请求对象接收用户从登录界面中的输入信息，这里暂不考虑字符转换的问题。

若用 Servlet 实现，NetBeans 在模板中提供方法 processRequest()，如下：

```
protected void processRequest(HttpServletRequest request, HttpServletResponse response)
```

该方法中的参数 request 即为请求对象的实例，用 request.getParameter()方法获取从登录界面传送到服务器的参数值，然后再用 PrintWriter 对象把这些值发回客户端浏览器重新显示，供客户审核，并给出欢迎信息。

2.7　习题

1. HTTP 的特点是什么？分别从 Windows 应用程序和 Web 应用程序的角度说明 Java Web 提供了哪些对 HTTP 封装的技术？
2. 简述 HTTP 的请求方式 Get 和 Post 的区别。
3. HTTP 请求和响应包括哪些内容？
4. Servlet 的主要任务是什么？
5. Web 容器对 Servlet 的支持包括哪些？
6. Tomcat 的结构是怎样的？
7. HTML 文档（网页）和 Web 服务器主机中的文件关系是怎样的？
8. 什么是静态网页？什么是动态网页？
9. Tomcat 服务器的默认端口是 8080，怎样修改 Tomcat 的端口？
10. NetBeans 通过 Tomcat 服务器运行 JSP 时使用的端口号可能会是 8084，这是为什么？

第二篇 Java Web 初步

3 JSP的构成

JSP（Java Server Pages）是由 Sun Microsystems 公司倡导，并联合许多公司参与建立的一种动态网页技术标准，在传统的 HTML 文件中加入 Java 程序片段(Scriptlet)和 JSP 标签(Tag)，由此构成了 JSP。Web Server 在遇到访问 JSP 的请求时，首先执行其中的程序片段，然后将执行结果以 HTML 格式返回给客户端浏览器。Java 程序片段可以操作数据库、重新定向网页等。所有程序操作都在服务器端执行，网络上传送给客户端的仅是得到的结果，最大限度地降低了对客户端浏览器的要求。

学习完本章，您能够:

- 熟悉 JSP 的基本组成和结构。
- 掌握 JSP 中的各种元素。
- 掌握 JSP 中的隐式对象。
- 熟练使用 NetBeans 创建 JSP。

3.1 实例引入

CherryOne 公司高层对 Zac 团队的第二代原型不太满意，因为高层人士认为与用户的交互界面过于简单化，同时为了产品全球化的需要，应针对不同大洲的用户进行不同的语言及习惯选择。Zac 团队决定使用 JSP 技术来实现新的原型，当用户选择了所在的国家信息后，将进入相应的页面选择合适的语言和习惯，再把用户信息显示出来。

第三代原型需要实现的功能如下：

- 服务器端接收用户所在的国家信息，并跳转到执行国家页面。
- 用户在所在的国家页面提供语言和习惯选择。
- Browser 用相应的语言和习惯显示用户信息。

3.2 NetBeans 开发 JSP

JSP 是一个由指令元素、脚本元素、行为元素（动作元素）和 HTML 元素组成的集合体，包括 JSP 2.0 之后提出的 EL 和 JSTL；JSP 的实现可以说是朝着标签化、简单化的方式不断迈进。

在第 2 章中，读者已经比较过用 Servlet 和 JSP 技术开发相同功能的 Web 应用程序在开发方式上的不同，孰难孰易，应该已有裁断。然而在 2.5.7 节中，在 Tomcat 目录下实现 JSP 应用并不方便，并且一个操作灵活、实现快捷的集成化开发工具也是必不可少的，聪明的读者应该想到了 NetBeans——针对 Java Web 应用程序开发的神兵。

例 3-1 使用 NetBeans 创建 HelloWorld Web 应用程序，并对其进行构建和部署。

（1）创建新项目 Chapter3d。

打开 NetBeans IDE，选择主菜单中的“文件”→“新建项目”命令，在弹出的“新建项目”对话框中选择类别 Java Web，在 Java Web 项目列表中选择“Web 应用程序”节点，单击“下一步”按钮，弹出“新建 Web 应用程序”对话框，键入 Web 应用程序的项目名称，并指定该项目的存储路径。

在“服务器和设置”对话框中，通过下拉列表框选择 Apache Tomcat 7 服务器，把 JavaEE 的版本选为 JavaEE 5，留意“上下文路径”里的内容默认为/Chapter3d；由于本章内容不涉及到 Java 框架技术，所以跳过“框架设置”，直接单击“完成”按钮，Web 项目创建成功。

当项目创建成功后，不管是 Servlet 还是 JSP，由 NetBeans 生成的 Web 应用程序项目目录均一致，前面 2.5.5 节已经详细介绍，这里不再赘述。

（2）修改 index.jsp 页面内容，添加程序逻辑或标签。

NetBeans 会自动在“Web 页”目录下生成 index.jsp 文件，文件内容如下：

```
<%@page contentType="text/html" pageEncoding="UTF-8"%>
<!DOCTYPE html>
<html>
    <head>
            <meta http-equiv="Content-Type" content="text/html; charset=UTF-8">
        <title>JSP Page</title>
    </head>
    <body>
        <h1>Hello World!</h1>
    </body>
</html>
```

在<body>元素内加入显示当前系统时间的脚本元素，即在<h1>Hello World!</h1>后换行写入<%=new java.util.Date()%>。

（3）运行 JSP。

选中项目 Chapter3d 并右击，选择“运行项目”选项，NetBeans 会自动启动 Apache Tomcat

Server 并打开系统默认浏览器，默认将显示 index.jsp 页面的内容。如果需要设定其他页面为起始页，则可以选中项目并右击，选择“属性”选项，在弹出的“项目属性”对话框中选中“运行”，设置运行的相对上下文路径的 URL，如图 3-1 所示。

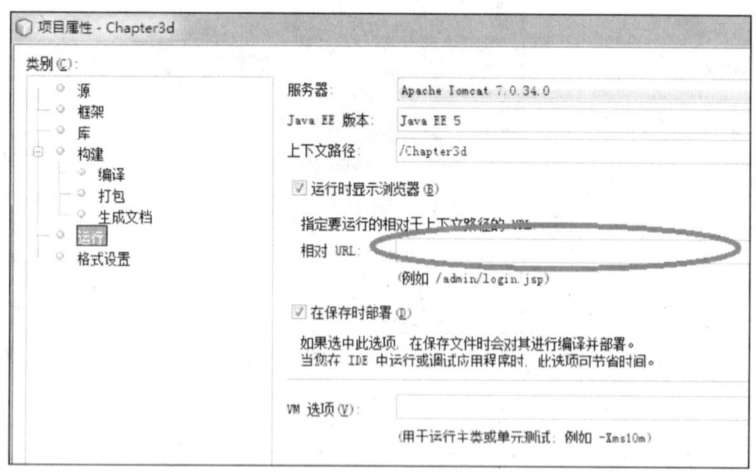

图 3-1 设置运行的相对于上下文路径的 URL

直接在项目管理器中选中需要运行的 JSP 文件，右击并选择“运行文件”选项，或按快捷键 Shift+F6，均可以实现运行，运行结果如图 3-2 所示。

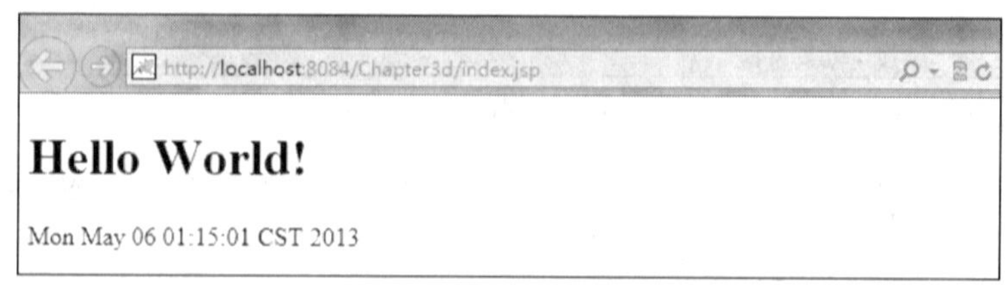

图 3-2 例 3-1 的运行结果

（4）构建 Web 应用程序。

在“项目管理器”中选中需要生成的 Web 应用程序，右击并选择“构建”或“清理并构建”选项，NetBeans 会把 Web 项目包装为 Web 应用程序归档文件（Web Application Archive，WAR）。生成的 WAR 文件保存在当前项目文件夹的 dist 目录下，如图 3-3 所示。

（5）部署 Web 应用程序。

部署 Web 应用程序，就是把开发好的 Web 应用程序放置到指定的 Web Server 中。该操作也可以手动执行，即把构建好的 WAR 文件指定到 Web Server 的工作目录下，如部署到 Apache Tomcat Server 下，则把 WAR 文件放置到 webapps 目录下。

在“项目管理器”中选中需要部署的 Web 应用程序，右击并选择“部署”选项，部署成功后，在 NetBeans IDE 底端的“输出”窗口中会显示成功的消息，如图 3-4 所示。

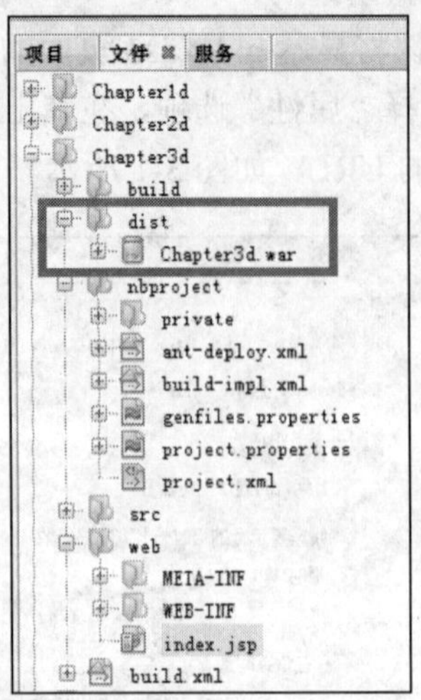

图 3-3　WAR 文件保存路径

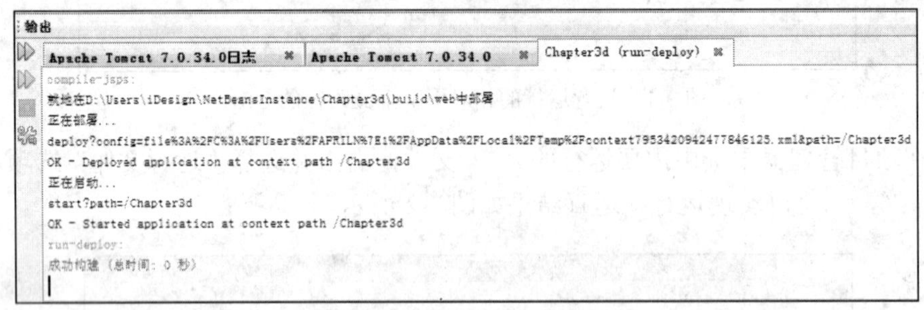

图 3-4　输出窗口显示部署成功

对于 Web 应用程序，NetBeans 在运行 JSP 页面之后，还可以查看该 JSP 页面在执行时所生成的 Servlet 文件，由此证实了 2.5.8 节阐述的 JSP 的执行过程。来看一下例 3-1 的 index.jsp 文件执行时所生成的 Servlet——index_jsp.java。

```
package org.apache.jsp;

import javax.servlet.*;
import javax.servlet.http.*;
import javax.servlet.jsp.*;
import java.util.Date;

public final class index_jsp extends org.apache.jasper.runtime.HttpJspBase
    implements org.apache.jasper.runtime.JspSourceDependent {

  private static final javax.servlet.jsp.JspFactory _jspxFactory =
          javax.servlet.jsp.JspFactory.getDefaultFactory();
```

```
private static java.util.Map<java.lang.String,java.lang.Long> _jspx_dependants;

private javax.el.ExpressionFactory _el_expressionfactory;
private org.apache.tomcat.InstanceManager _jsp_instancemanager;

public java.util.Map<java.lang.String,java.lang.Long> getDependants() {
  return _jspx_dependants;
}

public void _jspInit() {
  _el_expressionfactory = _jspxFactory.getJspApplicationContext(getServletConfig()
  .getServletContext()).getExpressionFactory();
  _jsp_instancemanager = org.apache.jasper.runtime.InstanceManagerFactory.getInstanceManager
   (getServletConfig());
}

public void _jspDestroy() {
}

public void _jspService(final javax.servlet.http.HttpServletRequest request, final javax.servlet
.http.HttpServletResponse response)
       throws java.io.IOException, javax.servlet.ServletException {

  final javax.servlet.jsp.PageContext pageContext;
  javax.servlet.http.HttpSession session = null;
  final javax.servlet.ServletContext application;
  final javax.servlet.ServletConfig config;
  javax.servlet.jsp.JspWriter out = null;
  final java.lang.Object page = this;
  javax.servlet.jsp.JspWriter _jspx_out = null;
  javax.servlet.jsp.PageContext _jspx_page_context = null;


  try {
    response.setContentType("text/html;charset=UTF-8");
    pageContext = _jspxFactory.getPageContext(this, request, response,
              null, true, 8192, true);
    _jspx_page_context = pageContext;
    application = pageContext.getServletContext();
    config = pageContext.getServletConfig();
    session = pageContext.getSession();
    out = pageContext.getOut();
```

3 Chapter

```
            _jspx_out = out;

            out.write("\n");
            out.write("\n");
            out.write("\n");
            out.write("\n");
            out.write("<!DOCTYPE html>\n");
            out.write("<html>\n");
            out.write("    <head>\n");
            out.write("        <meta http-equiv=\"Content-Type\" content=\"text/html; charset=UTF-8\">\n");
            out.write("        <title>JSP Page</title>\n");
            out.write("    </head>\n");
            out.write("    <body>\n");
            out.write("        <h1>Hello World!</h1>\n");
            out.write("        ");
            out.print(new Date());
            out.write("\n");
            out.write("    </body>\n");
            out.write("</html>\n");
        } catch (java.lang.Throwable t) {
            if (!(t instanceof javax.servlet.jsp.SkipPageException)){
                out = _jspx_out;
                if (out != null && out.getBufferSize() != 0)
                    try { out.clearBuffer(); } catch (java.io.IOException e) {}
                if (_jspx_page_context != null) _jspx_page_context.handlePageException(t);
                else throw new ServletException(t);
            }
        } finally {
            _jspxFactory.releasePageContext(_jspx_page_context);
        }
    }
}
```

上述内容表示 Apache Tomcat Server 把 index.jsp 生成为 index_jsp 类之后的 Servlet 代码，有兴趣的读者可以研究一下 JSP 文件和 Servlet 之间的转化关系，本书不对此内容进行深入阐述。

3.3 JSP 页面剖析

前面的内容提到过，JSP 是包含了 HTML 元素、Java 程序片段、JSP 标签、表达式语言（EL）等多种内容的一个集合体。其中 Java 程序片段由“<%”和“%>”的不同形式包裹而成，一般也称为 Scriptlet。这些 Scriptlet 中包括以“<%@”和“%>”共同标记的指令元素，有“<%”

和“%>”三种组合作用的脚本元素。

为了分析 JSP 的页面元素，先来看一个包含了多种 JSP 元素的页面，通过对这个 JSP 页面的剖析来理解各种 JSP 元素的表现方式。

例 3-2　AllAround.jsp，判断并在客户端浏览器上显示字符串。

代码如下：

```
<%@page contentType="text/html" pageEncoding="UTF-8"%>
<%@taglib prefix="c" uri="http://java.sun.com/jsp/jstl/core"%>
<!DOCTYPE html>
<html>
    <head>
        <meta http-equiv="Content-Type" content="text/html; charset=UTF-8">
        <title>JSP Element Collect</title>
    </head>
    <body>
        <c:set var="exp" value="go Go GO!"/>
        <%-- 该行使用的是 JSTL（JSP Standard Tag Library）中核心标签的一种--%>
        <%! String msg = "Ready";%>
        <%
            if (msg.equalsIgnoreCase("ready")) {
        %>
        <%=msg%>
        <%
            }
        %>
        <c:out value="${exp}"/>
        <!--该行既使用了 JSTL，又使用了 EL -->
    </body>
</html>
```

例 3-2 的执行结果如图 3-5 所示。

http://localhost:8084/Chapter3d/AllAround.jsp

Ready go Go GO!

图 3-5　例 3-2 的执行结果

注意：上述代码如果在 NetBeans IDE 中进行开发，需要在当前项目的“库”（Lib）目录下添加新库 jstl1.1 才能在 Tomacat 服务器下运行，否则会运行出错。

下面来看看例 3-2 文件中所包含的各种 JSP 元素，如图 3-6 所示。

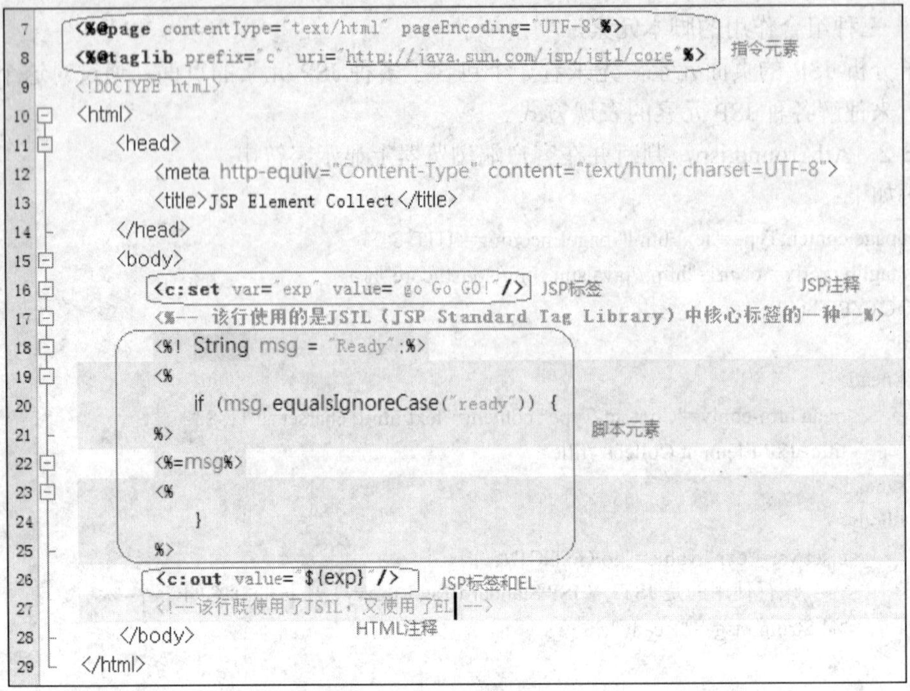

```
<%@page contentType="text/html" pageEncoding="UTF-8"%>
<%@taglib prefix="c" uri="http://java.sun.com/jsp/jstl/core"%>
<!DOCTYPE html>
<html>
    <head>
        <meta http-equiv="Content-Type" content="text/html; charset=UTF-8">
        <title>JSP Element Collect</title>
    </head>
    <body>
        <c:set var="exp" value="go Go GO!"/>
        <%-- 该行使用的是JSTL（JSP Standard Tag Library）中核心标签的一种--%>
        <%! String msg = "Ready";%>
        <%
            if (msg.equalsIgnoreCase("ready")) {
        %>
        <%=msg%>
        <%
            }
        %>
        <c:out value="${exp}"/>
        <!--该行既使用了JSTL，又使用了EL-->
    </body>
</html>
```

指令元素

JSP标签

JSP注释

脚本元素

JSP标签和EL

HTML注释

图 3-6　各种 JSP 元素解析

在图 3-6 中，给出了各种 JSP 元素在页面中的表现方式，细节内容将在后面章节中依次阐述，本节剩下的内容来了解一下 JSP 中的注释和模板文本（Template Text）。

不管是在网页设计中还是在程序开发中，由于不被解释或编译，注释都起到一种提示、辅助的作用。在 JSP 中，注释有两种表现形式：JSP 注释和 HTML 注释。

- JSP 注释：标记为"<%--"和"--%>"，标记中的内容在编译时被忽略，不发送给客户端浏览器，一般也被称为隐式注释。注释 JSTL 标签时必须使用 JSP 注释。
- HTML 注释：是网页设计中常用的注释方式，标记为"<!--"和"-->"，在标签中的内容会被发送到客户端浏览器，但不被解释；在客户端浏览器中查看 HTML 源代码时能够看到被注释的内容，一般也被称为显式注释。

模板文本，在 JSP 里的论述是，任何不属于 JSP 元素的东西都是模板文本，如 HTML 元素，模板文本的内容将会原封不动地被传送给客户端浏览器，这意味着 JSP 开发人员可以用 JSP 产生任何类型的基于文本的输出，包括 XML 或纯文本。

例 3-3　使用模板文本。

```
<%@page contentType="text/html" pageEncoding="UTF-8"%>
<%@taglib prefix="c" uri="http://java.sun.com/jsp/jstl/core"%>
<!DOCTYPE html>
<html>
    <head>
```

```
        <meta http-equiv="Content-Type" content="text/html; charset=UTF-8">
        <title>JSP is Easy</title>
    </head>
    <body>
        <h1>Hello Template Text</h1>
        <h2>JSP is as easy as ...</h2>
        <%--用 JSTL 计算 1+2+3 的和--%>
        1+2+3=<c:out value="${1+2+3}"/>
    </body>
</html>
```

上述代码段中，用加粗字体显示的内容即为 JSP 的模板文本，这些模板文本的内容会被一字未改地发给客户端浏览器解释。需要留意的是，使用隐式注释即 JSP 注释虽然会被 JSP 容器忽略，但是却不会被发给客户端，也就是隐式注释不属于模板文本。

例 3-3 中使用了第 7 章和第 8 章的内容，这里不再详细解释，运行结果相对简单，只是对 1、2、3 三个数进行求和运算，请读者在 NetBeans 中自行实现后浏览。

3.4 指令元素

指令元素（Directive Element）也被称为伪指令，表示 JSP 被编译成 Servlet 时由 JSP 引擎所处理的指令，由于指定页面本身的属性，包括页面产生的内容类型、页面缓冲、页面所需的资源，以及如何处理页面在运行时的错误等，JSP 规范描述了三种标准的指令元素：page、include 和 taglib，它们在 JSP 环境中是兼容的。

指令元素的语法如下：

```
<%@directive-name attribute1="value1"%>
<%@directive-name attribute2="value2"%>
…
<%@directive-name attributeN="valueN"%>
```

或

```
<%@ directive-name attribute1="value1" attribute2="value2" … attributeN="valueN"%>
```

其中第一种语法表现形式可以一次指定一个属性。

3.4.1 page 指令

page 指令定义了整个 JSP 页的一些属性和相关功能。它由<%@page 起始，以%>结束，和指令元素的语法基本一致。值得提出的是，page 指令中，如果一个属性包含多个值，那么该属性的每个属性值之间用“,”分隔，属性值用双引号括起来。

page 指令有 13 个属性，如表 3-1 所示。

表 3-1　page 指令的属性

属性	功能描述
autoFlush="true | false"	设置是否自动清空缓冲区，默认值为 true
buffer="none | size in kb"	设置输出流使用缓冲区的大小，默认为 8kb
contentType="text/html"	指定 JSP 页的编码方式和 MIME 类型
errorPage="error_url"	指定 JSP 页抛出异常后网页被重定向的 url
extends="class_name"	指定该 JSP 页生成的 Servlet 所继承的父类
info="text_information"	指定该 JSP 页的相关信息
import="import_list"	指定该 JSP 页生成的 Servlet 需要导入的类，需要提供包名
isELIgnored="true | false"	指定是否在 JSP 页中执行 EL，true 表示 JSP Container 将忽略 EL，false 表示 EL 将被执行
isErrorPage="true | false"	指定该 JSP 页是否为处理异常或错误的网页，默认为 false
isThreadSafe="true | false"	设置 JSP 页是否支持多线程，通知 JSP Container，该 JSP 能否处理一个以上的线程，默认值为 true
language="java"	指定 JSP Container 用什么语言来编译 JSP 网页，默认为 Java 语言，某些 JSP Container 还支持其他脚本语言
pageEncoding="charset"	指定 JSP 页的编码方式，在不同的 Java Web 开发工具中设定值不同，一般为 utf-8 或 iso-8859-1
session="true | false"	设置该 JSP 是否使用 session 对象，即是否使用会话

部分属性的使用如下：

```
<%@page contentType="text/html" pageEncoding="UTF-8"%>
<%@page info="This is a welcome page" import="java.util.List"%>
<%@page import="java.util.Date"%>
<%@page import="javax.sql.DataSource" %>
```

下面对 page 指令中常用且容易出错的几个属性进行深层次的阐述。

（1）import。

page 指令中只有 import 属性可以重复设定，表示导入多个类，而其他属性则不能这样使用，在当前 JSP 文件中，只能使用一次。对于 import 属性，page 指令元素还提供另外一种方式来实现一次性导入多个包中的类，如下：

```
<%@page import="java.util.Date,javax.sql.DataSource"%>
```

即两个类或 package.*之间用“,”号分隔，依此类推。

需要说明的是，有 4 个包是 import 属性自动导入的，不需要在 page 指令中被指定，他们是：java.lang.*、java.servlet.*、java.servlet.jsp.*和 java.servlet.http.*。

（2）errorPage 和 isErrorPage。

errorPage 和 isErrorPage 属性往往在不同的页面中一起使用，即 A.jsp 页面使用 errorPage 指定错误页面的 URL——B.jsp，则在 B.jsp 页面中使用 isErrorPage 赋值为 true，表示 B.jsp 页面为 A.jsp 页面的错误处理页。

例 3-4 errorPage 和 isErrorPage 的使用。

A.jsp 页面代码片段：

```
<%@page contentType="text/html" pageEncoding="UTF-8" errorPage="errorDisplay.jsp"%>
<%-- 给出异常或者错误代码--%>
...
```

B.jsp 页面代码：

```
<%@page contentType="text/html" pageEncoding="UTF-8" isErrorPage="true"%>
<!DOCTYPE html>
<html>
    <head>
        <meta http-equiv="Content-Type" content="text/html; charset=UTF-8">
        <title>Error Information Page</title>
    </head>
    <body>
        <h1>Something Wrong Occured!</h1>
    </body>
</html>
```

例 3-4 运行 A.jsp 页面，结果如图 3-7 所示。

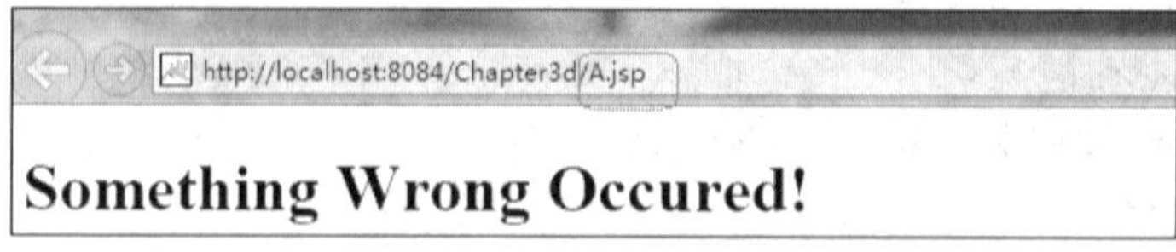

图 3-7 例 3-4 的运行结果

（3）contentType 和 pageEncoding。

JSP 对于中文用户有个比较致命的不足，就是对中文的支持性。比如比 NetBeans 名气更大、用户更多的 MyEclipse，如果在新建的 JSP 页面中输入中文后，保存文件直接被禁止，提示字符集不匹配。这个字符集便是 contentType 和 pageEncoding 均有的属性值。

contentType 比较特别，在 JSP 的 page 指令中一般不指定字符集，仅仅指定类型，如：

```
<%@page contentType="text/html"%>
```

当然也可以用下面的表示法：

```
<%@page contentType="text/html;charset=ISO-8859-1"%>
```

pageEncoding 是纯粹的为当前 JSP 页指定字符编码的方式，如果指定的字符编码为 ISO8859-1，由于中文字长的问题，该 JSP 页面无法正常显示中文；若指定的字符集为 UTF-8

或 GB2312 等，便可以正常显示。上面提出的 MyEclipse 无法保存文件的问题则需要通过修改支持中文的字符编码来解决。pageEncoding 属性表示如下：

```
<%@page contentType="text/html" pageEncoding="UTF-8"%>
```

3.4.2 include 指令

include 指令允许在 JSP 页面中嵌入一个包含文本或代码的文件，文件可以是 JSP 页或 HTML 页，也可以是文本文件或 Java 程序段。

include 指令仅仅有一个属性 file，属性值一般为包含文件相对路径的 URL，并且此 URL 不允许通过查询字符串的方式携带参数。

例 3-5　把例 3-2 的运行结果嵌入例 3-1。

```
<%@page contentType="text/html" pageEncoding="UTF-8"%>
<%@page info="This is a welcome page" import="java.util.List"%>
<%@page import="java.util.Date"%>
<%@page import="javax.sql.DataSource" %>
<!DOCTYPE html>
<html>
    <head>
        <meta http-equiv="Content-Type" content="text/html; charset=UTF-8">
        <title>JSP Page</title>
    </head>
    <body>
        <h1>Hello World!</h1>
        <%=new Date()%>
        <%@include file="AllAround.jsp"%>
    </body>
</html>
```

加粗部分则是在例 3-1 代码中加入的 include 指令，通过 file 属性指定了同一目录下的 AllAround.jsp 文件，这样便实现了题目的要求。所以 include 指令一般用在某一个或几个页面的运行结果或内容需要显示在所属 Web 项目的多个不同页面或是页面的不同位置时。

例 3-5 的运行结果如图 3-8 所示，方框标注的便是嵌入的例 3-2 的运行结果。

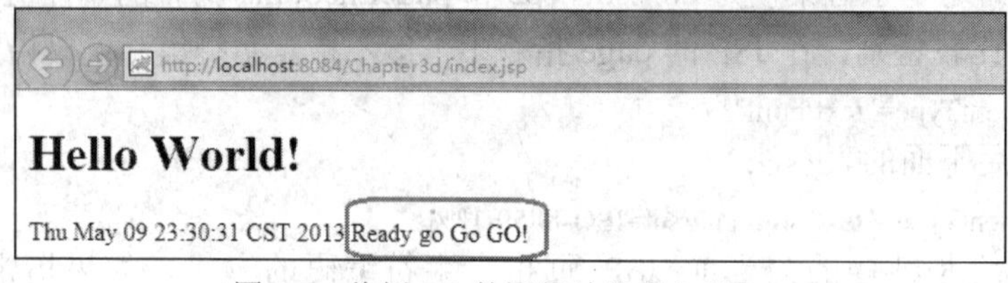

图 3-8　将例 3-2 的运行结果嵌入例 3-1

3.4.3　taglib 指令

taglib 指令能够让用户调用自定义的标签库或 JSP Standard Tag Library（JSTL），语法如下：

```
<%@taglib prefix="tagPrefix" uri="tagLibraryURI"%>
```

其中 prefix 属性指定调用标签库在当前 JSP 页中使用时的唯一前缀，当一个 JSP 页中调用多个标签库时，用来区分；再通过标签库的前缀调用保存其中的各种标签，一般在访问扩展标签和 JSP 标准标签库时使用。

uri 主要用来指定标签库的存放位置，是一个统一资源标示符。

taglib 使用的例子可以参照例 3-2 AllAround.jsp，如：

```
<%taglib prefix="c" uri="http://java.sun.com/jsp/jstl/core"%>
```

表示在当前页面中调用 JSP 标准标签库中的核心标签库，用字符“c”作为核心标签库 core 的前缀。

taglib 执行元素的具体内容将在第 8 章和第 9 章中详细介绍。

3.5　脚本元素

脚本（Scriptlet）元素是 JSP 保留 Java 特征的证明，可以在脚本元素的开始标记“<%”和结束标记“%>”之间放入 Java 代码。其表现形式有三种：

- 声明脚本
- 表达式脚本
- 小脚本

3.5.1　声明脚本

用于声明在 JSP 页中存在的变量或方法，被声明的变量和方法将在小脚本或表达式脚本中被调用。

声明脚本可以把当前 JSP 页中所需的变量和方法一起放在开始标记“<%!”和结束标记“%>”中实现，也可以将每个变量或方法的声明语句放在多个标记中，如下：

```
<%!
String color[] = {"red", "green", "blue"};
String getColor(int i){
return color[i];
}
%>
```

或

3 Chapter

```
<%! String color[] = {"red", "green", "blue"}; %>
<%!
String getColor(int i){
return color[i];
}
%>
```

注意：在声明脚本中声明的变量相当于 Servlet 类中的成员变量，如果该 JSP 页被多个访问时则会被共享，而发生某些奇妙的问题。所以一般没有特殊要求时，如计数器，变量不建议在声明脚本中声明。若需要在 JSP 页中声明方法，则必须把方法的声明放在声明脚本之中，求知欲强的读者可以试着在 NetBeans 中把包含方法声明的 JSP 页运行后选择查看 Servlet，来找一下其中的原因。

3.5.2 表达式脚本

表达式脚本以“<%=”开始，以“%>”结束，中间包含合法的表达式或变量名，用以把表达式的计算结果或变量的值转化成字符串对象，发送到客户端浏览器被解释，如果表达式结果转化为字符串失败，则抛出 ClassCastException。表达式脚本在 Servlet 中与 out.println()语句实现的功能相同。

把声明脚本和表达式脚本连用，代码段如下：

```
<%!String msg="Welcome to Chongqing!";%>
<%=msg%>
<%=new java.util.Date()%>
<%=1+2+3%>
```

仔细的读者可以发现声明脚本和表达式脚本除了开始标记不同外，还有一个细微区别，这里先卖个关子，阐述了小脚本之后再一起比较。

3.5.3 小脚本 Scriptlet

小脚本是用于处理 HTTP 请求的一个或多个 Java 语句集合，这些语句必须满足 Java 的标准语法，这是 JSP 保留 Java 特征的主要体现。

例 3-6 华氏温度和摄氏温度转化表。

简要分析：相比前面的例子，本例的难度略微提高。希望读者在程序开发中能养成先思考，后敲键盘的习惯；切莫对这些有代码实现的例子，审题之后立即开始建项目，抄代码。审题之后来分析一下本题的解决方案。

（1）确定华氏温度的最低值 32 和最高值 212，摄氏温度的最低值 0 和最高值 100；由于摄氏温度有小数位，用 double 型，华氏用 int 型。

（2）了解华氏温度和摄氏温度的转换公式：((华氏温度-32)*5)/9。

（3）在 JSP 中用表格显示数据所使用的方法。

假设步长为 20，华氏温度的梯度从 32 到 212，如果直接手动输出，则至少要写 10 行的输出表格代码；这里可以考虑使用循环，并且可以使用模板文本的另一种形式，即模板文本嵌入到小脚本中，如：

```
<table>
<%for(int f=32;f<=212;f+=20){%>
<tr>
<td>{需要输出的内容}</td>
</tr>
<%}%>
</table>
```

根据 3.3 节的内容可知，模板文本是直接被发送到客户端浏览器的，而在表格中嵌入 for 循环的 Java 脚本，并把<tr>行显示作为循环体，JSP 容器在处理时会根据循环的次数来发送<tr>的内容。

注意：①以上分析思路仅仅是作者的个人建议，作为参考使用，目的只是为了让读者在 JSP 设计之初养成好的开发习惯，由于分析方法各异，建议读者以自己的方法优先。

②由于在小脚本中嵌入模板文本而强制中断了小脚本，如<%for(int i=0;i<10;i++){%>，所以要在嵌入模板文本之后把未结束的小脚本继续补完，如<%}%>。

代码实现如下：

```
<%@page contentType="text/html" pageEncoding="UTF-8"%>
<%@page import="java.text.*"%>
<!DOCTYPE html>
<html>
    <head>
        <meta http-equiv="Content-Type" content="text/html; charset=UTF-8">
        <title>JSP Page</title>
    </head>
    <body>
        <h1>Convert F 2 T</h1>
        <table border="1" cellspacing="3">
            <thead>
                <tr>
                    <th>Degrees<br/>Fahrenheit<br/>华氏</th>
                    <th>Degress<br/>Centigrade<br/>摄氏</th>
                </tr>
            </thead>
            <tbody>
```

```
            <%
                NumberFormat fmt = new DecimalFormat("###.000");
                for (int f = 32; f <= 212; f += 20) {
                    double c = ((f - 32) * 5) / 9.0;
                    String sc = fmt.format(c);
            %>
            <tr>
                <td align="right"><%=f%></td>
                <td align="right"><%=sc%></td>
            </tr>
            <%
                }
            %>
          </tbody>
        </table>
    </body>
</html>
```

例 3-6 的运行结果如图 3-9 所示。

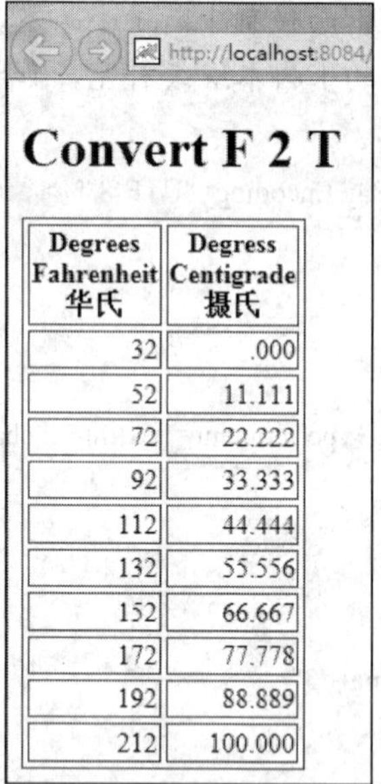

图 3-9　华氏温度和摄氏温度转化表

该 JSP 页生成 Servlet 类后，把其中的 for 循环提出来看一下。

```
NumberFormat fmt = new DecimalFormat("###.000");
for (int f = 32; f <= 212; f += 20) {
    double c = ((f - 32) * 5) / 9.0;
```

```
        String sc = fmt.format(c);
            out.write("\n");
            out.write("                    <tr>\n");
            out.write("                        <td align=\"right\">");
            out.print(f);
            out.write("</td>\n");
            out.write("                        <td align=\"right\">");
            out.print(sc);
            out.write("</td>\n");
            out.write("                    </tr>\n");
            out.write("                ");
    }
```

其中原本作为 for 循环体的模板元素

```
<tr>
        <td align="right"><%=f%></td>
        <td align="right"><%=sc%></td>
</tr>
```

在 Servlet 中的形式和 JSP 中基本一致，特别是表达式脚本，是 JspWriter 对象实例 out 调用 print() 方法输出。

前一节提到的声明脚本与小脚本和表达式脚本的另一个区别是表达式脚本由于只显示一个表达式的值，所以在语句结束时禁止使用“;”，这一点也是初学者需要尤为注意的。NetBeans 提供了语法检测，若在表达式脚本中写入“;”，会通过红色波浪线提示并报错。

下面结合指令元素、脚本元素和 HTML 元素及表单来举一个综合性的例子。

例 3-7　通过选择，分别显示 8 位和 16 位的 ASCII 码表。

简要分析：由于本题要显示的内容包括用户输入的表单和与用户选择相对应的 ASCII 码表，所以应该先考虑整个 JSP 页的布局。

（1）给出表单，表单内容包括 label 元素和 input 元素的单选按钮和提交按钮，并且提交的页面即当前 JSP 页本身。

（2）接收用户输入，判断要显示 8 位还是 16 位的 ASCII 码表，假设开发者本身拥有一份 8 位 ASCII 码表的文本文件，则 8 位 ASCII 码表可以通过 include 指令嵌入，而 16 位只能通过算法输出。

（3）确定输出 16 位 ASCII 码表的方法，本题采用模板文本嵌入脚本的方式实现。

分析思路仅代表作者的个人意见，读者应以自己的方法优先。

代码实现如下：

```
<%@page contentType="text/html" pageEncoding="UTF-8"%>
<!DOCTYPE html>
<html>
    <head>
```

```
    <meta http-equiv="Content-Type" content="text/html; charset=UTF-8">
    <title>Ascii 8bit & 16bit</title>
</head>
<body>
    <h1>ASCII CHART Select 8 bit or 16 bit</h1>
    <form method="POST">
        <input type="radio" name="nbit" value="8bit" id="8bit" checked="checked" /><label
         for="8bit">8 bit</label><br/>
        <input type="radio" name="nbit" value="16bit" id="16bit"/><label for="16bit">16
         bit</label><br/>
        <input type="submit" value="select" name="select" />
    </form>
    <%!String selbit;%>   <%-- 不建议使用声明脚本定义变量，除非特殊要求--%>
    <%! public StringBuffer getAscii4ff() {
                StringBuffer sb = new StringBuffer();
                sb.append("<tr>");
                sb.append("<th width='40'> </th>");
                for (int col = 0; col < 16; col++) {
                    sb.append("<th>");
                    sb.append(Integer.toHexString(col));
                    sb.append("</th>");
                }
                sb.append("</tr>");
                for (int row = 0; row < 16; row++) {
                    sb.append("<tr>");
                    sb.append("<td>");
                    sb.append(Integer.toHexString(row));
                    sb.append("</td>");
                    for (int col = 0; col < 16; col++) {
                        char c = (char) (row * 16 + col);
                        sb.append("<td width='32' align='center'>");
                        sb.append(c);
                        sb.append("</td>");
                    }
                    sb.append("</tr>");
                }
                return sb;
        }
    %>
    <%
        if (request.getParameter("select")!=null) {
            //判断表单中的“提交”按钮是否单击
```

```
                //request 是 JSP 定义的隐式对象，在 3.7.1 节会详细介绍
                selbit = request.getParameter("nbit");
                if (selbit.equals("8bit")) {
        %>
        <%@include file="ascii128.txt"%>
        <%
                } else {
        %>
        <table>
            <%
                        out.println(this.getAscii4ff());
                        //调用声明脚本中定义的方法 getAscii4ff()

            %>
        </table>
        <%
                }
            }
        %>
    </body>
</html>
```

需要指出的是，在 Scriptlet 中，由于组成内容均是支持 Java 语法的代码，所以注释方式和标准 Java 一致，使用“//”或者“/*”与“*/”均可。

例 3-7 的执行结果如图 3-10 所示。

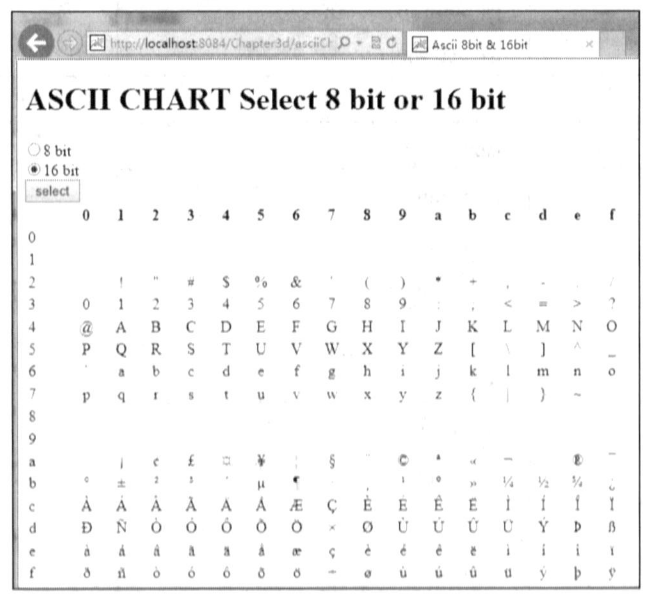

图 3-10 选择 16 位 ASCII 码显示

3.6 行为元素

行为元素（Action Element）又叫动作元素，是一种特殊标签，通常在标签库（Tag Library）中保存，是以 XML 语法为基础，在 JSP 页中使用的一种标签形式。

行为元素和 XML 元素一致，包含开始标签“<”和结束标签“>”，在这两个标签之间的元素名称由两部分组成：标签库的前缀和该标签库中行为的名称，两者之间用“:”分隔。熟悉 XML 语法的读者应该了解前缀实际上是 XML 的名称空间。

行为元素可以分为三类：

- 标准行为元素
- 自定义行为元素
- JSP 标准标签库（JSTL）

3.6.1 标准行为元素

JSP 2.0 规范中主要定义了 20 种行为元素，如表 3-2 所示。

表 3-2 JSP 2.0 规范定义的行为元素

序号	行为元素表现形式	归类
1	<jsp:userBean>	一类
2	<jsp:setProperty>	
3	<jsp:getProperty>	
4	<jsp:include>	二类
5	<jsp:forward>	
6	<jsp:param>	
7	<jsp:plugin>	
8	<jsp:params>	
9	<jsp:fallback>	
10	<jsp:root>	三类
11	<jsp:declaration>	
12	<jsp:scriptlet>	
13	<jsp:expression>	
14	<jsp:text>	
15	<jsp:output>	

续表

序号	行为元素表现形式	归类
16	<jsp:attribute>	四类
17	<jsp:body>	
18	<jsp:element>	
19	<jsp:invoke>	五类
20	<jsp:doBody>	

以上 20 个行为元素根据其功能不同，分为五大类。

第一类包含 3 个元素，即表 3-2 中的 1～3 元素，用来调用和存取 JavaBean，将在第 4 章介绍。

第二类包含 6 个元素，即表 3-2 中的 4～9 元素，是 JSP 1.2 中原有的行为元素，功能如下：

（1）<jsp:param>。

<jsp:param>用来提供页面跳转或包含时所需的参数信息，该元素也可以与<jsp:include>、<jsp:forward>、<jsp:plugin>一起搭配使用。值得注意的是<jsp:param>提供的参数均附加在<jsp:include>和<jsp:forward>元素所包含和跳转页面的 request 对象中。

语法如下：

```
<jsp:param name="paramName" value="paramValue" />
```

（2）<jsp:include>。

<jsp:include>元素和 3.3.2 节提到的<%@include%>指令实现的功能基本一致，允许包含动态和静态文件；如果包含进来的是静态文件，那么只是把静态文件的内容加到 JSP 页中；如果包含进来的为动态文件，那么这个被包含的文件也会被 JSP Container 编译执行。

<jsp:include>元素的语法分为不带参和带参两种。

不带参数：

```
<jsp:include page="{ relativeURL | <%= expression %>}" flush="true | false " />
```

带参数：

```
<jsp:include page="{ relativeURL | <%= expression %>}" flush="true | false" >
    <jsp:param name="paramName1" value="{paramValue1 | <%= expression1 %>}" />
    <jsp:param name="paramName2" value="{paramValue2 | <%= expression2%>}" />
    ……
    <jsp:param name="paramNameN" value="{paramValueN | <%= expressionN %>}" />
</jsp:include>
```

page 属性表示要包含文件的相对路径 URL。

flush 属性指定源页面是否应在包含 page 属性指定页面之前清空，默认值为 false，可省略。

例 3-8　带参数的<jsp:include>元素的使用，对例 3-5 的内容进行修改。

源页面 index.jsp 代码：

```
<%@page contentType="text/html" pageEncoding="UTF-8"%>
<!DOCTYPE html>
<html>
    <head>
        <meta http-equiv="Content-Type" content="text/html; charset=UTF-8">
        <title>JSP Page</title>
    </head>
    <body>
        <h1>Hello World!</h1>
        <%=new Date()%>
        <%--@include file="AllAround.jsp"--%><br/>
        <jsp:include page="AllAround.jsp">
            <jsp:param name="name" value="Puppy"/>
        </jsp:include>
    </body>
</html>
```

包含页面 AllAround.jsp 代码：

```
<%@page contentType="text/html" pageEncoding="UTF-8"%>
<%@taglib prefix="c" uri="http://java.sun.com/jsp/jstl/core"%>
<!DOCTYPE html>
<html>
    <head>
        <meta http-equiv="Content-Type" content="text/html; charset=UTF-8">
        <title>JSP Element Collect</title>
    </head>
    <body>
        <c:set var="exp" value="go Go GO!"/>
        <%-- 该行使用的是 JSTL（JSP Standard Tag Library）中核心标签的一种--%>
        <%! String msg = "Ready";%>
        <%
            String attach=request.getParameter("name");
            if (msg.equalsIgnoreCase("ready")) {
        %>
        <%=msg + " , " + attach%>
        <%
            }
        %>
        <c:out value="${exp}"/>
        <!-- 该行既使用了 JSTL，又使用了 EL -->
```

```
    </body>
</html>
```

例 3-8 的运行结果如图 3-11 所示。

图 3-11 例 3-8 的运行结果

（3）<jsp:forward>。

<jsp:forward>元素用于页面的重定向，将 request 请求从一个 JSP 页跳转到另一个 JSP 页。

<jsp:forward>语法和<jsp:include>相近，分带参和不带参两种形式。

不带参数：

```
<jsp:forward page={"relativeURL" | "<%= expression %>"} />
```

带参数：

```
<jsp:forward page={"relativeURL" | "<%= expression %>"} >
    <jsp:param name="paramName1" value="{paramValue1 | <%= expression1 %>}" />
    <jsp:param name="paramName2" value="{paramValue2 | <%= expression2 %>}" />
    ……
    <jsp:param name="paramNameN" value="{paramValueN | <%= expressionN %>}" />
</jsp:forward>
```

例 3-9 通过<jsp:forward>实现页面跳转，把例 3-8 中的<jsp:include>替换为<jsp:forward>，比较运行结果的不同。

源页面 index.jsp 代码：

```
<%@page contentType="text/html" pageEncoding="UTF-8"%>
<!DOCTYPE html>
<html>
    <head>
        <meta http-equiv="Content-Type" content="text/html; charset=UTF-8">
        <title>JSP Page</title>
    </head>
    <body>
        <h1>Hello World!</h1>
        <%=new Date()%>
        <jsp:forward page="AllAround.jsp">
            <jsp:param name="name" value="Kitty"/>
```

3 Chapter

```
        </jsp:forward>
    </body>
</html>
```

跳转目标页面 AllAround.jsp 代码不变。

例 3-9 的运行结果如图 3-12 所示。

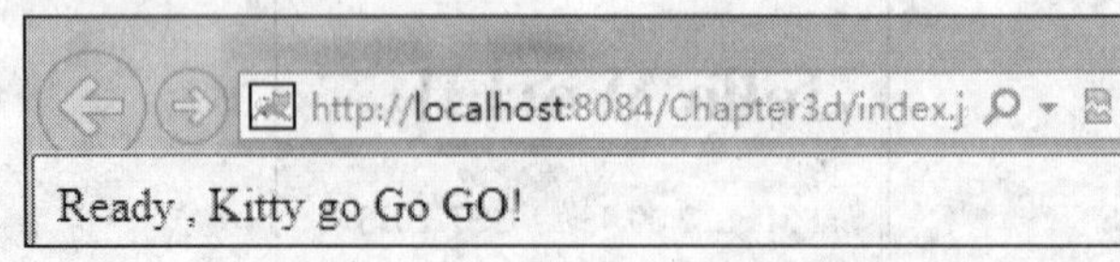

图 3-12 index.jsp 页面跳转成功

注意：①<jsp:forward>元素后的 Java 代码段或 HTML 元素将不能被执行，因为源页面已经在</jsp:forward>时跳转到了目标页面。

②<jsp:forward>元素在跳转到目标页面时会附带源页面的 request 对象一同前往，但是细心的读者会发现虽然<jsp:forward>实现了页面跳转，但是浏览器地址栏中的 URL 却没有改变。

（4）<jsp:plugin>。

<jsp:plugin>元素用于在浏览器中播放或显示一个 Applet 或 Bean 对象。当 JSP 页被编译后发送到浏览器，<jsp:plugin>将会根据浏览器的版本替换成<object>标签或<embed>标签来实现对象的运行，传递参数通常使用<jsp:params>。

（5）<jsp:params>。

<jsp:params>元素主要把参数传递给 Applet 或 Bean。

语法如下：

```
<jsp:params>
    <jsp:param name="paramName1" value="{paramValue1 | <%= expression1 %>}" />
    <jsp:param name="paramName2" value="{paramValue2 | <%= expression2 %>}" />
    ......
    <jsp:param name="paramNameN" value="{paramValueN | <%= expressionN %>}" />
</jsp:params>
```

（6）<jsp:fallback>。

<jsp:fallback>元素指当不能启动 Applet 或 Bean 时，用来提示无法安装插件或取消安装后显示的信息。

第三类包含 6 个元素，即表 3-2 中的 10～15 元素，主要用于 JSP Document 中，是使用 XML 语法写成的 JSP 页。

第四类包含 3 个元素，即表 3-2 中的 16～18 元素，主要用于动态地生成 XML 元素标签值。

第五类包含 2 个元素，即表 3-2 中最后 2 个元素，主要用于 Tag File 中，将在第 9 章介绍。

3.6.2 自定义行为元素

JSP 1.1 中提出了自定义标签，即自定义行为元素，通过扩展特定接口的 Java 类把用 Java 代码实现的自定义行为封装在支持 XML 语法的标签中。

和标准的行为元素不同，自定义行为元素由开发人员根据自己的目的创建，自定义标签中需要标签名、属性和标签体的说明，并把这些标签集中在标签库中。在 JSP 页中可以通过和标准标签库一样的使用方法来使用集中在自定义标签库中的行为元素，详细内容将在第 9 章介绍。

3.7 隐式对象

JSP 提供的隐式对象摆脱了标准 Java 语法的限制，由于不需要在当前 JSP 文件中声明便可以直接使用，所以在一定程度上减少了开发人员的代码量，加快了开发速度，这些被 JSP 内部声明的对象又被称为内置对象。

本质上说，JSP 提供的这些隐式对象都是由特定的 Java 类生成，在服务器运行时根据情况分配资源。表 3-3 给出了这些隐式对象所对应的 Java 类及简要描述。

表 3-3　JSP 中的隐式对象

隐式对象名	包名	类名	描述
request	javax.servlet.http	HttpServletRequest	传递 HttpServletRequest 对象
response		HttpServletResponse	传递 HttpServletResponse 对象
session		HttpSession	表示当前 HttpSession 对象
application	javax.servlet	ServletContext	Servlet 上下文对象
config		ServletConfig	Servlet 配置对象
pageContext	javax.servlet.jsp	PageContext	访问页面、请求、会话的一种方式
out		JspWriter	JspWriter 响应输出流对象
page	java.lang	Object	JSP 本身的当前实例引用
exception		Throwable	捕获的异常对象

（1）request。

request 对象封装了来自客户端的请求内容，包括参数、属性、头标和数据。

request 对象的常用方法如表 3-4 所示。

表 3-4　request 对象中的常用方法

返回类型	方法名	描述
void	setAttribute(String key,Object obj)	设置属性的属性值
Object	getAttribute(String name)	返回指定属性的属性值
String	getParameter(String name)	返回 name 指定参数的参数值
String[]	getParameterValues(String name)	返回 name 指定参数包含的所有值列表
Enumeration	getParameterNames()	返回客户端传送给服务器所有可用参数名的枚举
HttpSession	getSession(Boolean create)	返回当前 HttpSession 对象，如果不存在，依据 create 的取值创建一个新的或返回 null
String	getQueryString()	取得查询字符串，仅限以 GET 方法提交数据时使用

request 对象对 HTTP 头标和客户端、服务器均提供访问方法，如表 3-5 所示。

表 3-5　request 对象中涉及 HTTP 头标、客户端和服务器信息的方法

归类	方法	描述
HTTP 头标	String getHeader(String name)	返回指定 HTTP 头标值，请求对象中没有头标，返回 null
	Enumeration getHeaders(String name)	返回请求对象中出现所有头标的枚举值
	Enumeration getHeaderNames()	返回请求对象头标中指定参数名包含的所有值的枚举
Client 信息	String getRemoteAddr()	返回发送此请求的客户端 IP 地址
	String getRemoteHost()	返回发送此请求的客户端主机名
Web Server	String getServerName()	返回接受请求的服务器主机名
	int getServerPort()	返回服务器接受此请求所用的端口号
	String getServletPath()	返回提出请求的脚本文件路径

request 对象的方法除了上面两个表列举的之外，还有针对其他目标和对象所使用的方法，这里不一一介绍了。

（2）response。

response 对象封装了返回到客户端浏览器的输出，可以用来设置响应头标，并且包含了访问响应输出流的方法，但 JSP 规范禁止直接访问该输出流，所有的 JSP 响应输出都必须使用 out 隐式对象实现。

Response 的常用方法如表 3-6 所示。

表 3-6　常用 response 方法

返回类型	方法名	描述
void	sendRedirect(String URL)	把 response 对象重新定位到另一页面进行处理，完全跳转到新页面
void	setContentType(String type)	设置响应的 MIME 类型，由 type 指定
void	sendError(int n)	向客户端浏览器发送错误代码，由 n 值指定
void	sendHeader(String name,String value)	设置指定头标名的内容

在 3.6.1 节中提到了标准行为元素<jsp:forward>，和本节 response 对象中的 sendRediect (String URL)方法类似，均是实现页面的跳转，区别如下：

- <jsp:forward>元素实现的是 JSP 容器中控制器的转向，在客户端浏览器地址栏中不会显示出转向后的地址，高效且可隐藏实际链接地址；由<jsp:forward>跳转到另一个页面时会携带当前页的 request 对象和 response 对象一同前往；<jsp:forward>本身是通过实现 RequestDispatcher 请求转发接口中的 forward(ServletRequest request, ServeltResponse response)方法，由此方法的参数便可证明前面的论点。
- response.sendRediect(String URL)实现完全的跳转，跳转之后，客户端浏览器会得到跳转之后的页面地址，并重新发送请求链接；sendRedirect()方法跳转到另一个页面时只会携带 response 对象，而原来页面的 request 对象会被重置。

（3）session。

HTTP 是一个无状态协议，表示它把一个请求转化到另一个请求时不会记住前一个请求对象，后一个请求对象一般会重置前一个请求的内容。Web 应用程序常常会调用多个请求对象，为了记住这些不同请求对象中的内容，Servlet 提出了 HttpSession 接口，在 JSP 中则内置为 session 对象。

是否使用 session 对象，可以在当前 JSP 页的 page 指令中指定其 session 属性为 false 或 true，该属性默认为 true。关闭自动创建会话，可以通过减少 Servlet 引擎必须跟踪的对象数目来提高性能。

表 3-7 概括了 session 对象的常用方法。

表 3-7　session 对象的常用方法

返回类型	方法名	描述
Object	getAttribute(String name)	返回保存在 session 中的指定名称的属性值
void	setAttribute(String name,Object obj)	把对象值指定名称存入 session
Enumeration	getAttributeNames()	返回保存在 session 中的每个对象名的枚举值
String	getId()	返回唯一的会话 ID
void	invalidate()	关闭会话，使 session 无效
void	removeAttribute(String name)	移除 session 中指定的属性

session 对象将在第 5 章会话跟踪里详细介绍，这里不再赘述。

来看一个结合 request、response 和 session 对象的例子。

例 3-10　显示用户注册信息。

简要分析：

1）程序流程如图 3-13 所示。

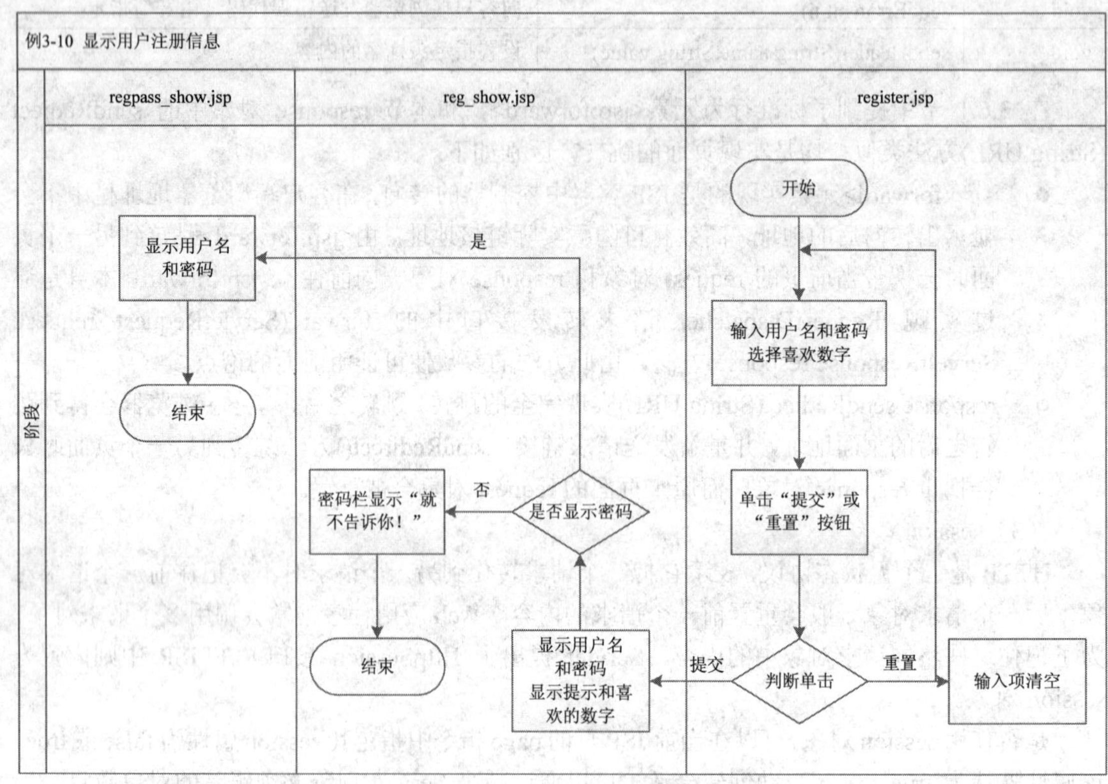

图 3-13　例 3-10 的实现流程

2）当用户注册信息通过一个 request 对象提交到 reg_show.jsp 页面后，又遇到第二个表单，用来判断是否显示密码，提交后又产生 reg_show.jsp 页的 request 对象，新的 request 对象会重置原 request 对象的内容，原本保存在 request 对象里的数据会被清空，这需要在新的 request 产生前用 session 对象来保存原来的数据。

下面给出实现代码。

注册页面 register.jsp 代码：

```
<%@page contentType="text/html" pageEncoding="UTF-8"%>
<!DOCTYPE html>
<html>
    <head>
```

```
        <meta http-equiv="Content-Type" content="text/html; charset=UTF-8">
        <title>Register Page</title>
    </head>
    <body>
        <h1>Welcome my Friends!</h1>
        <form action="reg_show.jsp" method="POST">
            <p>UserName:<input type="text" name="userName"> </p>
            <p>Password  :<input type="password" name="userPass"></p>
            <p>Number u like:<select name="uNumber">
                    <%
                        for (int i = 0; i <= 9; i++) {
                    %>
                    <option><%=i%></option>
                    <%
                        }
                    %>
                </select> select from 0~9 </p>
            <p><input type="submit" value="SUBMIT" name="submit" /> <input type="reset"
            value="RESET" name="reset" /></p>
        </form>
    </body>
</html>
```

显示用户名、密码提示和用户喜欢数字页面 reg_show.jsp 代码：

```
<%@page contentType="text/html" pageEncoding="UTF-8"%>
<!DOCTYPE html>
<html>
    <head>
        <meta http-equiv="Content-Type" content="text/html; charset=UTF-8">
        <title>Show Page</title>
    </head>
    <body>
        <h1>Hello <%=request.getParameter("userName")%> !</h1>
        <table border="1">

            <tbody>
                <tr>
                    <td>Name</td>
                    <td>
                        <%=request.getParameter("userName")%>
                        <%
                            if (request.getParameter("userName") != null) {
                session.setAttribute("name", request.getParameter("userName"));
```

```
                }
            %>
        </td>
    </tr>
    <tr>
        <td>Password</td>
        <td>
            <%
                if (request.getParameter("userPass") != null) {
session.setAttribute("pass", request.getParameter("userPass"));
                }
            %>
            Do u want to show ur password?
            <form>
                <input type="radio" name="rdopass" value="yes" id="yes" /><label
                for="yes">YES</label>
                <input type="radio" name="rdopass" value="no" id="no" checked="true"/>
                <label for="no">NO</label>
                <br/>
                <input type="submit" value="SURE" name="sure" />
            </form>
            <%
                if (request.getParameter("sure") != null) {
                    if (request.getParameter("rdopass").equals("yes")) {
                    response.sendRedirect("regpass_show.jsp");
                    } else {
                        out.println("就不告诉你！ ");
                    }
                }
            %>
        </td>
    </tr>
    <tr>
        <td>Number u like</td>
        <td>
            <%
            String[] uNum = request.getParameterValues("uNumber");
             //一次只能选择一个喜欢的数字，只需取数组中的第一个值
                if (uNum != null) {
                    session.setAttribute("aNum", uNum[0]);
                }
            %>
```

```
                    <%=session.getAttribute("aNum").toString()%>
                </td>
            </tr>
        </tbody>
    </table>
</body>
</html>
```

显示用户名和密码页面 regpass_show.jsp 代码：

```
<%@page contentType="text/html" pageEncoding="UTF-8"%>
<!DOCTYPE html>
<html>
    <head>
        <meta http-equiv="Content-Type" content="text/html; charset=UTF-8">
        <title>Ur Password</title>
    </head>
    <body>
        <h1>Hi, <%=session.getAttribute("name")%></h1>
        <h2>Ur password is: <%=session.getAttribute("pass")%></h2>
    </body>
</html>
```

例 3-10 在 NetBeans 中可以执行整个 Web 项目或是执行 register.jsp 页面，运行结果如图 3-14 至图 3-16 所示。

图 3-14　register.jsp 页面运行结果

图 3-15　跳转到 reg_show.jsp 页面运行结果

图 3-16　跳转到 regpass_show.jsp 页面运行结果

（4）out。

out 对象由 javax.servlet.jsp.JspWriter 接口实现，用来向客户端浏览器发送数据。

out 对象的常用方法如表 3-8 所示。

表 3-8　out 对象的常用方法

返回类型	方法名	描述
void	print()	向客户端浏览器输出各种类型的数据
void	println()	向客户端浏览器输出各种类型的数据，输出后在源码中带回车换行效果，但在浏览器中显示时无效
void	clear	清空缓冲区数据
void	clearBuffer	先把缓冲区数据输出到客户端浏览器再清空
int	getBufferSize()	返回缓冲区大小，以字节数表示
int	getRemaining()	返回缓冲区空闲空间大小
boolean	isAutoFlush()	返回缓冲区满时是自动清空还是抛出异常
void	close()	关闭输出流

（5）pageContext。

JSP 代码的执行受到作用域范围的约束，这些作用域范围如同一个层次结构，大的作用域范围包含小的作用域范围，每一个作用域范围都包含只能应用于此范围的属性。

JSP 作用域范围一共有 4 个：JSP 页面（page）、HTTP 请求（request）、HTTP 会话（session）和整个应用程序（application），JSP 规范运行 pageContext 对象对 4 个作用域范围的属性进行跟踪访问。

JSP 作用域范围的层次结构如图 3-17 所示。

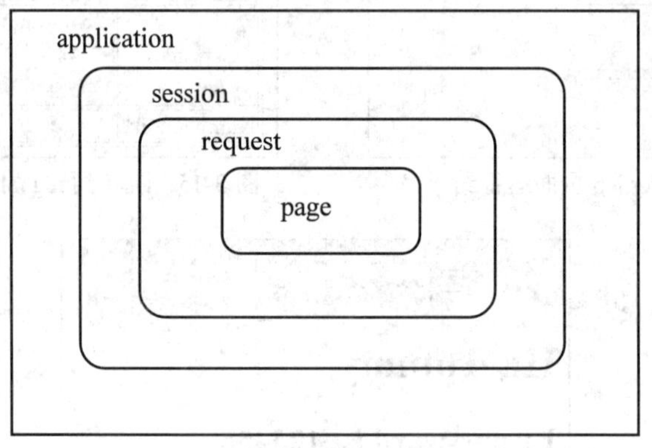

图 3-17　JSP 上下文层次结构图

pageContext 通过 4 个整型参数来代表图 3-17 提出的 4 个范围：PAGE_SCOPE 代表 page 范围，REQUEST_SCOPE 代表 request 范围，SESSION_SCOPE 代表 session 范围，APPLICATION_SCOPE 代表 application 范围。从图 3-17 不难看出，4 个作用域范围管理各自属性的区间是沿着 page→request→session→application 的顺序层层递增的。

pageContext 为页面上下文对象，通过 javax.servlet.jsp.PageContext 接口实现，管理 JSP 不同作用域范围内的属性，pageContext 的创建和初始化均由 JSP 容器来完成，在 JSP 页可以直接调用，常用方法如表 3-9 所示。

表 3-9　pageContext 的常用方法

返回类型	方法名	描述
Object	findAttribute(String name)	在 page、request、session、application 范围内依次查找指定属性的属性值
Object	getAttribute(String name,int scope)	返回指定范围内指定属性的值
HttpSession	getSession()	返回 session 对象
ServletRequest	getRequest()	返回 request 对象
ServletResponse	getResponse()	返回 response 对象
void	setAttribute(String name,Object obj,int scope)	在指定范围内设置属性的属性值
void	removeAttribute(String name,int scope)	移除指定范围内的指定属性

例 3-11　pageContext 访问不同作用域的属性。

lesson3d11_1.jsp 页面代码：

```
<%@page contentType="text/html" pageEncoding="UTF-8"%>
<!DOCTYPE html>
<html>
    <head>
        <meta http-equiv="Content-Type" content="text/html; charset=UTF-8">
        <title>JSP Page</title>
    </head>
    <body>
        <h1>Lesson3d11</h1>
        <form action="lesson3d11_2.jsp">
            UserName: <input type="text" name="userName" value="" />
            <input type="submit" value="SUBMIT" name="submit" />
        </form>
    </body>
</html>
```

lesson3d11_2.jsp 页面代码：

```
<%@page contentType="text/html" pageEncoding="UTF-8"%>
<!DOCTYPE html>
<html>
    <head>
        <meta http-equiv="Content-Type" content="text/html; charset=UTF-8">
        <title>JSP Page</title>
    </head>
    <body>
        <%
            String userName = request.getParameter("userName");
        %>
        <h1>Hello <%=userName%>!</h1>
        <%
        pageContext.setAttribute("namePage", userName, PageContext.PAGE_SCOPE);
      pageContext.setAttribute("nameReq", userName, PageContext.REQUEST_SCOPE);
    pageContext.setAttribute("nameSession", userName, PageContext.SESSION_SCOPE);
  pageContext.setAttribute("nameApp", userName, PageContext.APPLICATION_SCOPE);
        %>
        <a href="lesson3d11_3.jsp">下一个页面</a>
    </body>
</html>
```

lesson3d11_3.jsp 页面代码：

```
<%@page contentType="text/html" pageEncoding="UTF-8"%>
<!DOCTYPE html>
<html>
    <head>
        <meta http-equiv="Content-Type" content="text/html; charset=UTF-8">
        <title>JSP Page</title>
    </head>
    <body>
        <h1>Hello <%=session.getAttribute("nameSession")%>...</h1>
        <h2>页面范围<%=pageContext.getAttribute("namePage")%></h2>
        <h2>请求范围<%=pageContext.getAttribute("nameReq",PageContext.REQUEST_SCOPE)%></h2>
        <h2>会话范围<%=pageContext.getAttribute("nameSession",PageContext.SESSION_SCOPE)%></h2>
        <h2>应用程序范围<%=pageContext.getAttribute("nameApp",PageContext.APPLICATION_SCOPE)%></h2>
    </body>
</html>
```

在 NetBeans 中打开 lesson3d11_1.jsp 页面，右击并选择“运行文件”选项，NetBeans 会自动部署并启动关联的 Tomcat 服务器运行该页面，执行结果如图 3-18 所示。

输入用户名，单击“提交”按钮，执行结果如图 3-19 所示。

图 3-18 用户名输入及提交页面

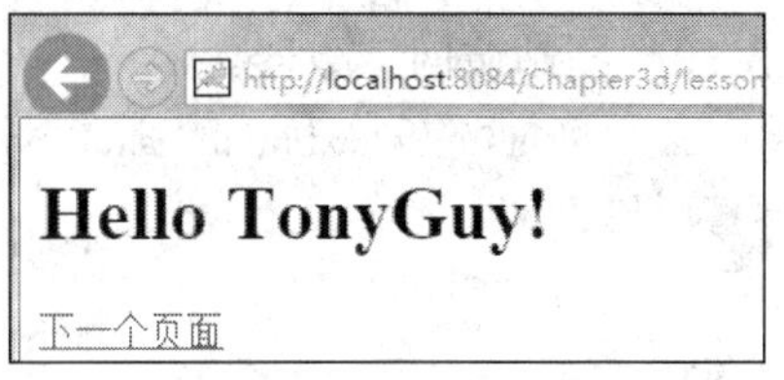

图 3-19 中间数据保存页面

单击“下一个页面”超链接，页面跳转到 lesson3d11_3.jsp 页面，显示结果如图 3-20 所示。

图 3-20 保存在 4 个作用域范围里的属性显示情况

（6）application。

application 对象封装了 Web 应用程序中所有 Servlet、JSP 页、HTML 页和其他资源的集合属性。application 对象始于服务器的启动，止于服务器的关闭，在此期间，application 对象一直存在。这样在同一用户的前后连接或不同用户之间的连接中，可以对该对象的同一属性进行操作，而对此对象某一属性的操作，都将影响到访问该 Web 应用的所有用户所得到的这一属性内容。application 对象是 javax.servlet.ServletContext 类的实例。

application 对象常用的方法如表 3-10 所示。

表 3-10 applicatin 对象的常用方法

返回类型	方法名	描述
Object	getAttribute(String name)	返回指定的应用程序级属性值
void	setAttribute(String name,Object obj)	设置指定属性的属性值
Enumeration	getAttributeNames()	返回所有应用程序级属性名的枚举
String	getInitParameter(String name)	返回指定的应用程序级初始化参数值
Enumeration	getInitParameterNames()	返回所有应用程序级初始化参数名的枚举值
String	getRealPath(String path)	将 Web 应用上下文中的一个路径转换为文件系统的绝对路径
URL	getResource(String path)	返回指定资源（文件及目录）的 URL 路径，路径必须以“/”开始

例 3-12　网站访问计数器。

```
<%@page contentType="text/html" pageEncoding="UTF-8"%>
<!DOCTYPE html>
<html>
    <head>
        <meta http-equiv="Content-Type" content="text/html; charset=UTF-8">
        <title>JSP Page</title>
    </head>
    <body>
        <%
            if(application.getAttribute("guestCounter")==null){
                application.setAttribute("guestCounter", Integer.valueOf(1));
            }else{
                Integer gCounter=Integer.valueOf(application.getAttribute("guestCounter").toString());
                gCounter++;
                application.setAttribute("guestCounter", gCounter);
            }

          %>
        <h1>Hello 我们的第<%=application.getAttribute("guestCounter")%>位访问者!</h1>
    </body>
</html>
```


网站计数器的运行结果如图 3-21 所示。通过打开新的浏览器访问和在同一浏览器上刷新都可以使计数器的值增加，读者会发现本题解决得不完善，遗留的问题请读者作为一个习题去完成。

图 3-21　网站计数器的运行结果

（7）page。

page 对象表示当前 JSP 页本身，和标准 Java 类中的 this 非常相似，page 对象是 java.lang.Object 的实例。

（8）exception。

exception 对象引用的对象是通过 JSP 页中的一个 try 块抛出去未捕获的 java.lang.Throwable

的任意实例，表示 JSP 页在运行时产生的各种异常对象。exception 只有在 page 指令的 isErrorPage 属性为 true 的 JSP 页中才能使用。也就是说，任何页 A 通过 page 指令的 errorPage 属性指定 B 为异常页，当 A 产生异常时，B 接收 A 抛出的异常信息后通过 exception 对象显示出来。

（9）config。

config 对象是在一个 Servlet 初始化时，JSP 引擎向它传递信息时使用的，此信息包括 Servlet 初始化时所要用到的参数以及服务器的有关信息，config 对象提供了访问这些参数、Servlet 上下文和 Servlet 名的方法。

config 的常用方法如表 3-11 所示。

表 3-11 config 对象的常用方法

返回类型	方法名	描述
String	getInitParameter(String name)	返回初始化参数的值
String	getServletName()	返回生成 Servlet 的名字
ServletContext	getServletContext()	返回 Servlet 上下文的一个引用，可以实现同 application 对象一样的功能
Enumeration	getInitParameterNames()	返回 Servlet 初始化时所需参数名的枚举值

3.8 实例实现

通过本章的学习，3.1 节引入的 CHERRYONE 公司需要开发的简单原型，读者是否能够根据 3.1 节给出的功能需求自行实现呢？下面来看一下 Zac 开发团队是如何实现该原型的。

提示：本章实例的目的主要在于当用户选择自己所在的国家并提交信息后，服务器端应根据用户的选择跳转到对应国家的页面环境上。Java 通过 java.util.Locale 类实现对国家地区和语言的支持，并使用 java.util.DateFormat 类实现对不同地区时间格式的支持。

若用户选择的国家为中国，Servlet 的处理方法如下：

```
<%!
        Locale locale;
        DateFormat fmt;
        JspWriter writer;
%>
<%!
void processChinese(String user_name) throws Exception {
                locale = new Locale("zh", "CN");
fmt = DateFormat.getDateTimeInstance(DateFormat.LONG, DateFormat.LONG, locale);
                writer.println("in Chinese:");
```

```
                writer.println("");
                writer.println("\u4f60\u597d" + user_name);
                writer.println(fmt.format(new Date()));
                writer.flush();
%>
```

上述代码中，\u4f60 和\u597d 均是 unicode 字符编码，代表中文“你”和“好”。读者可以把所有国家的语言和显示习惯的处理方法均放在一个 Servlet 中，用户提交的国家信息直接传递给这个 Servlet，然后把包含当前国家语言和显示习惯的用户信息和欢迎辞令显示在用户浏览器上；或者针对用户提交的不同国家信息通过 Servlet 中介，用请求转发 RequestDispacth 对象的 forward()方法跳转到显示不同国家语言和习惯的 JSP 页，在每个 JSP 页再对一并转发过来的国家信息进行处理。

3.9 习题

1．JSP 有哪些内置对象？作用分别是什么？

2．什么是 application 对象，什么是 session 对象？

3．JSP 有哪些动作？作用分别是什么？

4．JSP 中动态 Include 与静态 Include 的区别是什么？

5．两种跳转方式分别是什么？有什么区别？

6．使用 JSP 技术实现一个用户管理程序。

要求：当用户访问网站时，如果没有登录，要在 userRegister.htm 页面中进行注册，如果用户名和密码均正确，登录成功；否则，失败。

如果用户没有在本网站注册过，需要先在 addUser.jsp 和 finishRegister.jsp 添加用户完成注册，注册时要检查用户名是否已使用，如果已使用不能通过，要求密码输入两遍，且两遍必须一致，密码由数字和字母组成，长度不少于 6 位。

用户登录成功后，可在 userData.jsp 页面查询用户信息。

系统管理员登录后进入 adminUser.jsp 页面，查看系统管理员信息。

系统管理员可在页面 userAdmin.jsp 中进行用户管理。

4 JavaBean 的使用

JavaBean 是一种用 Java 语言写成的可重用组件，是基于原 Sun 公司 JavaBean 规范的，该规范为被应用于组合式组件的 Java 类定义了一套编程约定。JavaBean 组件简称 bean，在 JSP 和 Servlet 中被广泛使用，不论是纯 JSP 的 Web 应用还是 JSP 与 Servlet 共同作用的组合体。所以程序员需要学会开发 bean，这样没有代码编写经验的页面设计人员或是其他用户可以在 JSP 页中使用它，同时使用 bean 还可以实现代码的重复利用，并对 Web 应用的易维护性起到相当大的作用。

学习完本章，您能够：

- 了解 JavaBean 的基础知识和基本规范。
- 创建真实可用的 JavaBean。
- 掌握 JSP 访问 JavaBean 的方式。

4.1 实例引入

Zac 开发团队发现所有的 Scriptlet 全部放在 JSP 页中会使得整个 Web App 过于臃肿，而且出现代码重复的几率较大，团队成员提出创建一个 Java 类，用来保存用户的属性，如姓名、验证码、国家等信息。由于验证码是在公司产品中提供的，每种产品的验证码相同，公司现在共发行 12 种产品，需要在用户界面上再添加一个产品列表，对应的产品和验证码才能登录公司站点。

新原型在原有功能的前提下，需要实现的功能如下：

- 创建一个 Java 类，保存用户属性。
- 在用户界面上添加产品列表。
- 验证选中的产品和验证码是否正确。

4.2 JavaBean 简介

原 Sun 公司对 JavaBean 规范的定义中，bean 的正式说法是：bean 是一个基于 Sun 公司的 JavaBean 规范的、可在编程工具中被可视化处理的可复用的软件组件。

组件是一种颗粒度[1]可伸缩的单元，小到一个类，大到一个子系统。组件的核心是将一个单元内的数据和操作封装起来，对外形成一个只有接口的“黑盒”。外界（其他开发者或用户）不用关心组件的内部，只需关心组件通过接口暴露了哪些功能以及如何使用这些接口。

JavaBean 是基于原 Sun 公司的 JavaBean 规范，通过封装属性和方法成为具有某种功能或者处理某个业务逻辑的 Java 类的对象，简称 bean。作为一种 Java 类，bean 是基于 Java 基本语法标准的。

通常一个标准的 JavaBean 有如下 5 个特点：

- JaveBean 的访问标识必须是 public（公有）。
- JavaBean 必须有一个无参的构造方法。
- JavaBean 应有若干访问标识是 private（私有）的属性。
- JavaBean 应具有获取或设置属性的方法，其访问标识是 public。
- JavaBean 可以具有完成特定功能的方法。

下面通过 NetBeans 创建的一个 JavaBean 来阐述 bean 的这 5 个特点。

例 4-1 一个实现简单登录功能的 JavaBean。

简要分析：

（1）实现登录功能的 bean 应具有用户名和密码两个属性，并根据这两个属性生成对应的 setter 和 getter[2]方法。

（2）给出特定功能，检查用户名和密码是否输入为空。

实现方法：

（1）在 NetBeans 中新建一个 Java Web 项目，比如命名为 Chapter4d。本书中的例子均使用 JavaEE 5，而不是 NetBeans 7.3 默认的 JavaEE Web 6，请读者留意。

（2）选中“源包”并右击，选择“新建”→“包”选项创建包，命名为 org.me.bean。包实际上是一个目录结构，命名习惯一般用网址的逆序形式；“.”分隔的每个包名均代表一个目录。一般认为把 JavaBean 放在包中是合适的，有助于在 JSP 页或 Servlet 中对其进行访问。

（3）选中 org.me.bean 包并右击，选择“新建”→“Java 类”选项，类名为 LoginBean。包和类的结构图可以在 NetBeans 的“文件管理器”中浏览，如图 4-1 所示。

（4）在生成的 LoginBean 类中键入必需的无参构造方法和实现登录功能所需的私有属性。代码如下：

```
package org.me.bean;
public class LoginBean {        //访问标识符为 public
```

```
    public LoginBean(){
        //无参构造方法
    }
    private String userName;      //属性应是私有的
    private String password;
}
```

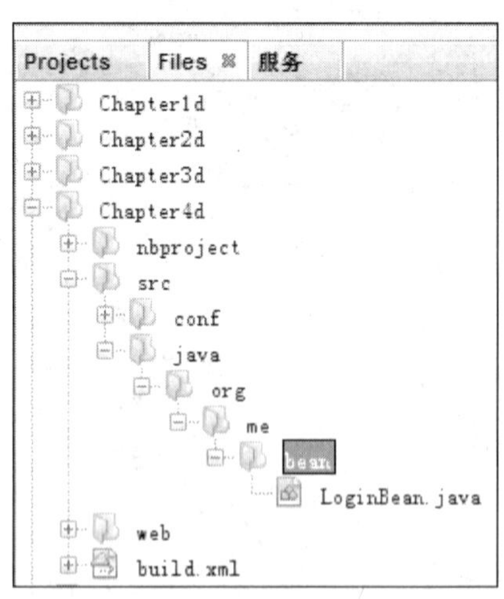

图 4-1　例 4-1 中 LoginBean 所在包的文件结构

（5）NetBeans 快速开发工具提供快速生成获取和设置属性的方法机制，只需在程序编辑界面中右击，选择“重构”→“封装字段”选项，弹出“封装字段”对话框，如图 4-2 所示。

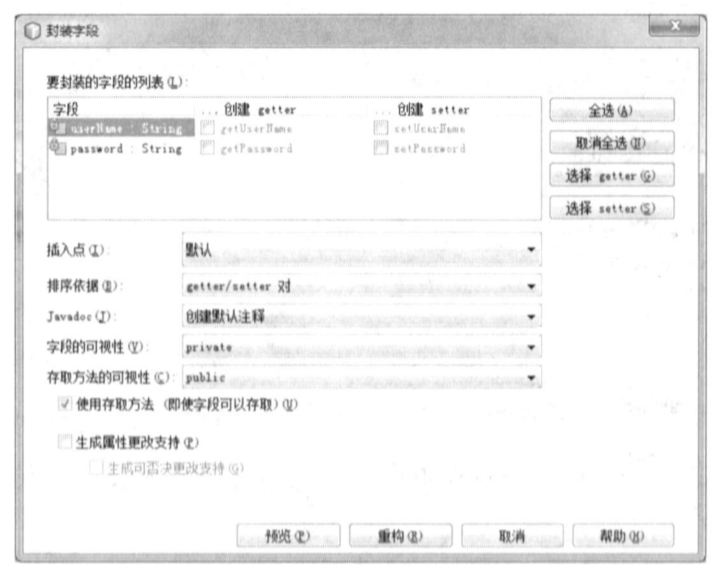

图 4-2　bean 属性封装字段

如果对于 bean 的属性，只需要设置或获取其中的一种，则可以自行在“要封装的字段的列表”框中选中相应的复选框；如果没有其他要求，则单击“全选”按钮，然后单击“重构”按钮。

重构之后，相应属性的 setter 和 getter 方法生成成功，代码如下：

```
package org.me.bean;
public class LoginBean {
    public LoginBean(){

    }
    private String userName;
    private String password;

    /**
     * @return the userName
     */
    public String getUserName() {
        return userName;
    }

    /**
     * @param userName the userName to set
     */
    public void setUserName(String userName) {
        this.userName = userName;
    }

    /**
     * @return the password
     */
    public String getPassword() {
        return password;
    }

    /**
     * @param password the password to set
     */
    public void setPassword(String password) {
        this.password = password;
    }
}
```

（6）加入特定方法，检查用户名和密码是否输入为空。

```
/**
 * 验证用户名和密码是否为空，存在则返回 true
 */
public boolean checkAllInput(){
    boolean bl=false;
    if(this.userName!=null&&this.password!=null){
        bl=true;
    }
    return bl;
}
```

把 checkAllInput()方法加入 bean 中，本例实现简单登录功能的 bean 创建成功。

来看一下 LoginBean 这个 Java 类是否满足通常 JavaBean 所具有的 5 个特点。

特点 1：LoginBean 类是 public（公有）的。

特点 2：LoginBean 类有一个无参的构造方法 public LoginBean(){}。

特点 3：LoginBean 类有两个访问标识是 private（私有）的属性 userName 和 password。

特点 4：LoginBean 类有获取或设置属性的方法，如：public String getUserName()、public void setUserName(String userName)、public String getPassword()、public void setPassword(String password)。

特点 5：LoginBean 类具有完成特定功能的方法 checkAllInput()，用以检查用户名和密码是否为空。

由以上 5 点得出，LoginBean 是一个合格的 JavaBean。

在读者惊异 NetBeans 能自动封装字段，生成 bean 对应属性的 setter 和 getter 方法的同时，掌握 setter 和 getter 的格式尤为重要。

setter，即设置 bean 属性的方法，由单词“set”加上属性名构成。需要特别注意的是，属性名单词的首字母必须大写，如例 4-1 中的属性 userName，setter 方法为 setUserName，设置方法采用和访问属性类型一致的参数，并且返回值类型为 void。

getter，即获取 bean 属性的方法，由单词“get”加上属性名构成。同样需要注意的是，属性名单词的首字母必须大写，如例 4-1 中的属性 password，getter 方法为 getPassword，获取方法无参数，返回值类型和访问属性类型一致。

值得注意的是，在某些 Java Web IDE 中，布尔型属性的 getter 会和通常情况略有不同，写法为：

```
public boolean isPropertyName();    //PropertyName 表示布尔型的属性名
```

还需要提出的是，不一定每个 bean 都会有处理特定功能的方法，同时不一定每个 bean 的属性都会存在 setter 和 getter 方法，即属性可以是读/写的，也可以是只读、只写的，甚至有些 bean 可能会有 setter 方法却没有设置对应的属性，具体问题仍需具体分析。

注释：[1]颗粒度：组件访问存在粗/细颗粒度两种情况，细颗粒度会对组件的每个属性产生方法调用，而粗颗粒度会把组件的一些属性封装起来，只用一个方法调用，同时也会牵涉到聚合/耦合的相关问题。

[2]setter/getter：是原 Sun 公司对 JavaBean 中设置方法和获取方法的称呼。

4.3 在 JSP 中使用 JavaBean

JavaBean 如果不能结合 JSP 或 Servlet 共同服务于 Web 应用程序，这种组件想来生存的意义会很小，就是说 bean 必须要被访问、操作，不论对方是 JSP 还是 Servlet。

部分有过 JavaBean 开发经验的程序员对访问 bean 觉得麻烦，因为在某些旧的 Java Web IDE 中，bean 写完之后需要编译和部署，编译成功的 bean 的字节码（class）文件应保存在 Web 应用程序 WEB-INF 目录下的 classes 文件夹中；如果执行时出错或者某些功能实现失误，则需要对 bean 完成修改后再次编译并重新部署。但是 NetBeans 可以完全让 bean 的使用者轻松地对 bean 进行开发、访问和操作，编译和部署的工作已经全部被 NetBeans 完成了。

4.3.1 引用

在 JSP 中访问 JavaBean 时，事先的规划和设计相当重要，bean 中应该保存的是那些使用性高且复杂的数据处理，而在 JSP 页中，只需要调用 bean 中提供的方法即可。当然一个案例中哪些功能是使用性高且复杂的，需要读者自行考虑、分析。

在 JSP 中访问并操作 bean，首先要引用所需的 bean，JSP 提供了专门的标签来处理这个行为，即 3.6.1 节提到的第一类行为元素中的<jsp:useBean>，该标签的语法为：

```
<jsp:useBean id="beanName" scope="page|request|session|application" class="package.class"
beanName="package.class|<%=expression%>" type="package.class"/>
```

- id 属性设置当前 JSP 页引用 JavaBean 的名字，当前 JSP 页的 Scriptlet 和 EL 均使用 id 的属性值来访问该 JavaBean。
- scope 属性指定引用 JavaBean 的作用范围，该属性的默认值是 page，错误地选择 scope 的作用范围，将会让 JSP 页无法实现 JavaBean 所提供的功能；scope 的 4 个属性值在 3.7.1 节 pageContext 对象中已经阐述过。
- class 属性指定当前 JSP 引用 JavaBean 的二进制字节码文件的位置，用 package.class 的方式实现。
- beanName 属性指定 bean 的名字，表示方法为 package.class 或表达式脚本，但该属性利用 java.beans.Beans 类的 instance()方法来初始化。
- type 属性会在 bean 存在于某个 scope 中时用来指定数据类型，格式为 package.class，和 class 属性一致，但前提是该 bean 应变为 instance()方法初始化。

本书中采用 id、class 和 scope 三个属性组合的方式来引用 JavaBean。

例 4-2 在 JSP 页中引用例 4-1 中的 LoginBean。

代码段如下：

```
<body>
    <jsp:useBean id="logbean" class="org.me.bean.LoginBean" scope="request"/>
</body>
```

在 Servlet 中引用 JavaBean 其实就是导入 bean 所在的包，并对 bean 进行实例化的过程，不过复杂些的是设置 bean 的作用范围，来看看例 4-2 中的行为元素在 Servlet 里的表示方式，这里就不做阐述了。

代码段如下：

```
org.me.bean.LoginBean logbean = null;
logbean = (org.me.bean.LoginBean) _jspx_page_context.getAttribute("logbean",
javax.servlet.jsp.PageContext.REQUEST_SCOPE);
if (logbean == null){
  logbean = new org.me.bean.LoginBean();
  _jspx_page_context.setAttribute("logbean", logbean, javax.servlet.jsp.PageContext.REQUEST_SCOPE);
}
```

4.3.2 设置

JSP 通过行为元素<jsp:setProperty>对引用的 JavaBean 的属性进行赋值。语法如下：

```
<jsp:setProperty name="beanName" propertyExpression/>
```

- name 属性指定 JSP 页中引用的 JavaBean 的名字，即在<jsp:useBean>标签中 id 的属性值。
- propertyExpression 有 4 种形式：
  - property="*"
  - property="propertyName"
  - property="propertyName" param="paramName"
  - roperty="propertyName" value="propertyValue"

前两种对 bean 属性赋值的方式非常方便，这里隐藏着一个非常重要的机制——自省机制（introspection）。

自省机制指的是，当 Web 服务器收到 request 请求时，它根据请求的参数名称自动设置与 JavaBean 具有相同属性名称的值。

这便是前两种对 bean 属性进行赋值的方式中只给出 name 和 property 属性的原因，特别是第一种方式，只需将 bean 中的属性名称和提交到引用 bean 的 JSP 页上的输入参数名同名，bean 就会通过自省机制自动地完成参数对属性的赋值操作。

来看一个使用第一种赋值方式的例子。

例 4-3 引用例 4-1 中的 LoginBean，并对其是否输入用户名和密码进行验证。

```
<%@page contentType="text/html" pageEncoding="UTF-8"%>
<!DOCTYPE html>
<html>
    <head>
        <meta http-equiv="Content-Type" content="text/html; charset=UTF-8">
        <title>JSP Page</title>
    </head>
    <body>
    <jsp:useBean id="logbean" class="org.me.bean.LoginBean" scope="request"/>
        <jsp:setProperty name="logbean" property="*"/>
        <h1>Welcome my Friends!</h1>
        <form action="" method="POST">
            <p>UserName:<input type="text" name="userName"> </p>
            <p>Password  :<input type="password" name="password"></p>
            <p><input type="submit" value="SUBMIT" name="submit" /> <input type="reset"
            value="RESET" name="reset" /></p>
        </form>
        <%
            boolean checked=logbean.checkAllInput();
            if(!checked&&session.isNew()==false){
                out.println("<h3>Please enter your name or password,thank u!</h3>");
            }
            else if(checked){
                %>
                Hi,<%=logbean.getUserName()%>...
                <%
                out.println("<h3>Ur name and password is filled in,thank u!</h3>");
            }
            %>
    </body>
</html>
```

用户名和密码均输入后，页面运行结果如图 4-3 所示；用户名和密码未输入则运行结果如图 4-4 所示。

例 4-3 中使用的对 JSP 页引用 bean 的所有属性赋值的方式正是把<jsp:setProperty>标签的 property 属性值设为“*”，是通过自省机制实现的。代码中黑体加粗部分便是引用 bean 和对 bean 的所有属性进行赋值的行为元素。

图 4-3　输入用户名和密码的运行结果 　　　图 4-4　未输入用户名和密码的运行结果

第二种赋值方式：

```
<jsp:setProperty name="beanName" property="propertyName"/>
```

该方式的实现原理和第一种基本相同，理解起来更为简单：通过 property 指定 bean 的属性名，和 request 请求对象中的参数名比对后完成赋值操作。需要注意的是，如果参数名和属性名不同，则无法完成赋值，即 bean 中的属性值仍为 bean 中初始化时的初值。

第三种赋值方式：

```
<jsp:setProperty name="beanName" property="propertyName" param="paramName"/>
```

该方式的使用情况相对较少，如果 request 请求参数名和 bean 的属性名同名，则可以使用自省机制进行赋值。除非只需要对部分请求参数进行赋值，或者参数名和 bean 的属性名不一致。

设 request 对象中的参数名为 txtName 和 txtPass，而需要设置的 bean 的属性名为 userName 和 password，在此情况下，就需要使用第三种方式对 bean 中的属性进行赋值。代码如下：

```
<jsp:setProperty name="logbean" property="userName" param="txtName"/>
<jsp:setProperty name="logbean" property="password" param="txtPass"/>
```

第四种赋值方式：

```
<jsp:setProperty name="beanName" property=" propertyName" value="propertyValue"/ >
```

该方式相对于前 3 种方法而言更有弹性，value 属性可以让程序员使用静态或动态的方式来设定 bean 的属性值。

例 4-4　使用例 4-1 中的 LoginBean，要求输入密码时选择 0～9 之间的数字，然后从一个一位数组中把选中数字为下标的字符串作为密码为 bean 进行赋值。

代码如下：

```
<%@page contentType="text/html" pageEncoding="UTF-8"%>
<!DOCTYPE html>
<html>
    <head>
        <meta http-equiv="Content-Type" content="text/html; charset=UTF-8">
        <title>JSP Page</title>
    </head>
    <body>
```

```
        <jsp:useBean id="logbean" class="org.me.bean.LoginBean" scope="request"/>
        <jsp:setProperty name="logbean" property="userName" param="userName"/>
        <%! static String[] password = {"January", "February", "March", "April", "May", "June", "July",
        "August", "September", "October"};
        %>
        <h1>Welcome my Friends!</h1>
        <form action="" method="POST">
            <p>UserName:<input type="text" name="userName"> </p>
            <p>Password  :<select name="selNum">
                    <%
                        int selnum = 0;
                        for (int i = 0; i < 10; i++) {
                    %>
                    <option><%=i%></option>
                    <%
                        }
                    %>
                </select></p>
            <p><input type="submit" value="SUBMIT" name="submit" /> <input type="reset"
            value="RESET" name="reset" /></p>
        </form>
        <jsp:setProperty name="logbean" property="password" value="<%=password[selnum]%>"/>
        <%
            boolean checked = logbean.checkAllInput();
            if (!checked && session.isNew() == false) {
                out.println("<h3>Please enter your name or password,thank u!</h3>");
            } else if (checked) {
                selnum = Integer.valueOf(request.getParameter("selNum"));
        %>
        Hi,<%=logbean.getUserName()%>...
        <%
                out.println("<h3>Ur password is " + logbean.getPassword() + ",thank u!</h3>");
            }
        %>
    </body>
</html>
```

例 4-4 的执行结果如图 4-5 所示。值得提醒的是，细心的读者可能会发现，按照上述代码执行出的结果和图 4-5 并不一致，其实图中的 UserName 文本输入框中的内容和 Password 后下拉列表框中的数值 5 均是显示结果之后重新填写上去的，因为单击“提交”按钮后当前页刷新，原来页面上的内容都会被清空。本题这样做的目的是为了增强执行结果在视觉上的整体性，读者可以自行思考如何把被清空的值保留下来。

图 4-5　例 4-4 的运行结果

例 4-4 中使用第 3 种和第 4 种方式对 LoginBean 的属性 userName 和 password 进行赋值。

对 userName 赋值：

```
<jsp:setProperty name="logbean" property="userName" param="userName"/>
```

对 password 赋值：

```
<jsp:setProperty name="logbean" property="password" value="<%= password[selnum]%>"/>
```

value 属性使用了表达式脚本进行动态赋值，由于使用 selnum 作为字符串数组的下标，所以在使用<jsp:setProperty>标签时应根据程序流程注意标签的位置。

JSP 通过<jsp:setProperty>标签为 bean 的属性进行赋值时，除了使用了自省机制，还提供另一个对 bean 的开发和使用人员来说非常方便的手段，即数据类型的自动转化，这不仅仅是标准 Java 中的强制类型转化，也不仅仅是 JDK5 之后带来的数据类型的包装类和基本类型的转化，来看一个例子。

例 4-5　计算两个数的四则运算操作。

简要分析：在 JSP 页提供计算使用的参数输入和操作符的选择，参数会保存在 request 对象中，保存在 request 对象中的参数（parameter）的值类型是 String，而如果要在 bean 中的特定方法里实现四则运算，需要数值型（整型、浮点型）作为操作数进行运算，在把 request 对象中的参数值传递给 bean 后的类型是需要关注的问题。

下面给出实现代码。

bean 文件 CalculatorBean.java 代码：

```
package org.me.bean;
public class CalculatorBean {

    private float operand_f;
    private float operand_l;
    private Character operator;
```

```
    private float result;

    public CalculatorBean() {
        operator='?';
    }

    /**
     * @return the operator
     */
    public Character getOperator() {
        return operator;
    }

    /**
     * @param operator the operator to set
     */
    public void setOperator(Character operator) {
        this.operator = operator;
    }

    /**
     * @return the result
     */
    public float getResult() {
        calculate();
        return result;
    }

    private void calculate() {
        switch (operator) {
            case '+':
                result = operand_f + operand_l;
                break;
            case '-':
                result = operand_f - operand_l;
                break;
            case '*':
                result = operand_f * operand_l;
                break;
            case '/':
```

```
                result = operand_f / operand_l;
                break;
            case '%':
                result = operand_f % operand_l;
                break;
        }
    }

    /**
     * @return the operand_f
     */
    public float getOperand_f() {
        return operand_f;
    }

    /**
     * @param operand_f the operand_f to set
     */
    public void setOperand_f(float operand_f) {
        this.operand_f = operand_f;
    }

    /**
     * @return the operand_l
     */
    public float getOperand_l() {
        return operand_l;
    }

    /**
     * @param operand_l the operand_l to set
     */
    public void setOperand_l(float operand_l) {
        this.operand_l = operand_l;
    }
}
```

页面文件 lesson4d5.jsp 代码：

```
<%@page contentType="text/html" pageEncoding="UTF-8"%>
<%@page import="javax.servlet.jsp.JspWriter"%>
<!DOCTYPE html>
<%!
    public String getHint(org.me.bean.CalculatorBean calbean) {
```

```
            String hint = "{" + calbean.getOperand_f() + calbean.getOperator() + calbean.getOperand_l() + "}";
            return hint;
        }
    %>
    <html>
        <head>
            <meta http-equiv="Content-Type" content="text/html; charset=UTF-8">
            <title>lesson4d5</title>
        </head>
        <jsp:useBean id="calbean" class="org.me.bean.CalculatorBean"/>
        <jsp:setProperty name="calbean" property="*"/>
        <body>
            <h1>Simple Calculator</h1>
            <form method="POST">
                <input type="text" name="operand_f" value="" style="width:40px" />
                <select name="operator" style="width:35px">
                    <option>+</option>
                    <option>-</option>
                    <option>*</option>
                    <option>/</option>
                    <option>%</option>
                </select>
                <input type="text" name="operand_l" value="" style="width:40px" />
                <input type="submit" value="=" name="equal" />
                <input type="text" name="answer" value="<%=calbean.getResult()%>" style="width:50px" />
            </form>
            Hint: <%=getHint(calbean)%>
        </body>
    </html>
```

例 4-5 的运行结果如图 4-6 所示。

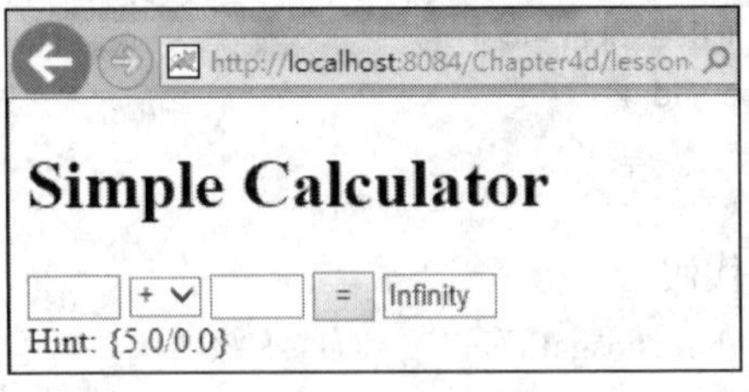

图 4-6　简单计算器页面运行结果

例 4-5 的主要目的是为了向读者阐述 JavaBean 提供的类型转化机制，不难看出，bean 中的两个操作数和结果的类型被设置为 float，操作符被设置为 Character 包装类；而在 JSP 页中，输入操作数的两个文本框传递的参数类型毋庸置疑是 String，而选择操作符的下拉菜单所传递的类型也是 String。之所以成功运行出结果并输出，证明了 JSP 页中 String 类型的 request 请求参数通过<jsp:setProperty>标签传递给 bean 中的相应属性时实现了 String 类型和相关类型的转化。如例 4-5 中的 String 转化为 float，String 转化为 Character。值得一提的是，JDK1.6 之后，Java 对于除 0 异常有了细微的变化，整数运算 0 作为除数会报除 0 异常，但若是浮点运算，结果是正浮点数除以 0 得 Infinity（正无穷），负浮点数除以 0 得-Infinity，0.0 除以 0 得 NaN。

JSP 在向 bean 赋值时用到的标准 Java 中的 String 与其他类型的转化方法如表 4-1 所示。

表 4-1　字符串类型与其他类型转化

属性类型（基础类型/包装类）	转化方法
boolean/Boolean	Boolean.valueOf(String)
byte/Byte	Byte.valueOf(String)
char/Character	String.charAt(0)
double/Double	Double.valueOf(String)
int/Integer	Integer.valueOf(String)
float/Float	Float.valueOf(String)
long/Long	Long.valueOf(String)
short/Short	Short.value(String)
Object	new String(String)

4.3.3 读取

当创建了 JavaBean 并在 JSP 页中通过<jsp:useBean>标签引用，再使用<jsp:setPropetty>标签对 bean 的属性赋值之后，即可通过读取 bean 的行为元素获取 bean 的属性值，这个行为便是<jsp:getProperty>标签。

语法如下：

```
<jsp:getProperty name="beanName" property="propertyName"/>
```

name 属性指定引用的 bean 名称，即在 JSP 页被<jsp:useBean>标签的 id 属性设置的名字，property 属性指定需要读取的 bean 的属性名。

在例 4-4 中，读取 bean 的属性值是在 Scriptlet 中，通过 JSP 页引用的 bean 的实例名称 logbean 调用 LoginBean 类中的 getter 方法，代码如下：

```
<%=logbean.getUserName()%>
<%=logbean.getPassword()%>
```

如果使用<jsp:getProperty>标签，上面两个取值代码改动如下：

4 Chapter

```
<jsp:getProperty name="logbean" property="userName"/>
<jsp:getProperty name="logbean" property="password"/>
```

<jsp:getProperty>标签能够实现和表达式脚本一样的输出操作。

有读者会产生疑问，使用<jsp:getProperty>标签读取 bean 的属性，代码长度甚至超过了 bean 的实例在 Scriptlet 中调用。在这个问题上仍存在一些争执，不能说标准行为元素所提供的方式均是最简洁快速的，它有自己存在的道理，所以读取 bean 属性的方法由读者自行判断选择。

4.3.4 移除

如果 JSP 页不再需要使用某个 JavaBean，可以从 JSP Container 释放占用的内存，即从指定的作用域范围内移除 bean。

从 Container 中移除 bean 比引用要简单，根据 bean 在引用时所指定的 scope 属性来操作。

- 如果在引用 JavaBean 时，scope 属性值为 page，则可以使用 pageContext 对象直接移除，语法如下（参数 name 表示被引用的 JavaBean 的名字）：

```
pageContext.removeAttribute(String name);
```

- scope 属性为 request，移除 bean 的语法如下：

```
request.removeAttribute(String name);
```

- scope 属性为 session，移除 bean 的语法如下：

```
session.removeAttribute(String name);
```

- scope 属性为 application，移除 bean 的语法如下：

```
application.removeAttribute(String name);
```

当然，上述 4 种移除 JavaBean 的方式都可以集成为一种实现，通过 pageContext 对象。语法如下：

```
pageContext.removeAttribute(String name,int scope);
```

通过修改 removeAttribute()方法的 scope 参数即可达到上述效果，因为 pageContext 对象默认的 scope 属性值为 page，所以在 page 范围内移除 bean 时可以不需要 scope 参数。

4.4 实例实现

通过本章的学习，4.1 节引入的 CHERRYONE 公司需要开发的新一代原型，读者是否能够根据 4.1 节给出的功能需求自行实现呢？下面来看一下 Zac 开发团队是如何实现该原型的。

提示：通过创建两个 JavaBean 保存用户和产品的属性，类名和属性如下：

```
public class Users{
private long user_id;
private String user_name;
private String valid_code;
```

```
private String contact_email;
private String country;
private String description;
…}
public class Products{
private String category;
private String product_name;
private String valid_code;
private String product_description;
…}
```

把产品的信息保存在 ArrayList 中，当用户输入验证码时，和在 ArrayList 中查找到的产品的验证码进行对比，成功则验证通过。

4.5　习题

1. ________和 JSP 相结合，可以实现表现层和商业逻辑层的分离。

2. 在 JSP 中可以使用________操作来设置 Bean 的属性，也可以使用________操作来获取 Bean 的值。

3. ________操作可以定义一个具有一定生存范围以及一个唯一 id 的 JavaBean 的实例。

4. JavaBean 有 4 个 scope，它们分别是________、________、________和________。

5. 为登录过程编写一个 JavaBean，要求如下：

（1）定义一个包，将该 bean 编译后生成的类存入该包中。

（2）设计两个属性：name 和 pass。

（3）设计访问属性的相应方法。

6. 本程序实现了<jsp:useBean>中 setProperty 标记和 getProperty 标记的不同用法。当将 Bean 属性修改后，将显示出不同的结果，请将程序补充完整。

在 A 处填写 Bean 的类的名称________。

在 B 处填写接收参数的变量________。

在 C 处填写 value 的值________。

```
package____A____;
public class bean{
private String sample="start value"
public String getsample(){
return sample;
}
public String getsample(____B____){
```

```
    if(newVlue!=null){
    sample=newValue;
    }
    }
    }
```

程序清单 bean.jsp：

```
<%page contentType="text/html;charset+gb2312"%>
<jsp:useBean id="Bean" scope="application"class+"  C  "/>
<h2>JSP+Bean 实例</h2>
调用 jsp:setProperty 之前的值：
<jsp:getProperty name="Bean" property="sample"/>
<p>
<jsp:setProperty name="Bean" property="sample" value="我学习 JavaBean" />
调用 jsp:setproperty 之后的值：
<jsp:getProperty name="bean"property="sample"/>
```

7．把连接数据库作业用 JavaBean 技术重新实现一遍。

已知在数据库中存在 bookinfo 数据表，其结构如图 4-7 所示。

	字段名称	数据类型	
🔑	id	自动编号	
	bookname	文本	书名
	author	文本	作者
	intro	文本	图书简介

图 4-7　bookinfo 数据表

请编写 JSP 程序输出该表中所有图书的书名、作者、图书简介信息。

5 会话跟踪

实际应用中，Web App 都是由多个页面构成的，并由多名用户访问。Web App 中部分页面负责获取用户请求的数据，由于 Web Server 的“健忘性”，当用户浏览器发出一个对某种 Web 资源的请求后，Web Server 会处理并返回一个响应，但之后 Web Server 会忘记这个曾与其交互的客户端浏览器，即便同一个浏览器很快又再次发送一个新的请求，服务器也不会知道前后两个请求之间的联系。在多用户并行访问的情况下，这个问题尤为突出，怎样使 Web Server 记住客户的信息，判断某个请求是否属于同一用户浏览器提交，这便是会话跟踪技术需要解决的问题。

学习完本章，您能够:

- 了解会话跟踪的 4 种常用技术。
- 掌握 Cookie 技术。
- 全面掌握 session 技术。
- 熟悉 session 的生命周期。

5.1 实例引入

CHERRYONE 的测试员指出，登录系统应该能提供一个便捷的途径，能够让用户在登录时做出选择，后续登录如果在同一个客户端浏览器上，系统应能让客户直接访问相关网页，免除再次登录的操作，同时对之前用户注册信息中选择的国家、语言习惯进行记录，在用户的访问页面上得到相关显示。

新原型在原有功能的前提下，需要改进的功能如下：

- 通过一种方式记录用户信息。
- 让同一个客户端访问的用户再次登录时直接进入网站。
- 记录用户的语言习惯，在用户浏览的页面中显示。

5.2 会话跟踪简介

从客户端浏览器发出请求并得到服务器响应，到服务器中断与该浏览器的连接或浏览器关闭的通讯全过程称为会话。会话的实现必须建立在服务器保存浏览器的“记忆”的基础之上，这需要在浏览器和服务器之间来回发送状态信息；为了让服务器能够追踪用户浏览器的状态，提高请求及响应的效率，把信息保留在服务器端，只在浏览器和服务器之间传递标识符，这就是会话跟踪的实现方案。换句话说，会话跟踪就是当一个客户在 Web App 的多个页面间切换时，Web Server 会保存该客户的唯一信息。

5.2.1 有状态和无状态

有状态（Stateful）和无状态（Stateless）是众多 Internet 协议中对服务器端和客户端状态的两种不同表现类型。

有状态会话表示在客户端和服务器端连接后，会保持一种相同且持续性的联机状态，客户端和服务器在这种互联下完成各项操作，待本次会话的操作结束，服务器关闭与客户端的连接。在有状态的会话协议支持下，若多个客户端和服务器进行通讯，服务器会记住每个客户端的信息，并为不同的客户保持这些持续性的连接状态直到会话结束。常用的 Telnet 协议和 FTP 协议均属于有状态协议。

无状态会话则表示客户端提交请求时，服务器端才建立连接并根据请求内容响应，但是服务器端并不会维持和客户端的联机状态，一次请求和一次响应构成一个独立的事务[1]，一次事务结束之后，服务器便抹去客户端的信息，使得即使同一个客户端，不同事务之间没有状态联系。JSP 所依赖的 HTTP 协议便是无状态协议。当然，对于服务器而言，无状态协议大大减轻了服务器的负载压力，是实际可行的，所以就需要 JSP 这种服务器端脚本通过某种机制来维持服务器端对客户端浏览器的“记忆”，这就是会话跟踪。

下面通过一个较为形象的例子来阐述会话跟踪的重要性。某公司的秘书每天要接听公司各级部门的电话，每个电话的内容都很重要，但由于电话繁多，这名秘书的记性欠佳，出现了放下电话就忘记之前电话内容的情况，这给公司造成了非常大的损失，第一名秘书被解雇。第二名秘书在工作的时候准备了很多卡片，每张卡片按各部门编号。每接到一个电话，第二名秘书就把打电话的部门按照编号选出对应的卡片，并把内容记录在卡片上。由此一来，公司每天的电话内容都记录了下来，这名秘书能够准确地向公司领导汇报各部门的信息。

希望这个例子对读者有一定的启示。

注释：[1]事务：执行过程中的一个逻辑单位，由一个有限的操作序列构成。事务处理被广泛地应用于数据库和操作系统领域。

5.2.2 4 种会话跟踪的方式

服务器端技术一般通过两种方式来实现会话跟踪，一种是既让服务器在每个响应中返回与当前用户相关的所有客户端状态信息，又让浏览器将接收到的信息作为下一次请求中的一部分内容再次提交给服务器；另一种是在服务器端中保存客户端状态，仅仅把一个唯一的标识符附加在响应中发给客户端，浏览器在下一次请求中将继续提交该标识符，服务器通过接收该标识符来定位保存在服务器端的用户状态信息。

由于在浏览器和服务器之间来回传递所有的状态信息效率非常低下，所以如今大部分服务器端技术都采用将信息保存在服务器上，只在浏览器和服务器之间传递标识符的第二种方法。来自一个客户端浏览器的所有请求均包含被服务器端赋予并属于同一个会话的唯一标识符，又称为会话 ID，服务器根据会话 ID 来跟踪与对应会话相关联的所有信息。

会话跟踪技术，一般用下面 4 种方式实现：

- URL 重写（URL Rewriting）
- 隐藏表单域（Hidden Form Field）
- 持久性 Cookies（Persistent Cookies）
- Servlet 的 HttpSession 接口或 JSP 的 session 对象

URL 重写是把会话 ID 附加在 JSP 页所创建的 URL 中，即把会话 ID 作为额外的请求或响应参数添加到 URL 尾部。

一个附加了会话 ID 的 URL 形式如下：

http://localhost:8084/Chapter5d/lesson5d1.jsp;jsessionid=E44F6CAE1097C822580B5F0DAD4CF9D1

“;”后的 jsessionid 便是会话 ID 的参数名，而“=”后面的值则是服务器分配的会话 ID，jsessionid 是 Apache Tomcat 服务器对会话 ID 的写法，不同的服务器对会话 ID 有不同的写法，它们统称 sessionid 或会话 ID。

服务器接收到使用 URL 重写方式进行封装的请求信息时，会从 URI 中提取出会话 ID，并把该请求和相应的会话关联起来。JSP 技术中通过使用 response 对象中的 encodeURL()方法或 encodeRedirectURL()方法来实现 URL 重写。

例 5-1 通过 URL 重写保存用户输入。

lesson5d1.jsp 实现代码：

```
<%@page contentType="text/html" pageEncoding="UTF-8"%>
<!DOCTYPE html>
<html>
    <head>
        <meta http-equiv="Content-Type" content="text/html; charset=UTF-8">
        <title>lesson5d1</title>
    </head>
    <body>
```

```
<h2>URL Rewriting</h2>
<form>
    <table border="1">
        <thead>
            <tr>
    <th colspan="2"><label for="encoded">encoded link</label></th>
            </tr>
        </thead>
        <tbody>
            <tr>
                <td>User Name:   </td>
                <td><input type="text" name="username" value="" style="width:200px"/></td>
            </tr>
            <tr>
                <td>Password:</td>
                <td><input type="password" name="password" value="" style="width:200px"/></td>
            </tr>
        </tbody>
    </table>
    <input type="submit" value="SUBMIT" name="submit" />
</form>
<%
    String action = request.getParameter("submit");
    String username = request.getParameter("username");
    String password = request.getParameter("password");
    String url = "lesson5d1.jsp?username=" + username + "&password=" + password;
    if (action != null) {
        url = response.encodeRedirectURL(url);
        out.println(url);
        response.sendRedirect(url);
    }
%>
<hr/>
<table border="1">
    <thead>
        <tr>
            <th style="width:300px" align="left">
                SessionId is: <%=request.getRequestedSessionId()%>
            </th>
        </tr>
    </thead>
    <tbody>
```

5 Chapter

```
                <tr>
                    <td>User Name is: <%=request.getParameter("username")%></td>
                </tr>
                <tr>
                    <td>Password is: <%=request.getParameter("password")%></td>
                </tr>
            </tbody>
        </table>
    </body>
</html>
```

页面执行结果如图 5-1 所示。

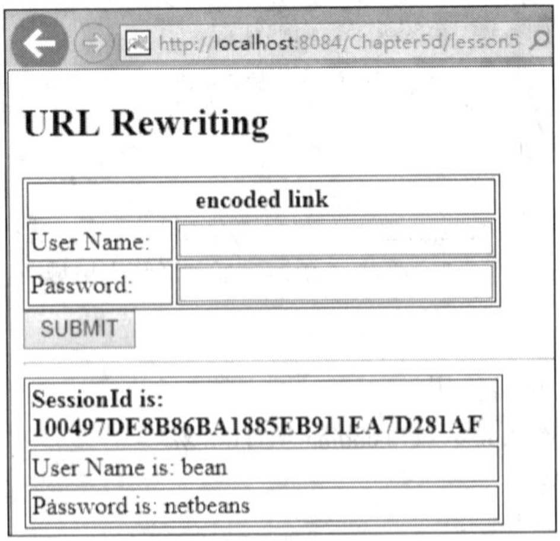
http://localhost:8084/Chapter5d/lesson5
URL Rewriting
encoded link
User Name:
Password:
SUBMIT
SessionId is:
100497DE8B86BA1885EB911EA7D281AF
User Name is: bean
Password is: netbeans

图 5-1　带有会话 ID 的 URL Rewriting 执行结果

例 5-1 中，使用 response 对象的 encodeRedirectURL()方法实现对跳转页面 URL 的封装，同时把传递的参数 username 和 password 通过 GET 方式附加在页面 URL 之后；由于通过服务器响应对象对 URL 进行重写，生成了会话 ID，在页面跳转之后，这个会话 ID 会发送到客户端浏览器上，并在下一次的客户端请求信息中被附加，由服务器接收并识别，由此来保持服务器和对应客户端之间的状态。

但是 URL Rewriting 会把数据暴露在浏览器的地址栏上，使得网页的安全性存在较大的漏洞。

隐藏表单域通过<input>标签的 hidden 属性把需要传送到服务器的数据在用户无法觉察的情况下存入 request 请求对象中一并提交。由于 hidden 属性让保存其中的数据不在页面上显示，并通过 request 提交，不会像 URL 重写那样把会话数据全暴露在 URL 上，具有一定的安全性；隐藏表单域传输数据的方式和<input>标签的 text 文本基本一致，使用方便。但是隐藏表单域属于 HTML 元素，在 JSP 中被识别为模板文本，在源码中并不会被隐藏，所以只要用户查看表单页的源文件，就能准确地找到保存在 hidden 属性中的数据，从而造成安全隐患。

例 5-2 用隐藏表单域传递用户 id。

简要分析：通过 NetBeans 向表单中插入隐藏表单域非常方便，只需要在屏幕右边的"组件"面板中选择"HTML 窗体"中的"文本输入"，"组件"面板可以通过"窗口"菜单打开，或者使用快捷键 Ctrl+Shift+8 打开。隐藏表单域的使用方式如图 5-2 所示。

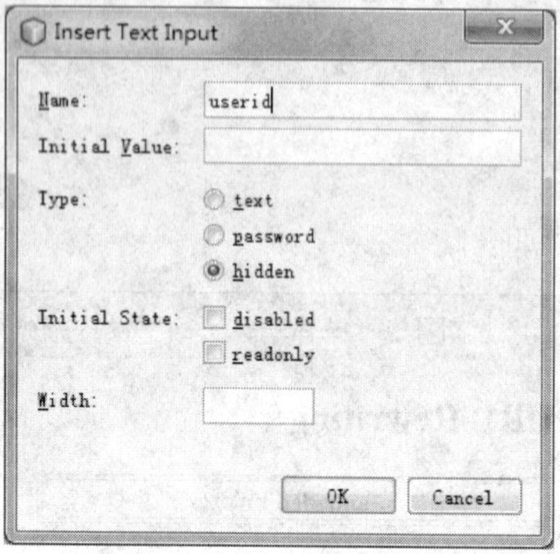

图 5-2 通过 NetBeans 插入隐藏表单域

下面给出实现代码。

lesson5d2.jsp 用户输入界面代码：

```
<%@page contentType="text/html" pageEncoding="UTF-8"%>
<!DOCTYPE html>
<html>
    <head>
        <meta http-equiv="Content-Type" content="text/html; charset=UTF-8">
        <title>JSP Page</title>
    </head>
    <%!String uid;%>
    <%!
        public void genId(){
            int tmpid=new java.util.Random().nextInt();
            uid="u" + tmpid;
        }
    %>
    <body>
        <form action="lesson5d2_show.jsp" method="POST">
            <table border="1">
                <tbody>
                    <tr>
                        <%genId();%>
                        <input type="hidden" name="userid" value="<%=uid%>" />
```

5 Chapter

```
                    <td>User Name: </td>
                    <td><input type="text" name="username" value="" /></td>
                </tr>
            <tr>
                <td>Password: </td>
                <td><input type="password" name="password" value="" /></td>
            </tr>
            <tr>
                <td colspan="2">
                    <input type="submit" value="SUBMIT" name="submit" /><input type="reset"
                    value="RESET" name="reset" />
                </td>
            </tr>
            </tbody>
        </table>
    </form>
  </body>
</html>
```

lesson5d2_show.jsp 显示用户信息页面代码：

```
<%@page contentType="text/html" pageEncoding="UTF-8"%>
<!DOCTYPE html>
<html>
    <head>
        <meta http-equiv="Content-Type" content="text/html; charset=UTF-8">
        <title>JSP Page</title>
    </head>
    <body>
        <h1>Hello <%=request.getParameter("username")%>...</h1>
        Ur user id is: <%String uid=request.getParameter("userid");%><%=uid%><br/>
        Ur password is:<%=request.getParameter("password")%><br/>
    </body>
</html>
```

例 5-2 的运行结果如图 5-3 所示；输入用户名和密码并提交后，结果如图 5-4 所示。

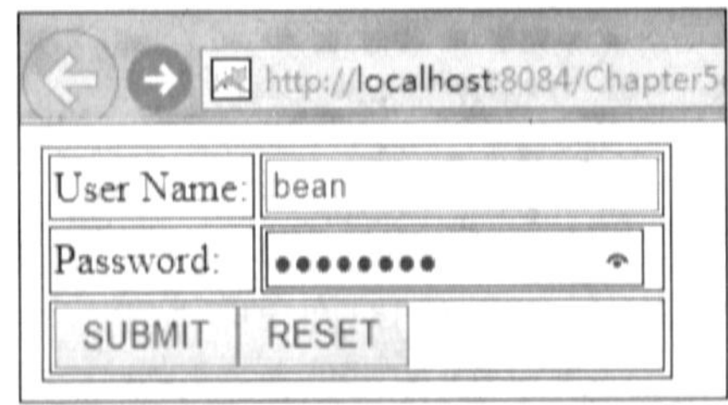

图 5-3　带有隐藏表单域的用户输入界面

图 5-4　显示隐藏表单域提交的用户 id

在图 5-3 中，并没有看到通过<input type="hidden" name="userid" value="<%=uid%>"/>在用户输入界面创建的隐藏域，证明隐藏表单域相较 URL 重写完全暴露请求信息安全性得到了一定的改善。但客户端浏览器能够把用户输入界面的 HTML 源码显示出来，造成了隐藏域数据的暴露，如图 5-5 所示。

```
<body>
    <form action="lesson5d2_show.jsp" method="POST">
        <table border="1">
            <tbody>
                <tr>
                    <input type="hidden" name="userid" value="n1697921495" />
                    <td>User Name: </td>
                    <td><input type="text" name="username" value="" /></td>
                </tr>
            <tr>
                <td>Password: </td>
                <td><input type="password" name="password" value="" /></td>
            </tr>
            <tr>
                <td colspan="2">
                    <input type="submit" value="SUBMIT" name="submit" /><input type
                    ="reset" value="RESET" name="reset" />
                </td>
            </tr>
            </tbody>
        </table>
    </form>
</body>
```

图 5-5　用户输入界面的 HTML 源码暴露了隐藏域的数据

持久性 Cookies 的运行方式与 URL 重写和隐藏表单域不尽相同。Cookie 最先是由网景（Netscape）公司开发，通过“名称”、“值”对称的形式将会话数据保存在客户端目录下一个很小的文本文件中。Cookie 被 Web Server 作为 HTTP 响应头标的一小部分发送给正访问它的客户端浏览器，然后由客户端浏览器将头标中有关 Cookie 的信息生成一个文本文件，并保存起来；当浏览器再次访问该服务器时，对应的 Cookie 便会随着请求原样提交给服务器，让服务器读取 Cookie 中的“名称”、“值”信息来确认用户。

持久性 Cookies 的最大优势是这些 Cookie 保存在客户端的硬盘上，会话结束后，甚至客户端计算机关闭或重启之后会话数据仍然保留。这使得 Cookie 在服务器网站和客户端浏览器之间搭建了一条快捷通道，在安全要求不高的场合，Cookie 能实现诸如避免用户再次输入用户名和密码的情况下进入曾经浏览过的站点，提高用户和服务器网站之间的访问效率。

Cookie 一般通过名字、值、过期时间、路径和域等属性来保存用户信息。路径与域一起构成 Cookie 的作用范围；过期时间默认为-1（s），表示该 Cookie 的生存期为浏览器与服务器的会话期间，关闭浏览器窗口，Cookie 就消失。这种生命周期为浏览器会话期的 Cookie 被称为临时 Cookies 或会话 Cookies。

持久性 Cookies 的优势也造成了它的安全隐患，由于持久性 Cookies 保存在客户端硬盘上，如果在一台公共场合的计算机上使用 Cookies，很大几率会出现不同时间段的不同用户访问同一站点的情况，而这导致后来的访问者可以不用键入用户名和密码便可以在这个站点上享用和之前的访问者同样的权利和个人设置，因为 Cookie 并不会区分用户，它只会根据要访问的服务器站点选择对应的 Cookie 并发送请求，而服务器站点也只通过接收到的 Cookie 来确认访问者的信息，这便使得之前用户的个人信息完全曝光。所以，特定场合的计算机可以通过浏览器的设置关闭 Cookie 来保证个人隐私的安全性。

下面通过一个形象的例子来阐述 Cookie 实现会话跟踪的优势和可能出现的问题。

一家咖啡店有喝 5 杯咖啡免费赠送一杯咖啡的优惠，然而一次性消费 5 杯咖啡的机会微乎其微，这时就需要某种方式来记录某位顾客的消费数量。该咖啡店使用会员卡的方式来记录顾客所消费的咖啡数量，在发给顾客的卡片上记录着顾客的姓名、消费的数量及卡片的有效期限。每次消费时，如果顾客出示这张卡片，咖啡店的工作人员会把此次消费与以前或以后的消费相联系起来，达到 5 杯，则免费赠送一杯。这种把卡片留在顾客身上的做法就是在客户端保存 Cookie，借此保持状态。

上面这种做法的优势和弊端一目了然，优势是只要顾客出示该咖啡店的会员卡，店员根据卡片上记录的数量来判断是否免费赠送一杯咖啡；弊端是由于在客户身上的卡片容易遗失，并且会被别有用心的顾客修改，会造成双方的损失。

下面来研究一下 Web Server 实现 Cookie 的整个步骤。

第一步：创建 Cookie。

Servlet 提供对 Cookie 的支持，通过导入 javax.servlet.http.Cookie 类，并对其构造方法 Cookie(String name,String value)进行初始化。语法如下：

```
Cookie acookie=new Cookie("Key","Value");
```

注意：在 Cookie 的构造方法中，最初网景公司的 Cookie 版本不支持在两个参数均包含“@”、“:”、“;”、“?”、“"”、“/”、“[”、“]”、“(”、“)”和“=”等特殊字符，但在较新的 RFC 2109 文档制定的版本中放宽了限制，为保险起见，读者还是尽量避免使用这些特殊字符，同时 Cookie 的名字在创建之后是不能修改的，即 Cookie 不支持重命名。

第二步：设置 Cookie。

Cookie API 通过类似 JavaBean 中 setter 的方式对各种属性进行赋值，Cookie 常用设置属性的方法如表 5-1 所示。

表 5-1 设置 Cookie 属性的方法

方法名	描述
setComment(String purpose)	设置 Cookie 的注释，注释表示 Cookie 的设计意图
setDomain(String pattern)	设置 Cookie 的域名，需要跨域共享 Cookie 时使用
setMaxAge(int expiry)	以秒为单位，设置 Cookie 的过期时间
setPath(String uri)	指定客户端应返回的 Cookie 路径
setSecure(boolean flag)	指出浏览器应使用的安全协议，如 HTTPS 或 SSL
setValue(String newValue)	Cookie 创建后为其设置一个新的值
setVersion(int v)	设置 Cookie 所遵从的协议版本

第三步：发送 Cookie。

JSP 通过 response 隐式对象调用 addCookie(Cookie acookie)方法将创建好的 Cookie 对象插入到 HTTP 响应的 Set-Cookie 头标中发送给客户端浏览器。假设 Cookie 对象名为 aCo，发送 Cookie 的代码如下：

```
response.addCookei(aCo);
```

第四步：读取 Cookie。

客户端浏览器再次访问服务器时会把 Cookie 对象附加在请求中提交到服务器，服务器使用 request 隐式对象调用 getCookies()方法读入 Cookie 并获取其相关属性。Cookie 常用获取属性的方法和 JavaBean 的 getter 方法类似，如表 5-2 所示。

表 5-2　获取 Cookie 属性的方法

返回类型	方法名	描述
String	getComment()	返回 Cookie 中的注释，如果没有注释的话将返回空值
String	getDomain()	返回当前 Cookie 的域名
int	getMaxAge()	返回 Cookie 的使用期限，以秒为单位
String	getName()	返回 Cookie 的名字
String	getPath()	返回 Cookie 的路径，如果不指定路径，Cookie 将返回给当前页面所在目录及其子目录下的所有页面
boolean	getSecure()	如果浏览器通过安全协议发送 Cookie 将返回 true 值，如果浏览器使用标准协议则返回 false 值
String	getValue()	返回 Cookie 的值
int	getVersion()	返回 Cookie 所遵从的协议版本

第五步：删除 Cookie。

Cookie 类中并无专门删除 Cookie 对象的 API，删除不再使用的 Cookie 只需要将新建的 Cookie 对象的 name 属性设置和需要删除的 Cookie 对象同名，value 属性设为 null，并将其存在时间设为“0”即可，即 setMaxAge(0)。假设需要删除的原 Cookie 对象名为 user，删除 Cookie 对象的代码如下：

```
Cookie delCo=new Cookie("user",null);
delCo.setMaxAge(0);
response.addCookie(delCo);
```

并不是所有的 Cookie 类的对象都是持久性地保存在客户端的硬盘目录中，还有一类 Cookie 对象称为临时 Cookie。临时 Cookie 在浏览器和服务器交互时保存在浏览器的缓存中，当浏览器关闭时，临时 Cookie 便随之消失。

例 5-3　利用 Cookie 保存用户对某站点提交的用户名和密码。

简要分析：

（1）用户在登录页面（lesson5d3.jsp）输入用户名和密码后单击“提交”按钮进入站点的确认页面（lesson5d3_recCo.jsp）。

（2）在确认页面中需要判断用户登录时是否选择了“Cookie 保存 10 天”复选框，如果选择了，则需要创建 Cookie 对象，Cookie 对象中保存用户信息，并设置 Cookie 对象的过期时间为 3600*240 秒，设置 Cookie 对象的路径为“\”，表示当前 Web 应用的根目录；如果未选择，则设置 Cookie 对象的过期时间为 0 秒，删除 Cookie 对象。

（3）在确认页面上设置一个跳转链接，返回登录界面。此时需要在登录界面上实现 Cookie 的读取，然后把 Cookie 中的用户信息取出，重新填入用户名和密码的输入框中。

下面给出实现代码。

lesson5d3.jsp 用户登录界面代码：

```
<%@page contentType="text/html" pageEncoding="UTF-8"%>
<%!boolean blNew = true;%>
<%
    Cookie[] cookies = request.getCookies();
    if (cookies != null) {
        for (Cookie aCo : cookies) {
            if (aCo.getName().equals("user")) {
                String usernameByCo = aCo.getValue().split("-")[0];
                String passwordByCo = aCo.getValue().split("-")[1];
                request.setAttribute("username", usernameByCo);
                request.setAttribute("password", passwordByCo);
                blNew = false;
                break;
            }
        }
    }
%>
<!DOCTYPE html>
<html>
    <head>
        <meta http-equiv="Content-Type" content="text/html; charset=UTF-8">
        <title>JSP Page</title>
    </head>
    <body>
        <form action="lesson5d3_recCok.jsp" method="POST">
            <table border="1">
                <tbody>
                    <tr>
                        <td>User Name: </td>
```

5 Chapter

```
                    <td><input type="text" name="username" value="${username}" /></td>
                    </tr>
                    <tr>
                        <td>Password: </td>
                        <td><input type="password" name="password" value="${password}" /></td>
                    </tr>
                    <tr>
                        <td colspan="2">
                        Cookie is Remembered 10 days<input type="checkbox" name="isMem" value="ON" />
                        </td>
                    </tr>
                    <tr>
                    <td><input type="reset" value="RESET" name="reset" /></td>
                    <td><input type="submit" value="SUBMIT" name="submit" /></td>
                    </tr>
                </tbody>
            </table>
        </form>
    </body>
    <%
        String username = "";
        if(blNew==false){
            username = request.getAttribute("username").toString();
            out.println("<h1>Welcome Back " + username + "</h1>");
        }
    %>
</html>
```

用户信息确认页面 lesson5d3_recCo.jsp 代码：

```
<%@page contentType="text/html" pageEncoding="UTF-8"%>
<%
    String ischeck = request.getParameter("isMem");
    String username = request.getParameter("username");
    String password = request.getParameter("password");
    if (ischeck != null && ischeck.equals("ON")) {
        //表示用户单击了 remember 按钮
        //创建 Cookie
        Cookie userCo = new Cookie("user", username + "-" + password);
        userCo.setMaxAge(60 * 60 * 24 * 10);
        userCo.setPath("/");
        response.addCookie(userCo);
    } else {
        Cookie deleteNewCookie = new Cookie("user", null);
```

```
            deleteNewCookie.setMaxAge(0);       //删除该 Cookie
            deleteNewCookie.setPath("/");
            response.addCookie(deleteNewCookie);
        }
    %>
    <!DOCTYPE html>
    <html>
        <head>
            <meta http-equiv="Content-Type" content="text/html; charset=UTF-8">
            <title>JSP Page</title>
        </head>
        <body>
            <h1>Hello <%=username%></h1>
            <h2>Welcome to out page,thank u !</h2>
            <a href="lesson5d3.jsp">Login Again...</a>
        </body>
    </html>
```

例 5-3 用户登录界面的运行结果如图 5-6 所示；提交之后，用户信息确认页面如图 5-7 所示。

图 5-6 用户第一次输入

图 5-7 用户确认页面

点击链接返回登录页面，或再次运行用户登录界面，结果如图 5-8 所示。

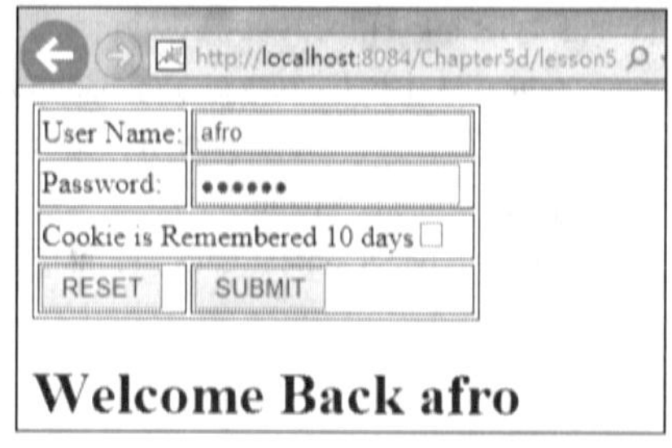

图 5-8 通过 Cookie 检索，用户信息直接显示

HttpSession 会话机制融合了 Cookie 和 URL 重写技术。当客户端允许使用 Cookie 时，HttpSession 会使用 Cookie 进行会话跟踪。通过 request 对象调用 getCookies()方法会返回一个 Cookie 数组，Cookie[0]中的 name 属性值即为"JSESSIONID"，由此来判断来自客户端浏览器的请求是否为同一个人。当客户端不支持 Cookie 时，HttpSession 会利用 response 对象的 encodeURL()或 encodeRedirectURL()方法，即 URL 重写来附加"JSESSIONID"实现会话跟踪。值得庆幸的是，HttpSession 接口封装了处理 Cookie 或

URL 重写的细节问题，并为开发者提供保存会话信息的区域。

关于 Session 的详细内容请参见 5.3 节。

5.3 session

JSP 封装了 Servlet 的 HttpSession 接口，通过隐式对象 session 实现该接口的所有功能，这使得在 JSP 中操作 session 变得更为简捷。

当浏览器第一次请求 JSP 页的时候，Web Server 会自动为该浏览器创建一个 session，并赋予一个 sessionID 发送给客户端浏览器。当客户端再次请求 Web Server 中应用程序的其他资源的时候，会自动在 HTTP 请求头标中添加从服务器得到的 session ID；当服务器端继续接到客户端请求时，就会一并接收 sessionID，并根据 sessionID 在内存中找到之前创建的 session 对象的引用，提供给请求使用。

在 JSP 中，session 几乎成了会话的代名词，5.2.2 节提到 session 是 Cookie 和 URL 重写两种技术的融合体，同时它也是一个容器，用来存储会话过程中需要保留的对象。

5.3.1 创建 session

在 Servlet 中，HttpSession 接口通过 HttpServletRequest 的对象 request 调用 getSession()或 getSession(boolean create)方法来创建会话。无参的 getSession()是调用 getSessionj(true)的一种简便写法；参数 create 如果为 false，Servlet 引擎不会创建新的会话，只对存在的会话验证其会话 ID，并执行相关操作，而为 true 时，则创建一个新的会话。

在 JSP 页中，session 作为一个内置对象，会自动创建会话，除非通过设置 page 指令中的 session 属性为 false 来禁止当前 JSP 页的会话。

session 对象中封装的 Servlet 代码段如下：

```
final javax.servlet.jsp.PageContext pageContext;
javax.servlet.http.HttpSession session = null;
pageContext = _jspxFactory.getPageContext(this, request, response,
                        null, true, 8192, true);
_jspx_page_context = pageContext;
    session = pageContext.getSession();
```

5.3.2 使用 session

session 的创建和使用均在 Web Server 上，客户端浏览器从未获取过 session 对象，浏览器获取的仅仅是会话 ID，所以会话对于用户而言往往是不可见的，当然用户也无需关心自己是否处于会话中或者处于哪一个会话中。

session 对象的常用方法如表 5-3 所示。

表 5-3 session 的常用方法

返回类型	方法名	描述
Object	getAttribute(String name)	返回 session 中指定 name 的属性值
Enumeration	getAttributeNames()	返回 session 中绑定的所有属性名称
long	getCreationTime()	返回 session 的创建时间
String	getId()	返回 sessionID
long	getLastAccessedTime()	返回客户端最后请求的时间，单位为毫秒
int	getMaxInactiveInterval()	获取 session 最大无响应时间，单位为秒
ServletContext	getServeltContext()	返回 session 所属的 Servlet 上下文
void	invalidate()	强制会话无效
boolean	isNew()	判断服务器是否第一次为客户端创建 session，是则返回 true
void	removeAttribute(String name)	移除指定 name 的对象
void	setAttribute(String name,Object value)	通过指定 name 把对象值保持在 session 中
void	setMaxInactiveInterval(int interval)	指定客户端请求和 JSP 容器间的最大无交互时间，以秒为单位，到指定时间使 session 无效

会话跟踪技术中，session 内置对象在内存中有独立的存储空间用来存储相关对象，在会话中保存对象的方法为 setAttribute()，通过提供对象在会话作用域 sessionScope 的名称来保存对应的对象内容。保存在 session 作用域中的对象名可以是任意字符串，在相同的作用域范围内对象名必须唯一，而在不同的作用域中则不存在名称的限制，即可以出现同名的对象。保存在会话中的对象可以是任意类型的对象，也可以是基础类型，如 int、char 等，因为在 JDK1.5 中便提出了基础类和包装类的自动转化，即基础类作为对象值保存的时候会被自动转化为对应的包装类。而在 session 的作用域范围检索对象则通过 getAttribute()方法实现，给出通过 setAttribute()指定的对象名，如果对象存在，即可获取对象值。

例 5-4 在 session 作用域范围存储和检索对象。

简要分析：在 request 和 session 的作用域范围内为各种保存的对象创建相同的名字，通过 <jsp:forward>指令跳转到另外一页进行检索，把获取的值分别显示并比较。

lesson5d4.jsp 对象保存在会话作用域中。

```
<%@page contentType="text/html" pageEncoding="UTF-8"%>
<!DOCTYPE html>
<html>
    <head>
```

```
        <meta http-equiv="Content-Type" content="text/html; charset=UTF-8">
        <title>JSP Page</title>
    </head>
    <body>
        <h1>Save Objects in [session...request]</h1>
        <%
            session.setAttribute("afro", 55);
            request.setAttribute("afro", 22);
        %>
        <jsp:forward page="lesson5d4_retrieval.jsp"/>
    </body>
</html>
```

lesson5d4_retrieval.jsp 检索保存在 requestScope 和 sessionScope 中的同名对象。

```
<%@page contentType="text/html" pageEncoding="UTF-8"%>
<!DOCTYPE html>
<html>
    <head>
        <meta http-equiv="Content-Type" content="text/html; charset=UTF-8">
        <title>JSP Page</title>
    </head>
    <body>
        <%
            Integer afro_fromReq=(Integer)request.getAttribute("afro");
            Integer afro_fromSes=(Integer)session.getAttribute("afro");
            %>
            <h1>Object is saved in Request Scope is:<font style="color: red"> <%=afro_fromReq%>
            </font></h1>
        <h1>Object is saved in Session Scope is: <font style="color: blueviolet"><%= afro_fromSes%>
        </font></h1>
    </body>
</html>
```

例 5-4 的运行结果如图 5-9 所示。

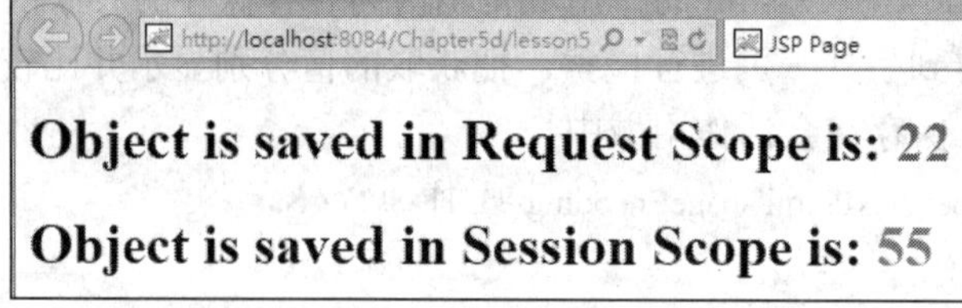

图 5-9　检索保存在 session 中的对象

再来一个稍微复杂点的例子，很多教材都以购物车作为会话跟踪的例子来强调 session 的作用，本书也撰写了一个简单的购物车应用，借此来阐述 session 在其作用域中对对象进行临时保存，实现会话跟踪的过程。

例 5-5 用 JSP 和 JavaBean 实现简单购物车。

简要分析：电子商务平台的购物车是从超市的购物篮抽象出来的，通过购物篮临时存储购物时在不同时间（购物时间段内）、不同位置（超市的各购物区）买到的商品，结账时取出购物篮中的商品，在收银台统一付款。JSP 中的购物车便通过 session 提供的会话跟踪技术实现了类似超市购物篮的功能。

整个 Web 应用共 5 个文件、3 个 JSP 页面（分别实现商品展示、购物车管理和商品移除）和 2 个 JavaBean（一个实现购买商品名称和数量的统计，另一个实现字符编码的转化）。

文件中有较为详细的注释来帮助读者掌握该 Web 应用的知识点。

下面给出实现代码。

商品展示页面 lesson5d5_productSelect.jsp 代码：

```
<%@page contentType="text/html" pageEncoding="UTF-8"%>
<!DOCTYPE html>
<html>
    <head>
        <meta http-equiv="Content-Type" content="text/html; charset=UTF-8">
        <title>欢迎光临</title>
    </head>

    <body>
        <div align="center">
            <h1>欢迎光临购物车</h1>
            <h2>现在时间是：<font style="color:blueviolet"><%=new java.util.Date()%></h2>
            <form method="post" action="lesson5d5_cart.jsp" target="" >
                <table width="80%" border="1">
                    <tr>
                        <td width="50%" height="30" align="right">请选择您要购买的商品：</td>
                        <td width="50%" height="30" align="left"> 
                            <select name="goodsName">
                                <option value="笔记本" selected>笔记本</option>
                                <option value="冰箱">冰箱</option>
                                <option value="洗衣机">洗衣机</option>
                                <option value="电视机">电视机</option>
                                <option value="自行车">自行车</option>
                                <option value="打印机">打印机</option>
                                <option value="空调">空调</option>
                                <option value="音响">音响</option>
```

```
                                </select></td>
                        </tr>
                        <tr>
                            <td width="50%" height="30" align="right">购买数量：</td>
                            <td width="50%" height="30" align="left"> 
                            <input type="text" name="goodsNumber" value="1" size="5"></td>
                        </tr>
                    </table>
                    <p><input type="submit" name="sub" value="提交">  
                        <input type="reset" name="res" value="重购"></p>
                </form>
            </div>
        </body>
</html>
```

购物车管理页 lesson5d5_cart.jsp 代码：

```
<%@page import="java.util.Enumeration"%>
<%@page contentType="text/html" pageEncoding="UTF-8"%>
<%@page import="java.util.Hashtable"%>
<!DOCTYPE html>
<html>
    <head>
        <meta http-equiv="Content-Type" content="text/html; charset=UTF-8">
        <title>欢迎光临购物车</title>
        <jsp:useBean id="prodbean" scope="session" class="org.me.afro.Product"/>
        <jsp:useBean id="transbean" class="org.me.afro.Translate"/>
    </head>
    <jsp:setProperty name="transbean" property="goodsName"/>
    <%
        //获取所要添加到购物车的商品名称和数量并转化编码
        String sGoodsName = transbean.getGoodsName();
    %>
    <%
        String sGoodsNumber = request.getParameter("goodsNumber");
        //根据商品名称是否为空判断是否需要保存商品信息
        if (sGoodsName != null && sGoodsNumber !=null) {
            int iGoodsNumber = Integer.parseInt(sGoodsNumber);
            prodbean.add(sGoodsName, iGoodsNumber);
        }
        //获取购物车对象信息
        Hashtable h = prodbean.show();
        //获取购物车中所有的商品名称
        Enumeration e = h.keys();
```

```
        //keys()，返回此哈希表中的键的枚举
%>
    <body>
        <div align="center">
            <h1>欢迎光临购物车</h1>
            <p>您的购物信息如下：</p>
            <table width="80%" border="1">
                <%
                    //循环显示购物车中的商品信息
                    while (e.hasMoreElements())    //hasMoreElements()，测试此枚举是否包含更多的元素
                    {
                        //根据商品名称获得相应商品数量
                        String sTemp = e.nextElement().toString();
                        int iTemp = ((Integer) h.get(sTemp)).intValue();
                %>
                <tr>
                    <td width="50%" height="25" align="right"><font color="#0000FF"><%=sTemp%>:
                    </font></td>
                    <td width="20%" height="25" align="left"> <font color="#FF0000"><%=
                    iTemp%></font></td>
                    <td width="30%" height="25" align="left"> 
                        <input type="button" name="GoodsName" value="删除"
                                onClick="javascript:window.location = 'lesson5d5_removeProduct.jsp?
                                goodsName=<%=sTemp%>';"></td>
                </tr>
                <%
                    }
                %>
            </table>
            <p><input type="button" name="goon" value="继续购物" onClick="javascript:
                    window.location = 'lesson5d5_productSelect.jsp';"></p>
        </div>
    </body>
</html>
```

商品移除页 lesson5d5_removeProduct.jsp 代码：

```
<%@page contentType="text/html" pageEncoding="UTF-8"%>
<!DOCTYPE html>
<html>
    <head>
        <meta http-equiv="Content-Type" content="text/html; charset=UTF-8">
        <title>欢迎光临</title>
        <jsp:useBean id="prodbean" scope="session" class="org.me.afro.Product"/>
```

5 Chapter

```
    </head>
    <body>
        <div align="center">
            <h1>欢迎光临购物车</h1>
            <%
                System.out.println(request.getParameter("goodsName"));
                //获取所要删除的商品名称并转化编码
                String sGoodsName = request.getParameter("goodsName");
                System.out.println(sGoodsName);
                //删除对应的商品信息
                prodbean.delete(sGoodsName);
                //跳转当前页面
                response.sendRedirect("lesson5d5_cart.jsp");
            %>
        </div>
    </body>
</html>
```

实现购买商品名称和数量统计的 JavaBean——Product 代码：

```
package org.me.afro;
import java.util.Hashtable;
import java.io.*;
public class Product implements Serializable{
 public Hashtable product = new Hashtable();
    //构造函数
    public Product() {
    }
    //将某个商品信息加入购物车
    public void add(String productName, int productNumber) {
        if (product.containsKey(productName))       //containsKey，测试指定对象是否为此哈希表中的键
        {    //购物车中存在此商品
            int iTemp = ((Integer) product.get(productName)).intValue();
            //intValue()，以 int 类型返回该 Integer 的值
            iTemp = iTemp + productNumber;
            product.put(productName, new Integer(iTemp));
        } else {//购物车中不存在此商品
            product.put(productName, new Integer(productNumber));
        }
    }
    //获取购物车中所有的商品信息
    public Hashtable show() {
        return product;
    }
```

```
    //从购物车中删除一件商品信息
    public void delete(String productName) {
        product.remove(productName);
    }
}
```

字符集转化的 JavaBean——Translate 代码：

```
package org.me.afro;
import java.io.UnsupportedEncodingException;
public class Translate {
    public Translate() {
    }
    private String goodsName;

    /**
     * @return the GoodsName
     */
    public String getGoodsName() {
        this.goodsName = transCoding();
        return goodsName;
    }

    private String transCoding() {
        String encodeStream = null;
        try {
            if (this.goodsName != null) {
            encodeStream = new String(this.goodsName.getBytes("ISO8859-1"), "UTF-8");
            }
        } catch (UnsupportedEncodingException uee) {
            uee.printStackTrace();
        } catch (Exception e) {
            e.printStackTrace();
        }
        return encodeStream;
    }

    /**
     * @param GoodsName the GoodsName to set
     */
    public void setGoodsName(String goodsName) {
        this.goodsName = goodsName;
    }
}
```

由于字符串对象从客户端传递到服务器端，接收时默认的编码形式是 ISO8859-1，这是 8 位字符集，不支持亚洲字符，所以需要在接收时对其进行重新编码，即把原有 ISO8859-1 格式的字符串转化为字节数组，再通过中文字符集进行编码即可实现中文或者亚洲字符在 JSP 不同页面中传输。

商品浏览及选择界面的运行结果如图 5-10 所示。

图 5-10　商品浏览及选择界面

用户通过购物车进行商品管理页面的运行结果如图 5-11 所示。

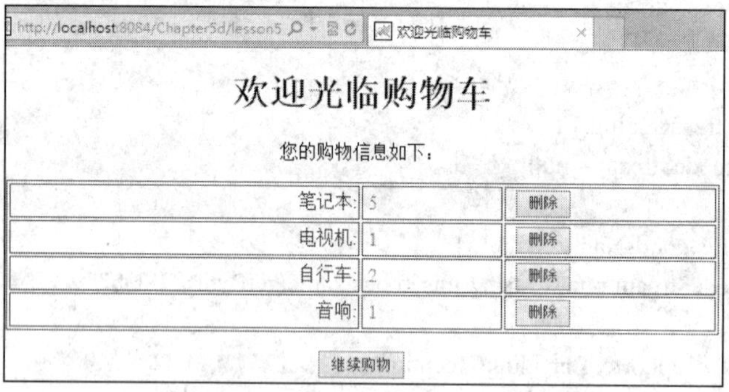

图 5-11　购物车商品管理

选择删除某项商品后的界面如图 5-12 所示。

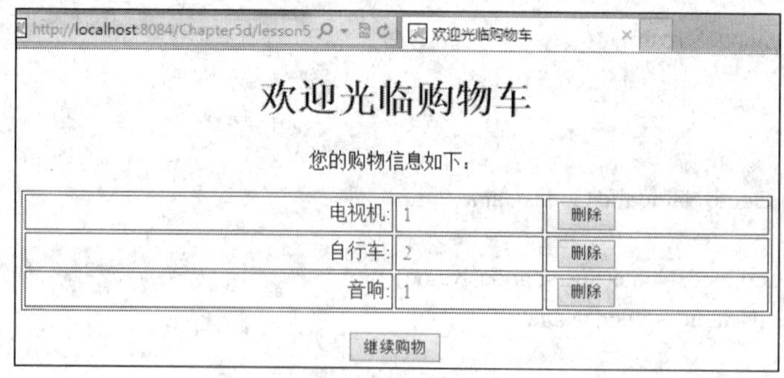

图 5-12　删除某项商品后的购物车

例 5-5 作为一个相对简单的购物车模型，很多功能均未实现，有兴趣的读者不妨按照自己对购物车的理解来修改上面的程序代码，实现更完善的功能。

5.3.3 销毁 session

Servlet 采用了轻量级线程机制，所谓轻量级即表示构造和析构所需的资源很少，可以快速地创建并使用，但并不是轻量级的对象就可以无限构造并不用析构，虽然 Java 虚拟机提供了垃圾回收机制，但作为一种好的习惯，在对象不使用时应该关闭或者销毁。

session 对象在创建之后会消耗内存资源，所以如果在 Web 应用中不打算使用 session，应该在 page 指令中关闭，如下：

```
<%page contentType="text/html" pageEncoding="UTF-8" session="false"%>
```

多数情况下都要使用会话跟踪技术，所以在某些情况下需要对不再使用的 session 对象进行销毁。一般存在以下 3 种情况：

- 服务器进程被停止，由于服务器停止，临时存储的 session 对象会被销毁。
- 距离前一次收到客户端发送请求并由服务器检索会话 ID 的时间间隔超过了通过 setMaxInactiveInterval(int interval)参数 interval 设置的值。
- 在 Web 应用中调用 invalidate()方法，强制会话无效，即销毁会话。

Tomcat 服务器对 session 的会话时间有具体的限制，默认为 30 分钟，在 web.xml 文件中可以进行配置，以设置当前 Web 应用中的所有会话，除非这些会话中通过第二种方法来覆盖这个默认值，或者通过修改 web.xml 文件的内容来修改整个 Web 应用的 session 最大无响应时间。web.xml 文件中关于 session 超时关闭的节点代码段如下：

```
<session-config>
        <session-timeout>
            30
        </session-timeout>
</session-config>
```

临时 Cookies 会在关闭浏览器时结束与 Web Server 的会话，由于 session 在浏览器支持 Cookie 的情况下会优先使用临时 Cookies 来实现会话跟踪，所以一般认为的关闭浏览器即结束当前会话即是这种情况。

5.3.4 session 的生命周期

通过 5.3.3 节中的介绍，session 在 Tomcat 服务器中默认的最大响应时间是 30 分钟，这表示 session 的存在像人的生命一样有时间限制，拥有特殊的生命周期。

session 由于在 JSP 容器中会自动创建，可以通过调用 session 对象的 isNew()方法来判断当前 session 是否为新建。所谓新建 session 就是 Web Server 第一次响应客户端，给浏览器返回

sessionid 的时刻；随着浏览器继续提交请求，session 便不再是新建的了。

session 创建后，可以把在整个会话过程中所需的对象保存在 session 缓存中，并对其进行检索，但是由于 Web Server 限定了 session 的时限，当然不同的服务器默认的时限不尽相同，并且时限可以在配置文件中特定的节点或标签处修改。除此之外，session 的开发人员可以作为所建 session 的上帝，通过 setMaxAge(interval)强制修改 session 的生存时间，或者通过 invalidate()直接销毁 session，令 session 死亡。

掌握 session 的生命周期，能准确地把握保存在 session 缓存中对象的访问时间，这对 session 乃至整个 Web 应用的操作是非常有益的。

例 5-6 一个跟踪 session 的生命周期的例子。

简要分析：

例 5-6 需要在表单中输入用户名和密码，并通过验证页检查，如果用户名是 afro，密码是 1a2b3C；或者用户名是 bee，密码是 A1b2c3，则验证通过，进入页面 A，页面 A 会提示当前 session 是否为新建，同时会给出 4 个链接，分别是返回登录页面、页面 A、页面 B 和关闭 session 页。通过链接进入页面 B，则会提示用户的密码；进入关闭 session 页，会选择是立即关闭还是等待 5 秒，当然最终的结果均是销毁 session，结束其生命周期。当 session 被销毁后，返回登录页面，会给出提示，要求重新输入用户名和密码。

下面给出实现代码。

index.jsp 登录页面代码：

```
<%@page contentType="text/html" pageEncoding="GB2312"%>
<!DOCTYPE HTML PUBLIC "-//W3C//DTD HTML 4.01 Transitional//EN"
    "http://www.w3.org/TR/html4/loose.dtd">
<html>
    <head>
        <meta http-equiv="Content-Type" content="text/html; charset=GB2312">
        <title>JSP Page</title>
    </head>
    <%
                String error = (String) request.getAttribute("error");
                if (error == null) {
                    error = "";
                }
    %>
    <body>
        <jsp:include page="inc_AllPages.jsp"/>
        <font color="red"> <%=error%> </font>
        <form action="lesson5d6_valid.jsp" method="post">
            <table>
```

```
                <tr>
                    <td>用户名：</td>
                    <td><input type="text" name="username"></td>
                </tr>
                <tr>
                    <td>密码：</td>
                    <td><input type="password" name="password"></td>
                </tr>
                <tr>
                    <td colspan="2">
                        <input type="submit" value="SUBMIT">
                    </td>
                </tr>
            </table>
        </form>
    </body>
</html>
```

lesson5d6_valid.jsp 验证页面代码：

```
<%@page contentType="text/html" pageEncoding="GB2312"%>
<!DOCTYPE HTML PUBLIC "-//W3C//DTD HTML 4.01 Transitional//EN"
    "http://www.w3.org/TR/html4/loose.dtd">
<jsp:useBean id="validbean" class="org.me.afro.ValidateUP"/>
<jsp:setProperty name="validbean" property="*"/>
<html>
    <head>
        <meta http-equiv="Content-Type" content="text/html; charset=GB2312">
        <title>Valid Page</title>
    </head>
    <body>
        <%
                    //也可以通过 bean 进行取值
                    String username = request.getParameter("username");
                    String password = request.getParameter("password");
                    if (validbean.isBlValid()) {
                        //创建 session 并在其缓存中保存对象
                        session.setAttribute("username", username);
                        session.setAttribute("password", password);
                        response.sendRedirect("lesson5d6a.jsp");
                    } else {
                        request.setAttribute("error", "用户名或密码无效，请重新输入！");
```

```
                    //下面使用 servlet 中的请求转发对象实现 forward 跳转，和<jsp:forward>功能一致
                    request.getRequestDispatcher("index.jsp").forward(request, response);
                }
        %>
    </body>
</html>
```

验证页面通过调用验证 bean——validateUP 来实现验证功能，被许可的用户名是 afro，密码是 1a2b3C；或者用户名是 bee，密码是 A1b2c3，其他输入均不被认可。

```
package org.me.afro;
public class ValidateUP {
    private String username;
    private String password;
    private boolean blValid;
    public ValidateUP(){
        blValid=false;
    }
    /**
     * @return the username
     */
    public String getUsername() {
        return username;
    }

    /**
     * @param username the username to set
     */
    public void setUsername(String username) {
        this.username = username;
    }

    /**
     * @return the password
     */
    public String getPassword() {
        return password;
    }

    /**
     * @param password the password to set
     */
```

```
	public void setPassword(String password) {
		this.password = password;
	}

	private boolean validate() {
		if (password != null && username != null) {
			if (username.equalsIgnoreCase("afro") && password.equals("1a2b3C")
					|| username.equalsIgnoreCase("bee") && password.equals("A1b2c3")) {
				this.blValid = true;
			} else {
				this.blValid = false;
			}

		}
		return blValid;
	}

	/**
	 * @return the blValid
	 */
	public boolean isBlValid() {
		return validate();
	}
}
```

lesson5d6a.jsp 页面 A 代码：

```
<%@page contentType="text/html" pageEncoding="GB2312"%>
<!DOCTYPE HTML PUBLIC "-//W3C//DTD HTML 4.01 Transitional//EN"
	"http://www.w3.org/TR/html4/loose.dtd">
<html>
	<head>
		<meta http-equiv="Content-Type" content="text/html; charset=GB2312">
		<title>A Page</title>
	</head>
	<%
				String aName = (String) session.getAttribute("username");
				if (aName == null) {
					request.setAttribute("error", "请您先登录再访问！");
					request.getRequestDispatcher("index.jsp").forward(request, response);
				}
	%>
```

```
    <body>
        <jsp:include page="inc_AllPages.jsp"/>
        <font style="color:red">Welcome <%=aName%> to A!</font>
        <%
                    if (session.isNew()) {
                        out.println("this session is new,sessinid=" + session.getId());
                    } else {
                        out.println("the session has existed...");
                    }
        %>
    </body>
</html>
```

lesson5d6b.jsp 页面 B 代码：

```
<%@page contentType="text/html" pageEncoding="GB2312"%>
<!DOCTYPE HTML PUBLIC "-//W3C//DTD HTML 4.01 Transitional//EN"
    "http://www.w3.org/TR/html4/loose.dtd">

<html>
    <head>
        <meta http-equiv="Content-Type" content="text/html; charset=GB2312">
        <title>B Page</title>
    </head>
    <%
                String bName = (String) session.getAttribute("username");
                if (bName == null) {
                    request.setAttribute("error", "请您先登录再访问!");
                    request.getRequestDispatcher("index.jsp").forward(request,
                            response);
                }

    %>
    <body>
        <jsp:include page="inc_AllPages.jsp"/>
        <form>
            <font style="color:green">Welcome <%=bName%> to B!</font>
        Do u remember ur password?
            <input type="submit" value="Yes" name="viewPass" />
        </form>
        <%
                    if (request.getParameter("viewPass") != null&&request.getParameter
```

```
                ("viewPass").equals("Yes")) {
        %>
        <i><%=session.getAttribute("password").toString()%></i>
        <%
                }
        %>
    </body>
</html>
```

lesson5d6_closeSession 关闭 session 页面代码：

```
<%@page contentType="text/html" pageEncoding="GB2312"%>
<!DOCTYPE HTML PUBLIC "-//W3C//DTD HTML 4.01 Transitional//EN"
    "http://www.w3.org/TR/html4/loose.dtd">

<html>
    <head>
        <meta http-equiv="Content-Type" content="text/html; charset=GB2312">
        <title>inc_AllPage</title>
    </head>
    <body>
        <h1>
            <table border="1">
                <tr>
                    <td><a href="index.jsp">返回登录页面</a></td>
                </tr>
                <tr>
                    <td><a href="lesson5d6a.jsp">A 页面</a></td>
                </tr>
                <tr>
                    <td><a href="lesson5d6b.jsp">B 页面</a></td>
                </tr>
                <tr>
                    <td><a href="lesson5d6_closeSession.jsp">Close_Session</a></td>
                </tr>
            </table>
        </h1>
    </body>
</html>
```

inc_AllPages.jsp 为以上所有页面提供 table 表格和链接支持。

```
<%@page contentType="text/html" pageEncoding="GB2312"%>
<!DOCTYPE HTML PUBLIC "-//W3C//DTD HTML 4.01 Transitional//EN"
    "http://www.w3.org/TR/html4/loose.dtd">
```

```
<html>
    <head>
        <meta http-equiv="Content-Type" content="text/html; charset=GB2312">
        <title>inc_AllPage</title>
    </head>
    <body>
        <h1>
            <table border="1">
                <tr>
                    <td><a href="index.jsp">返回登录页面</a></td>
                </tr>
                <tr>
                    <td><a href="lesson5d6a.jsp">A 页面</a></td>
                </tr>
                <tr>
                    <td><a href="lesson5d6b.jsp">B 页面</a></td>
                </tr>
                <tr>
                    <td><a href="lesson5d6_closeSession.jsp">Close_Session</a></td>
                </tr>
            </table>
        </h1>
    </body>
</html>
```

例 5-6index.jsp 登录页面的运行结果如图 5-13 所示，lesson5d6a.jsp 页面的运行结果如图 5-14 所示。

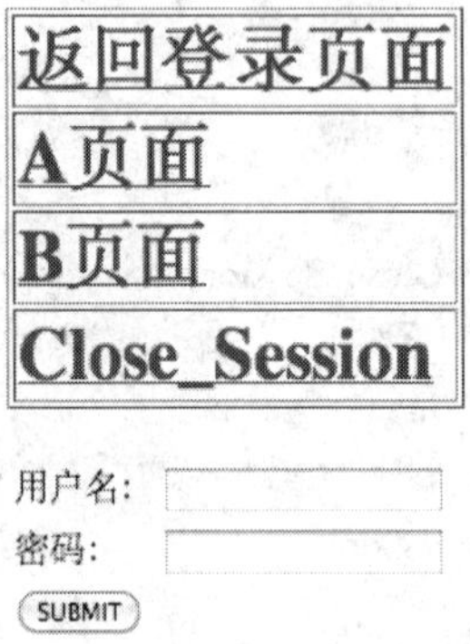

返回登录页面
A页面
B页面
Close_Session
用户名:
密码:
SUBMIT

图 5-13　登录页面

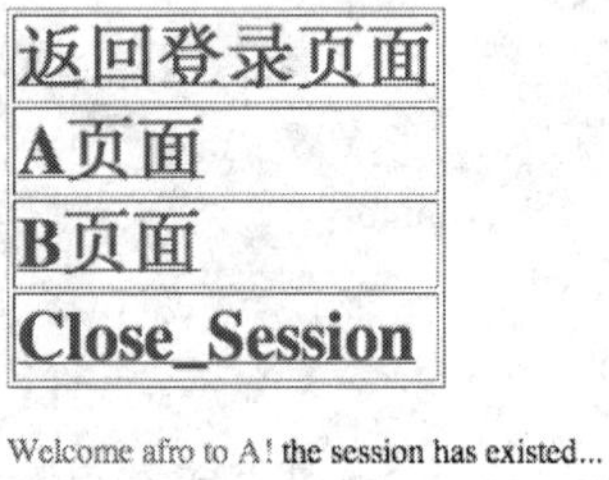

返回登录页面
A页面
B页面
Close_Session
Welcome afro to A! the session has existed...

图 5-14　页面 A

lesson5d6b.jsp 页面的运行结果如图 5-15 所示，lesson5d6_closeSession.jsp 关闭会话页的运行结果如图 5-16 所示。

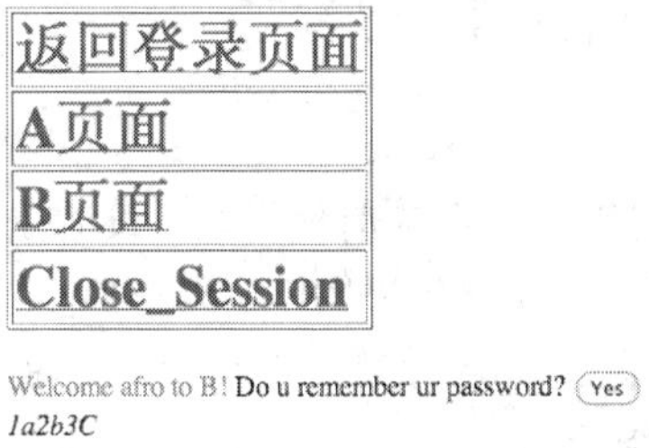

图 5-15　页面 B

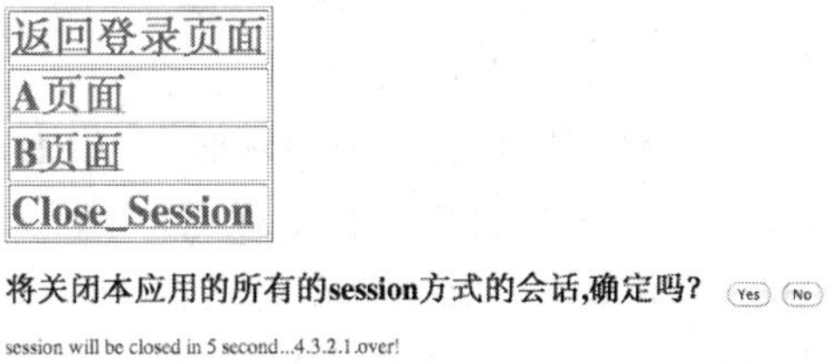

图 5-16　关闭 session 页

关闭 session 之后，再跳转到页面 A 或 B，显示结果如图 5-17 所示。

图 5-17　session 被销毁，记录的对象一并解除

5.3.5　会话绑定监听器

由于 session 具有生存时限，保存在 session 缓存中的对象数据将是临时性的，在某些情况下，需要把临时存储在 session 中的对象在 session 结束时持久化地存储到文件系统或数据库中；另一种情况是，对象和 session 关系紧密，对象的每一次改变都需要通知 session 及时记录保存，这就需要在那些需要得到 session 即时状态的对象上绑定一个监听器，在以上两种情况发生时，产生一个事件 Event 来监视会话。

会话绑定监听器是 Servlet 提供的一个接口，接口名为 HttpSessionBindingListener，该接口包含以下两个抽象方法：

- public void valueBound(HttpSessionBindingEvent event);
- public void valueUnbound(HttpSessionBindingEvent event);

当对象需要存入 session 时，会自动调用 valueBound()方法，若 session 被销毁，会自动调用 valueUnbound()方法。

会话监听的主要优势在于不管客户端是主动关闭 Web 应用还是会话超时，会话监听器接口会迅速做出反应，同时也会回收 session 在存在时占用的系统资源。

5.4 实例实现

通过本章的学习，5.1 节引入的 CHERRYONE 公司需要改良的前代原型，读者是否能够根据 5.1 节给出的功能需求自行实现呢？下面来看一下 Zac 开发团队是如何实现该原型的。

提示：本章实例主要是在用户登录界面添加 Cookie 的接收方法，并按照例 5-3 的实现方式，用 EL 作为表单中控件 value 属性的值，同时提供用户需要保存 Cookie 的时间。在服务器端通过一个 Servlet 对用户的 Cookie 请求进行处理，然后通过 response.sendRedirect()方法跳转到相应的具有用户语言环境的页面中。

5.5 习题

1．解释 Java Web 的会话管理机制。
2．Cookies 技术和 JSP 中 session 的区别是什么？
3．JSP 的 4 种会话跟踪技术是哪些？
4．简述 JSP 中 session 的生命周期。
5．JSP 网页中为什么需要引入会话？

6 调试 JSP

调试的方法在程序编码时往往被忽视，但是在整个应用程序开发过程中是必不可少的。程序编码时，大多数 IDE 都能够把代码中的语法错误提示出来，但是作为某些运行时的异常和程序开发者因为自身逻辑原因产生的设计错误，任何开发工具都是无法在运行前或是编译后给出提示的。而 Web 应用因为兼顾客户端和服务器两个方面，特别是多用户请求的情况，会出现某些问题间歇性出现的情况，所以掌握对构建的 Web 应用进行调试的方法是非常有必要的。

学习完本章，您能够：

- 了解 JSP 错误处理的两种形式。
- 掌握 NetBeans 提供的调试功能。
- 掌握 NetBeans 对 Web 应用的调试步骤。

6.1 JSP 的错误处理

要掌握调试的方法，需要了解错误产生的场景，对于 Web 应用所涉及的页面较多，并包含客户浏览器和服务器两个方面的交互，还需要理解应用涉及的工作方式，通过应用的交互方式预计行为分离出错误的页面并判断错误的原因。通过在出错页或相关的页面设置断点，通过调试定位错误的具体位置并对其进行处理。

一个 JSP 页在 JSP 容器中执行时存在 3 种形式：JSP 源码、生成的 Servlet 源码和编译后的 Servlet 类。JSP 源码通过 JSP 容器解析转换成 Servlet 源码，再通过 Java 虚拟机编译 Servlet 生成 Servlet 类。错误可能发生在 JSP 页执行过程的任意阶段，仔细检查错误信息和中间过程存在的漏洞有助于查找错误的起因。

6.1.1 处理语法错误

语法错误不管在标准 Java 程序开发还是 JSP 开发中都是最常见的一种错误触发形式。在某种情况下，语法错误很可能是因为程序员在代码的敲入过程中造成的，当然也可能是因为对某个关键字或类、接口的错误记忆导致的。换句话说，语法错误的产生原因主观性很强，会随时产生，出现的后果也很严重，对于大部分 IDE 来说，发现 JSP 页中的语法错误会直接拒绝编译。

JSP 容器要求 JSP 页的源码必须完全按照 JSP 规范的定义在 JSP 页中写出每一个 JSP 元素，这样才能正确处理。这也表明，语法错误出现在把 JSP 源码转换成 Servlet 源码的过程中，在 NetBeans 开发工具中，如果当前 JSP 页源码出现了语法错误，NetBeans 会直接在出错行标记，并用红色波浪线在语法错的元素或对象下注明。

例 6-1 输入用户名和密码，通过 session 记录并在当前页显示。

最初的实现代码如下：

```
<%@page contentType="text/html" pageEncoding="GB2312">
<!DOCTYPE HTML PUBLIC "-//W3C//DTD HTML 4.01 Transitional//EN"
    "http://www.w3.org/TR/html4/loose.dtd">
<html>
    <head>
        <meta http-equiv="Content-Type" content="text/html; charset=GB2312">
        <title>lesson6d1</title>
    </head>
    <body>
        <form action="" method="post">
            <table>
                <tr>
                    <td>用户名：</td>
                    <td><input type="text" name="username"></td>
                </tr>
                <tr>
                    <td>密码：</td>
                    <td><input type="password" name="password"></td>
                </tr>
                <tr>
                    <td colspan="2">
                        <input type="submit" value="SUBMIT" name="submit">
                    </td>
                </tr>
            </table>
```

```
        </form>
        <%
                    String action = request.getParameter("submit");
                    String username;
                    String password = null;
                    if (action != null) {
                        username = request.getParameter("username");
                        password = request.getParameter("password");
                        session.setAttribute("username", username);
                        session.setAttribute("password", password);
        %>
        <table border="1">
            <tbody>
                <tr>
                    <td>Ur UserName is:</td>
                    <td><%username%></td>
                </tr>
                <tr>
                    <td>Ur Password is:</td>
                    <td><c:out value="${password}"></td>
                </tr>
            </tbody>
        </table>
    </body>
</html>
```

例题解析：上述代码的语法错误不止一个，一般的 JSP 开发并不提供在 JSP 源码时就检测语法错误的机制，是在 JSP 容器解析 JSP 源码时容器会通过向浏览器发送错误消息来报告错误，如 Tomcat 服务器，但是每个服务器报告错误的方式并不是按照 JSP 规范的要求执行的，因为 JSP 规范中只要求服务器返回一个带有针对服务器错误（错误代码为 500）的 HTTP 状态码，响应到浏览器上显示即可。有些服务器对于错误的报告形式还可能是写入一个专门保存错误的日志文件中。

为了提高程序代码的开发效率，在 JSP 源码解析之前就提供语法错误的具体定位，并在对应的行标处给出提示，NetBeans 中可以在出现语法错误的位置使用 Alt+Enter 组合键得到错误的相关提示。图 6-1 和图 6-2 分别对上述代码中的大部分语法错误给出了标注。

细心的读者会发现，红色波浪线除了在可能出现语法错误（行标处有红色符号标记）的行中标注，也会在看似没有问题的行中标注。比如图 6-2 中的 46 行和 50 行，这里的红色波浪线提示的是英语单词拼写错误，和 Office 中提供的功能相似，不过不同的 NetBeans 版本是有差别的，有些版本是黄色的波浪线。

```
   <%--
2      Document    : index
3      Created on : May 23, 2013, 2:04:16 PM
4      Author      : wuanpulusia
5  --%>
6
   <%@page contentType="text/html" pageEncoding="GB2312">
8  <!DOCTYPE HTML PUBLIC "-//W3C//DTD HTML 4.01 Transitional//EN"
9      "http://www.w3.org/TR/html4/loose.dtd">
10 <html>
11     <head>
```

图 6-1　JSP 源码指令元素附近出现的错误标注

```
33         <%
34                 String action = request.getParameter("submit");
35                 String username ;
36                 String password = null;
37                 if (action != null) {
38                     username = request.getParameter("username");
39                     password = request.getParameter("password");
40                     session.setAttribute("username", username);
41                     session.setAttribute("password", password);
42         %>
43         <table border="1">
44             <tbody>
45                 <tr>
46                     <td>Ur UserName is:</td>
                       <td><%username%></td>
48                 </tr>
49                 <tr>
50                     <td>Ur Password is:</td>
51                     <td><c:out value="${password}"></td>
52                 </tr>
53             </tbody>
54         </table>
55     </body>
```

图 6-2　小脚本处出现的错误标注

先对图 6-1 中的标注行进行纠错，把鼠标移动到第一行位置，读者一定很奇怪，JSP 的注释在执行时会被忽略，怎么会在注释的位置提示错误呢，来看一下错误提示，按 Alt+Enter 组合键或直接把鼠标移动到第一行行号的红色惊叹号标记处，两种方式下 NetBeans 均会给出提示。错误提示如图 6-3 所示。

```
   <%--
2  reached end of file while parsing   index
3  --                                  May 23, 2013, 2:04:16 PM
4  (Alt-Enter shows hints)             wuanpulusia
5  --%>
6
   <%@page contentType="text/html" pageEncoding="GB2312">
8  <!DOCTYPE HTML PUBLIC "-//W3C//DTD HTML 4.01 Transitional//EN"
9      "http://www.w3.org/TR/html4/loose.dtd">
10 <html>
```

图 6-3　NetBeans 提供的错误提示

图 6-3 代码第 1 行所给出的提示是"解析时到文件尾出错"，这种提示表明在 JSP 源码中的 Scriptlet 没有以规范的方式结尾，比如说缺少"}"。仔细浏览代码，发现在 37 行有个 if 语句只有"{"标记，缺少"}"，在合适的位置加上"}"后，由于本题中"}"需要放在</table>标签之后，表示条件选择语句的执行体包含<table>元素，所以完整的写法是"<%}%>"。之后 NetBeans 在第一行的错误提示便消失了。

代码第 7 行提示“未中断的 page 指令”，在 page 指令结尾缺少“%>”，使得 page 指令解析时找不到结束标签。

代码第 45 行提示“不规范的语句，缺少;”，这里明显是程序员把表达式脚本漏写了“=”号，正确的写法是<%=username%>。

第 45 行修改完之后，NetBeans 会继续提示出错，并指向第 35 行，原来字符串对象 username 未初始化，给 username 赋初值之后，提示消失。

修改完以上明确定位并提示的语法错误之后，NetBeans 不再给出错误提示，这不一定表明 JSP 代码中不存在问题，如第 35 行对 String 类型变量 username 的初始化，在部分版本中会要求在声明变量时对其初始化，即对 usrname 赋 null 值。

完成上述修改后，NetBeans 编译器对当前 JSP 页不再出现红色的错误提示，一般情况下也可以认为存在的语法错误已经基本解决，运行 JSP 页，结果如图 6-4 所示。

用户名: afro
密码: ••••
SUBMIT

Ur UserName is:	afro
Ur Password is:	

图 6-4 运行后密码无显示

和预想的运行结果不同，输入的用户名和密码在显示时却看不到密码，而且并没有运行时异常的提示，这表示在 JSP 源码中仍然存在问题。

细心的读者应该已经发现，在第 51 行使用了 JSTL 的核心标签<c:out>，但是在 JSP 开头并没有使用 taglib 指令元素指定核心标签库的 URI，同时在项目的“库”目录下也未引用 JSTL1.1 的 jar 文件[1]。在 Web 项目的“库”中添加了 JSTL 库文件后，在 page 指令下一行添加<%taglib prefix="c" uri="http://java.sun.com/jsp/jstl/core"%>后，NetBeans 才会对 JSTL 的标签进行验证，提示<c:out>标签未正常结束。完成所有修改，程序在运行时正常显示用户输入的信息。

由例 6-1 的解析得到，语法错误出现的几种形式如下：

- 指令元素结构不完整，元素名和属性错写或漏写。
- 脚本元素结构不完整。
- 行为元素或 JSTL 标签结构不完整，标签名和属性错写或漏写。
- JSTL 标签或自定义标签未通过<%taglib%>指令导入所需的 URI。
- Scriptlet 中的变量或对象缺少初值或初始化等。

NetBeans 对语法错误的提示源于 JSP 容器对 JSP 源码转换为 Servlet 源码的过程，由于 HTML 元素不参与转换，所以 HTML 元素的错误 NetBeans 不做提示。

注释：[1]JSTL 即 JSP Standard Tag Library（JSP 标准标签库），将部分 Scriptlet 功能通过标签的形式实现，旨在从 JSP 中分离 Scriptlet，具体内容在第 8 章详细介绍。

6.1.2 处理运行时错误

运行时错误，在标准 Java 中又称为异常。因为某些设计上的逻辑错误或者未考虑到的细节问题，Web 应用在执行时产生了异常，异常的出现只有在应用执行时通过浏览器给出的提示信息来做出相应的处理。

例 6-2 JSP 运行时错误——简单的整数相除的异常。

代码如下：

```
<%@page contentType="text/html" pageEncoding="GB2312"%>
<!DOCTYPE HTML PUBLIC "-//W3C//DTD HTML 4.01 Transitional//EN"
    "http://www.w3.org/TR/html4/loose.dtd">
<html>
    <head>
        <meta http-equiv="Content-Type" content="text/html; charset=GB2312">
        <title>JSP Page</title>
    </head>
    <body>
        <%
            int numA=33;
            int numB=0;
            out.println(numA/numB);
        %>
    </body>
</html>
```

很明显，例 6-2 的代码中出现了整型数 numB 为 0 的除 0 异常，来看一下浏览器的显示情况，如图 6-5 所示。

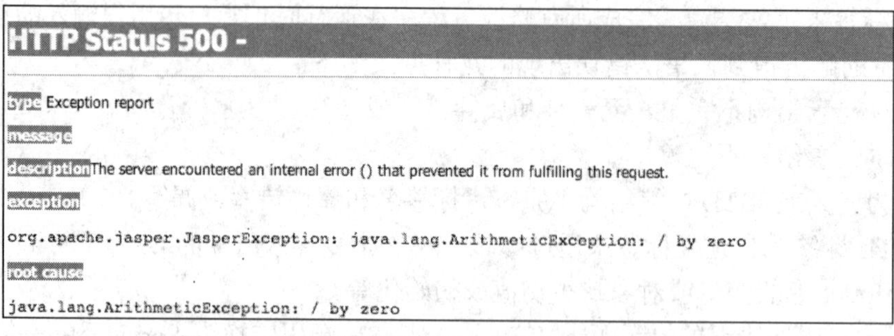

图 6-5 JSP 容器在浏览器上提供的除 0 异常信息

由于当前的异常很简单，所以程序员们都清楚到底在 JSP 源码里发生了什么，以及如何解决；但如果 JSP 源码中内容很复杂，类似图 6-5 的提示并不会对解决异常提供太多的帮助。

实际上，在 JSP 中处理运行时错误一般采用以下 3 种方式：

- 在 JSP 源码的 Scriptlet 中，通过标准 Java 的 try~catch~finally 方式捕获异常。
- 通过<%page%>指令中的 errorPage 属性指定在当前 JSP 页中出现运行时错误时跳转的页面的相对路径，并在接收页面中指定<%page%>指令的 isErrorPage 属性值为 true。
- 在 web.xml 配置描述符文件中对整个 Web 应用的异常处理做出全局的配置。

下面是配置细节。

在 web.xml 文件中设置好相应的异常类型和要跳转的页面，在 Web 应用中如果遇到此类异常则跳转到由<location>标签指定的页面。

```
<error-page>
   <exception-type>{异常类型}</exception-type>
   <location>{/跳转页面的相对路径}</location>
</error-page>
```

web.xml 中不仅可以设置对异常的处理，还可以通过 HTTP 状态码处理一些请求错误。

```
<error-page>
   <error-code>{HTTP 状态码}</error-code>
   <location>{/跳转页面的相对路径}</location>
</error-page>
```

在 web.xml 中可以声明多个 error-page 标签，每个标签中只能出现一个<exception-type>标签或一个<error-code>标签。

例 6-3　通过配置 web.xml 文件解决例 6-2 中的异常。

在不改动例 6-2 原始文件的基础上，在 Web Pages 目录下新建一个运行时错误处理页面 lesson6d3_doError.jsp，代码如下：

```
<%@page contentType="text/html" import="java.io.*" pageEncoding="GB2312" isErrorPage="true"%>
<!DOCTYPE HTML PUBLIC "-//W3C//DTD HTML 4.01 Transitional//EN"
    "http://www.w3.org/TR/html4/loose.dtd">
<html>
    <head>
        <meta http-equiv="Content-Type" content="text/html; charset=GB2312">
        <title>Do Error Page</title>
    </head>
    <body>
        <h1>Hello Error,Welcome!</h1>
        <hr><font style="color:red"><hr>
            getMessage():<br>
            <%=exception.getMessage()%><br><hr>
            getLocalizedMessage():<br>
            <%=exception.getLocalizedMessage()%><br><hr>
            PrintStatckTrace():<br>
```

```
        <%
            StringWriter sw = new StringWriter();
            PrintWriter pw = new PrintWriter(sw);
            exception.printStackTrace(pw);
            out.println(sw);
        %><br>
    </font>
  </body>
</html>
```

向 web.xml 文件中添加<error-page>标签和其对应的子标签，可以存在多个<error-page>标签。

```
<?xml version="1.0" encoding="UTF-8"?>
<web-app version="2.5" xmlns="http://java.sun.com/xml/ns/javaee" xmlns:xsi="http://www.w3.org/2001/
XMLSchema-instance" xsi:schemaLocation="http://java.sun.com/xml/ns/javaee http://java.sun.com/xml/ns/
javaee/web-app_2_5.xsd">
    <session-config>
        <session-timeout>
            30
        </session-timeout>
    </session-config>
    <welcome-file-list>
        <welcome-file>index.jsp</welcome-file>
    </welcome-file-list>
    <error-page>
        <exception-type>java.lang.ArithmeticException</exception-type>
        <location>/lesson6d3_doError.jsp</location>
    </error-page>
</web-app>
```

重新执行例 6-2 的 lesson6d2_existError.jsp 页，运行结果如图 6-6 所示。

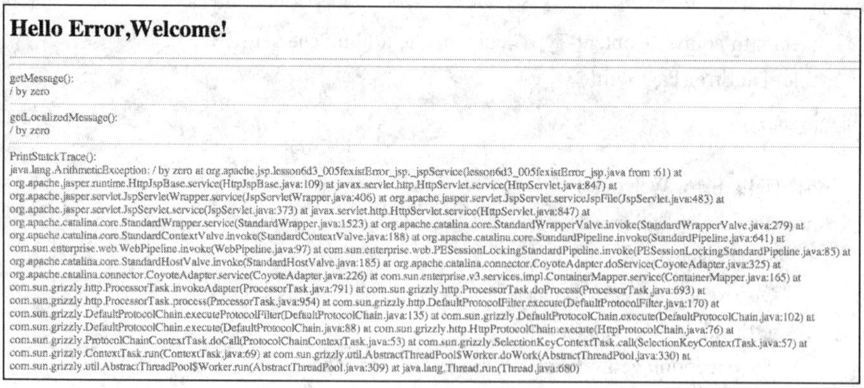

Hello Error,Welcome!

getMessage():
/ by zero

getLocalizedMessage():
/ by zero

PrintStackTrace():
java.lang.ArithmeticException: / by zero at org.apache.jsp.lesson6d3_005fexistError_jsp._jspService(lesson6d3_005fexistError_jsp.java from :61) at org.apache.jasper.runtime.HttpJspBase.service(HttpJspBase.java:109) at javax.servlet.http.HttpServlet.service(HttpServlet.java:847) at org.apache.jasper.servlet.JspServletWrapper.service(JspServletWrapper.java:406) at org.apache.jasper.servlet.JspServlet.serviceJspFile(JspServlet.java:483) at org.apache.jasper.servlet.JspServlet.service(JspServlet.java:373) at javax.servlet.http.HttpServlet.service(HttpServlet.java:847) at org.apache.catalina.core.StandardWrapper.service(StandardWrapper.java:1523) at org.apache.catalina.core.StandardWrapperValve.invoke(StandardWrapperValve.java:279) at org.apache.catalina.core.StandardContextValve.invoke(StandardContextValve.java:188) at org.apache.catalina.core.StandardPipeline.invoke(StandardPipeline.java:641) at com.sun.enterprise.web.WebPipeline.invoke(WebPipeline.java:97) at com.sun.enterprise.web.PESessionLockingStandardPipeline.invoke(PESessionLockingStandardPipeline.java:85) at org.apache.catalina.core.StandardHostValve.invoke(StandardHostValve.java:185) at org.apache.catalina.connector.CoyoteAdapter.doService(CoyoteAdapter.java:325) at org.apache.catalina.connector.CoyoteAdapter.service(CoyoteAdapter.java:226) at com.sun.enterprise.v3.services.impl.ContainerMapper.service(ContainerMapper.java:165) at com.sun.grizzly.http.ProcessorTask.invokeAdapter(ProcessorTask.java:791) at com.sun.grizzly.http.ProcessorTask.doProcess(ProcessorTask.java:693) at com.sun.grizzly.http.ProcessorTask.process(ProcessorTask.java:954) at com.sun.grizzly.http.DefaultProtocolFilter.execute(DefaultProtocolFilter.java:170) at com.sun.grizzly.DefaultProtocolChain.executeProtocolFilter(DefaultProtocolChain.java:135) at com.sun.grizzly.DefaultProtocolChain.execute(DefaultProtocolChain.java:102) at com.sun.grizzly.DefaultProtocolChain.execute(DefaultProtocolChain.java:88) at com.sun.grizzly.http.HttpProtocolChain.execute(HttpProtocolChain.java:76) at com.sun.grizzly.ProtocolChainContextTask.doCall(ProtocolChainContextTask.java:53) at com.sun.grizzly.SelectionKeyContextTask.call(SelectionKeyContextTask.java:57) at com.sun.grizzly.ContextTask.run(ContextTask.java:69) at com.sun.grizzly.util.AbstractThreadPool$Worker.doWork(AbstractThreadPool.java:330) at com.sun.grizzly.util.AbstractThreadPool$Worker.run(AbstractThreadPool.java:309) at java.lang.Thread.run(Thread.java:680)

图 6-6　运行时异常自动跳转到错误页面

图 6-6 中，通过 printStackTrace()方法提供了详细的异常信息，其中一句指明了异常发生的具体位置，不过由于运行时错误在 Servlet 源码编译成 Servlet 二进制文件的执行阶段，所以需要通过查看 Servlet 源码才能发现具体的出错位置。

```
java.lang.ArithmeticException: / by zero at org.apache.jsp.lesson6d2_005fexistError_jsp
._jspService(lesson6d2_005fexistError_jsp.java from :61
```

打开 lesson6d2_existError.jsp 的 Servlet 源码文件 lesson6d2_005fexistError_jsp.java，打开 Servlet 的方法为选中 JSP 文件并右击，选择“查看 Servlet”选项。Servlet 源码第 61 行如图 6-7 所示。

```
58
59                          int numA=33;
60                          int numB=0;
61                          out.println(numA/numB);
62
63             out.write("\n");
64             out.write("    </body>\n");
65             out.write("</html>\n");
```

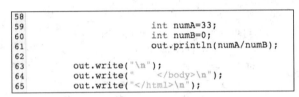

图 6-7　发现运行时错误的具体位置

6.2　Web App 的调试方式

运行时错误的产生只有一部分能够通过 6.1.2 节的方式发现解决，更大一部分因为设计思路、程序逻辑出现的问题，JSP 容器是爱莫能助的，只能通过调试（Debug）的方法解决。

NetBeans 提供调试器（Debugger）辅助开发人员对运行时的异常进行处理，通过断点通知调试器停止执行程序，让程序在设置的断点处停止，以便开发人员检测和排查程序在运行时出现的错误。

6.2.1　捕获表单参数

当使用 Form 表单发送请求参数到 JSP 页或 Servlet 时，一个关键性的问题隐藏在请求对象的参数及其取值中，由于在接受参数的页面中一般不会对这些参数进行显示就直接进行各种操作，所以在出现问题时应首先考虑从表单中提交的参数内容是否存在问题。而解决这个问题最有效最直接的方案便是在表单提交之后在控制台或 JSP 页中显示这些参数的值。

除此之外，NetBeans 也可以在调试时监视指定变量或参数的值。

例 6-4　通过 NetBeans 的调试器监视表单提交的参数值。

```
<%@page import="java.util.Enumeration"%>
<%@page contentType="text/html" pageEncoding="GB2312"%>
<!DOCTYPE HTML PUBLIC "-//W3C//DTD HTML 4.01 Transitional//EN"
    "http://www.w3.org/TR/html4/loose.dtd">
<html>
```

```
<head>
    <meta http-equiv="Content-Type" content="text/html; charset=GB2312">
    <title>Test EL</title>
</head>
<body>
    <h1>Please Indicate your Qualifications...</h1>
    <form action="" method="post">
        <input type="hidden" name="locale" value="<%=request.getLocale()%>"/>
        <table>
            <tr>
                <td>
                    <input type="checkbox" name="speed"/>
                    Faster than a speeding bullet.
                    <br/>
                    <input type="checkbox" name="power"/>
                    More powerful than a locomotive.
                    <br/>
                    <input type="checkbox" name="flight"/>
                    Able to leap tall buildings with single bound.
                    <br/>
                </td>
            </tr>
            <tr>
                <td>Name: <input type="text" name="username" value="${username}" />
                    <input type="submit" value="SUBMIT" name="submit" />
                </td>
            </tr>
        </table>
    </form>
    <%
        if (request.getParameter("submit") != null) {
    %>
    <table border="1" cellpadding="2">
        <thead>
            <tr>
                <th width="200">Name</th>
                <th width="200">Value</th>
            </tr>
        </thead>
        <tbody>

            <%
                Enumeration<String> enames = request.getParameterNames();
```

```
                        while (enames.hasMoreElements()) {
                        String ename = enames.nextElement();
                        String value = request.getParameter(ename);
                        request.setAttribute("name", ename);
                            if (ename.equals("username")) {
                                session.setAttribute("username", value);
                            }
                            request.setAttribute("value", value);
                    %>
                    <tr>
                        <td>${name}</td>
                        <td>${value}</td>
                    </tr>
                    <%
                        }
                    %>
                </tbody>
            </table>
            <%      }
            %>
        </body>
    </html>
```

这个页面提交的参数比较多，如果要对提交的参数值进行某些操作，参数值本身的错误肯定会导致操作的异常，所以监视表单中提交的参数值的正确性非常有必要。若要监视这些参数，可以直接在提交之后通过 System.out.println()方法把需要监视的参数值在控制台中输出，以达到在程序执行后观察参数值的正确与否的目的。但是这种方法只能在程序执行完之后才能显示，不能有效地在出现问题的位置迅速解决问题。

NetBeans 的调试器需要指定断点，由于本例的代码量较少，不涉及 JavaBean 和 Servlet，因此这里使用行断点来实现。

监视步骤如下：

（1）设置行断点。

JSP 页的断点一般设置在 Scriptlet 中，也可以设置在 HTML 标签上，在代码编辑窗体右边的行号处单击鼠标左键，NetBeans 会在行号处出现一个红色的方块，并把整行代码背景设为红色，如图 6-8 所示。

```
42          <%
                    if (request.getParameter("submit") != null) {
44          %>
```

图 6-8 设置行断点

（2）调试文件。

NetBeans 可以调试整个 Web 项目，也可以单独调试某一个文件。调试项目时，选中需要调试的项目并右击，在弹出的快捷菜单中选择“调试”选项，或按快捷键 Ctrl+F5，不需要设置断点，项目会直接在第一行代码处暂停；调试单个文件，则选中文件并右击，选择“调试文件”选项，如图 6-9 所示。

Open	
View Servlet	
Compile File	F9
Run File	⇧F6
Debug File	⇧⌘F5
Profile File	

图 6-9　调试文件

选择“调试文件”选项后，NetBeans 打开变量监视窗口，同时程序执行停滞在断点处，如图 6-10 所示。

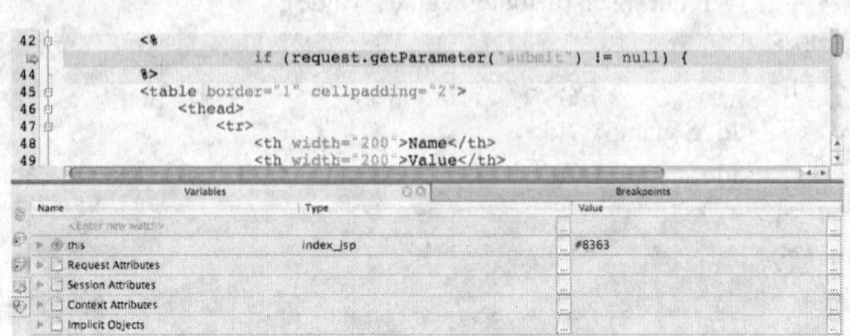

图 6-10　NetBeans 的调试模式

（3）单步执行。

NetBeans 提供 Step Over（步过）、Step Over Expression（步过表达式）、Step Into（步进）、Step Out（步出）和 Run to Cursor（运行到光标处）5 种单步执行的方式，如图 6-11 所示。

图 6-11　NetBeans 的调试菜单

接触过标准 Java、C 或 C#这些语言的读者应该对这几个单步执行方式不陌生，虽然不完全相同，但是每个 IDE 都会在调试器中提供类似的单步执行方法。这 5 种单步执行方式的具体描述如表 6-1 所示。

表 6-1　单步执行的 5 种方式

单步执行方法	图标	描述
Step Over（步过）		单步执行一行源代码，如果源码中包含方法调用，则直接执行整个方法而不进入方法体中单步执行
Step Over Expression（步过表达式）		单步执行一个表达式，和 Step Over 相似，区别是一行代码中可能不止一个表达式
Step Into（步进）		单步执行一行源代码，如果源码中包含方法调用，则直接进入方法体中，在方法的第一条语句前停止
Step Out（步出）		如果在方法中单步执行时使用步出，会直接执行方法的后续代码行，然后跳出方法，停止在该方法的调用处，也可以用步出跳出循环
Run to Cursor（跳转到光标）		让程序直接执行到光标位置

在 NetBeans 调试器中单击 Step Over，代码行直接从 43 行跳转到 76 行，因为 if 语句判断“提交”按钮为空，不执行 if 中的内容。

由于第一次页面初始化并不涉及到用户的输入，所以这个时候也可以直接按快捷键 F5 继续执行断点之后的代码，完成页面的初始化。

在浏览器页面中选择用户输入，如图 6-12 所示。

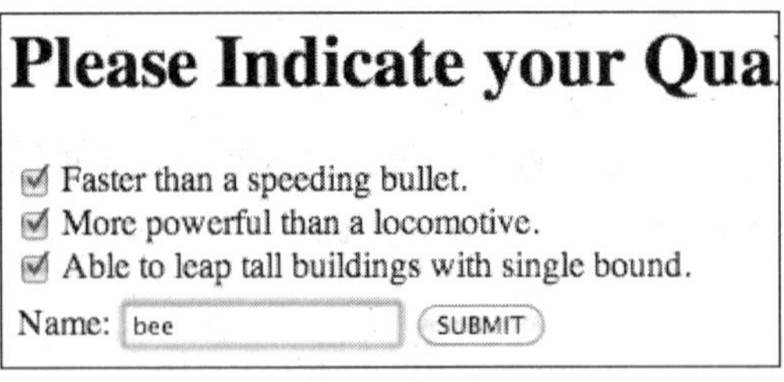

图 6-12　选择用户输入

单击“提交”按钮，程序又跳转到断点处停止，这个时候就可以通过 NetBeans 的调试器来监视表单提交的参数值。

监视表单参数或页面中 Scriptlet 的变量和表达式的方法有以下 3 种：

- 在调试模型下，在代码编辑器中直接查看。在调试过程中，程序被中断后，如果把鼠标放在某个参数或变量上，则可以显示该参数或变量的当前值。例 6-4 中，把光标移动到第 56 行 while 语句旁，选择 Run to Cursor，程序直接执行到 while 语句所在的行。此时由于枚举对象 enames 不止包含一条数据，所以按 F8 键步过，直到执行 String value = request.getParameter(ename)时把鼠标移动到 value 上，即可看到当前第 1 轮循环时 value 的值，如图 6-13 所示。

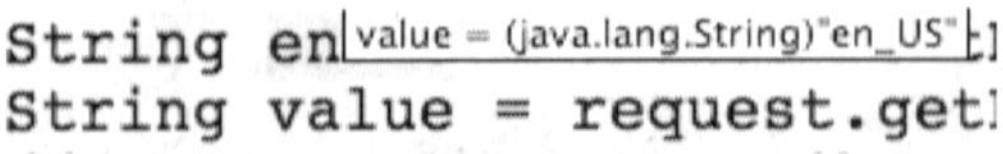

```
String en value = (java.lang.String)"en_US"
String value = request.get
```

图 6-13　在代码编辑器中监视变量值

- 使用“监视”（Watch）窗口查看。NetBeans 支持创建监视，通过监视在程序执行期间跟踪变量或表达式值的变化。可以通过在代码编辑器中选中变量或表达式并右击，在弹出的快捷菜单中选择“新建监视”选项；或者在“调试”菜单中选择“新建监视”实现，如图 6-14 所示。在“变量”窗口的第一行直接输入要监视的变量名，快捷方式为 Ctrl+Shift+F7，监视结果如图 6-15 所示。除了直接输入变量名之外，监视窗口还支持 EL，如${seesionScope.username}，如图 6-16 所示。

Watch Expression: value

图 6-14　新建监视

Name	Type	Value
ename	String	"locale"
value	String	"en_US"
<Enter new watch>		

图 6-15　查看监视变量的值

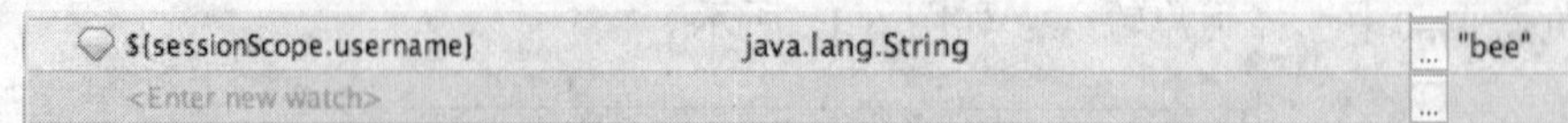

图 6-16　监视窗口支持 EL

- 在“变量”（Variables）窗口查看。最直接的查看变量的方式莫过于在“变量”窗口中选择相关的作用域范围进行监视，如图 6-17 所示。

this	index_jsp	#8411
Request Attributes		
"name"	String	"flight"
"value"	String	"on"
Session Attributes		
"username"	String	"bee"
Context Attributes		
enames	Enumeration<String>	#8798
ename	String	"username"
value	String	"bee"
Implicit Objects		

图 6-17　在“变量”窗口中查看数据

从图 6-17 可以看出，“变量”窗口包含 this、Request Attribute、Session Attribute 等节点，展开对应节点可以监视相关的数据。尤其在 Context Attribute 节点下方有当前 JSP 页 Scriptlet 中变量的数据。

6.2.2　调试 Web App

纯理论地阐述 Web App 的调试步骤完全是纸上谈兵，读者必须通过实际案例的身体力行才能掌握调试的步骤和方法，下面来看一个登录界面的例子。

例 6-5　通过 JavaBean 验证用户名和密码，通过调试器调试程序并解决问题。

下面给出实现代码。

JavaBean 类 org.bean.user.UserBean 代码：

```
package org.bean.user;
public class UserBean {

    private String username;
    private String password;
    private String validate;
```

```
public UserBean() {
}

/**
 * @return the username
 */
public String getUsername() {
    return username;
}

/**
 * @param username the username to set
 */
public void setUsername(String username) {
    this.username = username;
}

/**
 * @return the password
 */
public String getPassword() {
    return password;
}

/**
 * @param password the password to set
 */
public void setPassword(String password) {
    this.password = password;
}
public String getValidate() {
    if (password != null || username != null) {
        if (username.equalsIgnoreCase("afro") && password.equals("1a2b3C")) {
            validate = "Welcome comeback,afro!";
        }
        else{validate = "Please retype your name or password,they ard invalid!";}
    }else{
        validate="Please input your name or password,they are empty...";
    }
```

```
            return validate;
        }
}
```

JSP 页 lesson6d5.jsp 代码：

```
<%@page contentType="text/html" pageEncoding="GB2312"%>
<%@taglib prefix="c" uri="http://java.sun.com/jsp/jstl/core"%>
<!DOCTYPE HTML PUBLIC "-//W3C//DTD HTML 4.01 Transitional//EN"
    "http://www.w3.org/TR/html4/loose.dtd">
<html>
    <head>
        <meta http-equiv="Content-Type" content="text/html; charset=GB2312">
        <title>lesson6d1</title>
    </head>
    <jsp:useBean id="checkbean" class="org.bean.user.UserBean" scope="page"/>
    <jsp:setProperty name="checkbean" property="*"/>
    <body>
        <form action="" method="post">
            <table>
                <tr>
                    <td>用户名：</td>
                    <td><input type="text" name="username"></td>
                </tr>
                <tr>
                    <td>密码：</td>
                    <td><input type="password" name="password"></td>
                </tr>
                <tr>
                    <td colspan="2">
                        <input type="submit" value="SUBMIT" name="submit">
                    </td>
                </tr>
            </table>
        </form>

        <%
            String action = request.getParameter("submit");
            String username = null;
            String password = null;
            if (action != null) {
                username = request.getParameter("username");
```

```
            password = request.getParameter("password");
    %>
    <table border="1">
        <tbody>
            <tr>
                <td>Ur UserName is:</td>
                <td>${checkbean.username}</td>
            </tr>
            <tr>
                <td>Ur Password is:</td>
                <td><c:out value="${checkbean.password}"/></td>
            </tr>
        </tbody>
    </table>
    <hr/>
    <%
            out.println(checkbean.getValidate());
        }
    %>

  </body>
</html>
```

上述代码运行时，若不输入用户名、密码，单击“提交”按钮后会直接报 NullPointerExceptin，如图 6-18 所示。

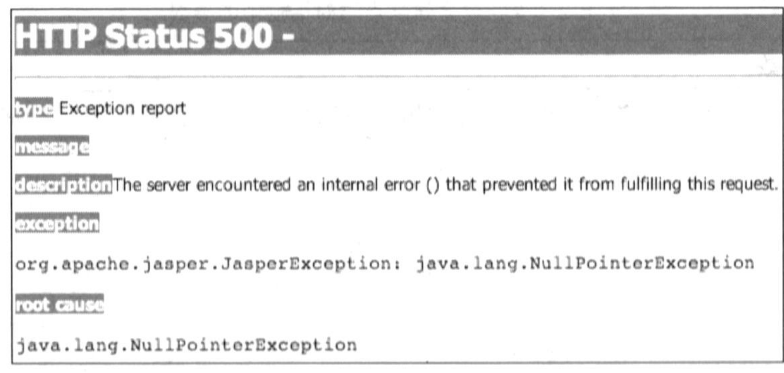

图 6-18　未输入产生运行时异常

这种情况已经在 JavaBean 中通过 if 条件回避，指定 validate="Please input your name or password,they are empty..."，使 validate 变量接收输入空的错误信息；一般情况下这是开发人员的逻辑错误造成的，解决这个问题的方法只有在程序中设置断点，并通过“单步执行”及“监视”的手段检测整个程序或发生运行时异常的范围。

调试步骤如下：

（1）设置断点。

NetBeans 提供的断点类型包括：行断点、类断点、异常断点、变量断点、方法断点和线程断点，除了行断点之外，其余断点都是全局定义的，它们会影响整个 Web 项目中的所有相关数据。

读者已掌握了行断点的添加，这里以方法断点为例阐述 NetBeans 下全局断点的添加方式。方法断点表示程序执行到该方法时会停止。

在源代码中，选择需要添加断点的方法，如例 6-5 中 JavaBean 的验证方法 getValidate()。在“调试”菜单中选择“新建断点”命令，弹出“新建方法断点”对话框，如图 6-19 所示。

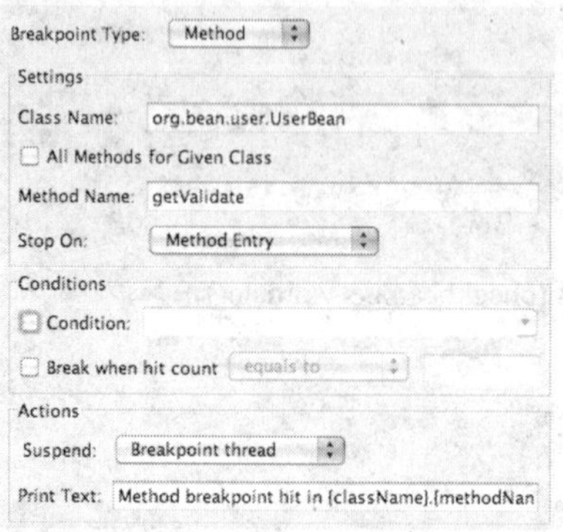

图 6-19　“新建方法断点”对话框

其中各参数的说明如表 6-2 所示。

表 6-2　“新建方法断点”对话框中的参数

参数	功能描述
Breakpoint Type（断点类型）	NetBeans 提供的所有全局断点，包括类、方法、异常等
Class Name（类名）	包含该方法的类名
All Methods for Given Class（给定类中的所有方法）	是否将断点应用于该类中的所有方法
Method Name	被添加断点的方法名
Stop On	在方法入口、退出或二者均有的方式下触发断点
Condition	触发断点的表达式，评估为真则触发
Break when hit count	一般用于循环，如果不希望每一次循环都触发断点，则指定具体的循环次数，在满足条件时触发循环
Suspend	指定到底断点时调试程序暂停的线程
Print Text	在“输出”窗口中的“调试器控制台”视图中打印消息

添加方法断点后源代码的行号处出现倒三角形红色标记，如图 6-20 所示。

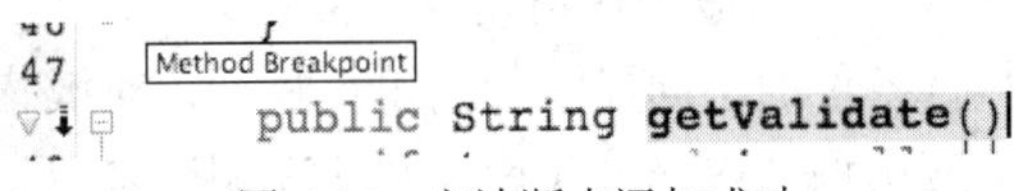

图 6-20 方法断点添加成功

在 lesson6d5.jsp 页面代码的第 59 行设置行断点，该行是 getValidate()方法在 JSP 页的调用行，也可以说是 JavaBean 中该方法的入口。

现在整个项目中共有两个断点，项目中的所有断点都可以在“断点”窗口中显示，并可以对每个断点进行追踪和管理，如图 6-21 所示。

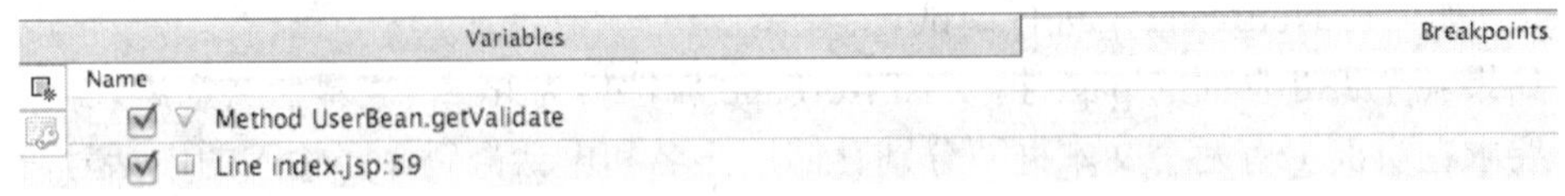

图 6-21 断点管理窗口

选中断点并右击，可以跳转到断点指定的行，也可以对该断点进行管理。

（2）调试文件。

选中 lesson6d5.jsp 文件，选择“调试文件”命令，在执行页面中输入用户名 afro，密码为空，单击“提交”按钮，程序直接跳转到 checkbean.getValidate()的行断点处，按 F7 键或执行 Step Into（步进调用）的方法。

程序在 JavaBean 类 UserBean 中的 getValidate()方法的第一行 if 语句处停止，可以在“变量”窗口中展开 this 节点来查看当前类 UserBean 中的属性值，如图 6-22 所示。

this	UserBean	#8532
username	String	"afro"
password		null
validate		null

图 6-22 在“变量”窗口中查看当前类的属性

通过 F7 键单步执行，发现虽然 password 值为 null，但是在步进 if 判断中找到逻辑错误的原因是布尔表达式“||”应写成“&&”，程序的异常就是因为把“与”写成了“或”。修改完成后，单击调试工具栏中的“应用代码更改”，这样可以立即使修改结果在调试中生效。按 F5 键继续执行剩下的代码，Web App 执行成功，如图 6-23 所示。

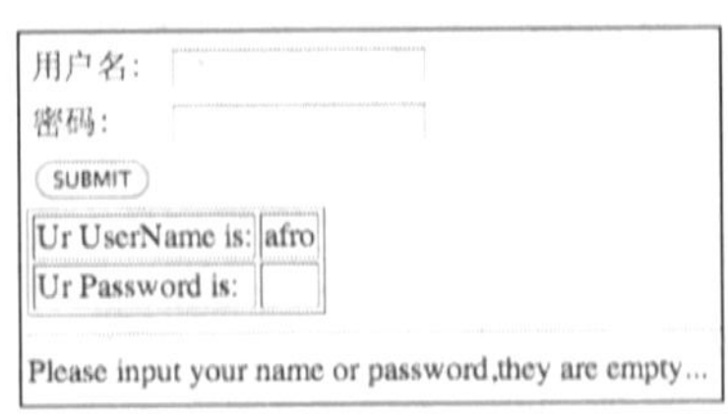

图 6-23 程序执行成功

由于 Web App 中包含的 JSP 页和 JavaBean 数量不止一个，所以在调试之前需要理清页面与页面、页面与 bean 之间的关系。大概确认错误或异常的区域，在关键代码行或是类、方法、字段上设置断点，并根据执行条件的不同灵活使用单步执行，对敏感变量或表达式添加监视，层层深入，发现错误原因，应用调试内修改让错误解决在调试之中。

6.3 习题

1．JSP 如何创建一个异常跟踪方案？

2．JSP 如何处理运行时异常（run-time exceptions）？

3．JSP 如何在 NetBeans 中进行调试？

4．如果某个 JSP 页面的 page 指令 isErrorPage 属性值为 true，表示什么意思？

5．要求在页面上有两个文本框，分别存储用户名和电话号码，当输入的电话号码为非法字符时，实现页面自动跳转到错误处理页面。

第三篇　Java Web 进阶

7 统一表达式语言 EL

西汉名将韩信的一句“成也萧何败也萧何”从另一个方面诠释了 Scriptlet 在 JSP 中的存在，Scriptlet 存在的目的本身就是把 Servlet 融入 JSP 中，结合 HTML 元素，能更方便地把页面表现和功能实现分开；但由于 Web 应用开发技术的不断发展，MVC 框架模式的提出，从 JSP 页中分离出 Scriptlet 实现的大量业务逻辑变得迫切而有意义。这也是在 JSP 2.0 之后引入统一表达式语言 EL 并作为 JSP 的标准规范的原因。

学习完本章，您能够：

- 掌握 EL 的语法。
- 掌握 EL 的运算符和隐式对象。
- 掌握 EL 表达式的使用。

7.1 实例引入

CHERRYONE 公司高层对 Zac 团队至今为止实现的原型比较满意，但是对整个页面的布局和颜色的搭配设置表示不满，需要团队增加美工改进。Zac 团队项目经理在美工面试中得知，几乎所有美工只对 HTML 元素和 CSS 感兴趣，小部分美工熟悉 XML，但是无人表示了解 Scriptlet；虽然最终选定一名美工，但是在他工作之前，团队成员需要对原有代码中的 Scriptlet 进行修整。

修整内容如下：

- 将用户登录 JSP 页中所有的表达式脚本改为 EL。
- 将部分 request.geParameter()改为 param 获取。
- 将部分 request.getParameterValues()改为 paramValues 获取。

7.2 EL 的基本用法

由于 MVC 框架[1]提出视图与控制器的分离，如何让 JSP 页中的<%%>内容变少成为 Web 应用开发者们关心的问题，并提出了几种解决方案，EL 则是这些解决方式中最简单的一种。Scriptlet 被译为脚本编制元素，JSP 2.0 除了把 EL 作为一种新的脚本编制元素外，还令 EL 具有在脚本编制元素之外使用运行时表达式的功能。

JSP 2.0 之后的版本默认在 JSP 页中支持 EL，即<%@page%>指令的 isELIgnored 属性的默认初值为 false；如果把该属性改为 true，表示当前 JSP 页不支持 EL。

7.2.1 EL 的语法

EL 的全称是 Expression Language，即表达式语言，又称为统一表达式语言。EL 的语法非常简单，由“$”定界，把需要取值的表达式放在{}之间即可。表示方法如下：

${expression}

EL 中可以使用“.”或“[]”来从特定范围、对象中取属性，一般情况下使用“.”居多。如：

${sessionScope.attributeName}和${sessionScope["attributeName"]}

或

${objectName.property}和${objectName["property"]}

如果要读取的属性名中包含特殊字符，如“.”、“-”等非字符和数字的符号，需要使用“[]”的形式来取值，此时使用“.”方式取值是不正确的；由于“[]”默认取数组对象的整型下标，所以如果“[]”中是 String 类型的属性，需要在属性两边加上"或'。如：

${objectName["pro-perty"]}

例 7-1 从 request 请求对象中取出所有参数的名字和值，使用 EL 替换表达式脚本。

实现代码如下：

```
<%@page import="java.util.Enumeration"%>
<%@page contentType="text/html" pageEncoding="GB2312"%>
<!DOCTYPE HTML PUBLIC "-//W3C//DTD HTML 4.01 Transitional//EN"
    "http://www.w3.org/TR/html4/loose.dtd">
<html>
    <head>
        <meta http-equiv="Content-Type" content="text/html; charset=GB2312">
        <title>Test EL</title>
    </head>
    <body>
        <h1>Please Indicate your Qualifications...</h1>
        <form action="" method="post">
            <input type="hidden" name="locale" value="<%=request.getLocale()%>"/>
```

```
            <table>
                <tr>
                    <td>
                        <input type="checkbox" name="speed"/>
                        Faster than a speeding bullet.
                        <br/>
                        <input type="checkbox" name="power"/>
                        More powerful than a locomotive.
                        <br/>
                        <input type="checkbox" name="flight"/>
                        Able to leap tall buildings with single bound.
                        <br/>
                    </td>
                </tr>
                <tr>
                    <td>Name: <input type="text" name="name" value="" />
                        <input type="submit" value="SUBMIT" name="submit" />
                </tr>
            </table>
        </form>
        <%
                    if (request.getParameter("submit") != null) {
        %>
        <table border="1" cellpadding="3">
            <thead>
                <tr>
                    <th width="200">Name</th>
                    <th width="200">Value</th>
                </tr>
            </thead>
            <tbody>
                <%
        Enumeration<String> enames = request.getParameterNames();
                                        while (enames.hasMoreElements()) {
        String ename = enames.nextElement();
        String value = request.getParameter(ename);
            request.setAttribute("name",ename);
            request.setAttribute("value",value);
                %>
                <tr>
                    <td>${name}</td>
                    <td>${value}</td>
                </tr>
```

```
                <%
                    }
                %>
            </tbody>
        </table>
        <%      }
        %>
    </body>
</html>
```

例 7-1 的执行结果如图 7-1 所示。

Please Indicate your Qualifications...

- ▢ Faster than a speeding bullet.
- ▢ More powerful than a locomotive.
- ▢ Able to leap tall buildings with single bound.

Name: [ ] SUBMIT

Name	Value
locale	en_US
speed	on
power	on
flight	on
name	Afro
submit	SUBMIT

图 7-1　例 7-1 中所有请求参数及对应的值

在例 7-1 中，EL 把保存在 request 对象中的属性 name 和 value 的值读取并显示出来，通过${name}和${value}这种方式。这种写法可以更准确些，即把 name 和 value 所在的作用域范围写出来，即${requestScope.name}和${requestScope.value}。

对于保存在特定作用域范围中的对象，EL 取值按照从小区域到大区域的形式查找，找到即输出对象的值，即查找的顺序为 page→request→session→application。

例 7-1 中，name 和 value 保存在 request 作用域中，而 page 作用域中没有同名对象，所以即使不写对象名，仍然得到了预期的输出结果。

在 5.3.2 节中证实了不同作用域范围保存的对象名可以相同，如果在 page 作用域中加入一个名为 name 的对象，再来看一下例 7-1 的输出。

在 request 对象前添加保存在 page 作用域范围的对象，代码如下：

```
String ename = enames.nextElement();
String value = request.getParameter(ename);
pageContext.setAttribute("name", "page_name");        //在 page 作用域加入 name 对象
request.setAttribute("name", ename);
request.setAttribute("value", value);
```

修改之后例 7-1 的运行结果如图 7-2 所示。

7 Chapter

Name	Value
page_name	en_US
page_name	on
page_name	on
page_name	on
page_name	Afro
page_name	SUBMIT

图 7-2　在 page 作用域中添加同名对象后

EL 除了能提供获取对象值功能外，还可以存储对象值，即 EL 会根据场景的需要来选择对象的存取操作。在文本或是其他输入控件中进行输入时，可以把 EL 的表达式作为属性 value 的值，如图 7-3 所示。

```
<td>Name: <input type="text" name="username" value="${username}" />
    <input type="submit" value="SUBMIT" name="submit" />
</td>
```

图 7-3　EL 表达式自适应存取对象

EL 提供了能够在“{”和“}”之间使用的 16 个保留字，如表 7-1 所示，在定义对象名时不能和这些保留字同名。

表 7-1　EL 中的保留字

and	or	not	instanceof
eq	gt	ne	le
lt	ge	div	mod
empty	true	false	null

7.2.2　EL 的隐式对象

3.7.1 节曾介绍了 JSP 中的 9 种隐式对象，而 EL 本身在包含“{”和“}”的表达式中也可以使用另外一些隐式对象，这 11 个 EL 隐式对象只能在 EL 中使用，单独在 JSP 中，脱离“{”“}”的界限是无效的，如果表 7-2 所示。

表 7-2　EL 中的隐式对象

类别	EL 隐式对象	描述
JSP	pageContext	表示 JSP 的页面上下文，可以获取 JSP 中的 page、request、session、application 四个隐式对象，并获取它们的方法
作用域	pageScope	获取 page 的作用域范围
	requestScope	获取 request 的作用域范围
	sessionScope	获取 session 的作用域范围
	applicationScope	获取 application 的作用域范围

续表

类别	EL 隐式对象	描述
请求参数	param	封装 request.getParameter()方法，获取 request 对象中的参数值，返回值为 String 类型
	paramValues	封装 request.getParameterValues()方法，获取 request 对象中所有同名参数的值的集合，返回值为 String 数组
请求头标	header	获取 HTTP 请求头标中一个具体的对象值，返回值为 String
	headerValues	获取 HTTP 请求头标中所有对象的值的集合，返回值为 String 数组
Cookie	cookie	获取 request 对象中所有的 Cookie，并通过指定的 Cookie 名称访问
初始化参数	initParam	获取上下文初始化参数的值

（1）pageScope、requestScope、sessionScope 和 applicationScope 表示与 page、request、session 和 application 相对应的作用域范围。

（2）param 和 paramValues 用来接收 request 对象中的参数，用来替代 request 的 getParameter() 和 getParameterValues()这两个方法。

设 name 为 request 对象中参数的名称，param 和 paramValues 的语法为：

```
${param.name}
${paramValues.name}
```

例 7-2　修改例 7-1，用 EL 隐式对象来替换 JSP 的隐式对象。

代码如下：

```
<%@page contentType="text/html" pageEncoding="GB2312"%>
<!DOCTYPE HTML PUBLIC "-//W3C//DTD HTML 4.01 Transitional//EN"
    "http://www.w3.org/TR/html4/loose.dtd">
<html>
    <head>
        <meta http-equiv="Content-Type" content="text/html; charset=GB2312">
        <title>Test EL</title>
    </head>
    <body>
        <h1>Please Indicate your Qualifications...</h1>
        <form action="" method="post">
      <input type="hidden" name="locale" value="<%=request.getLocale()%>"/>
            <table>
                <tr>
                    <td>
                        <input type="checkbox" name="qualification"/>
                        Faster than a speeding bullet.
                        <br/>
                        <input type="checkbox" name="qualification"/>
```

```
                    More powerful than a locomotive.
                    <br/>
                    <input type="checkbox" name="qualification"/>
                    Able to leap tall buildings with single bound.
                    <br/>
                </td>
            </tr>
            <tr>
                <td>Name: <input type="text" name="username" value="${username}" />
                    <input type="submit" value="SUBMIT" name="submit" />
                </td>
            </tr>
        </table>
    </form>
    <%
                if (request.getParameter("submit") != null) {
    %>
    <table border="1" cellpadding="2">
        <thead>
            <tr>
                <th width="200">Name</th>
                <th width="200">Value</th>
            </tr>
        </thead>
        <tbody>
            <tr>
                <td>locale</td>
                <td>${param.locale}</td>
            </tr>
            <tr>
                <td>submit</td>
                <td>${param.submit}</td>
            </tr>
            <tr>
                <td>username</td>
                <td>${param.username}</td>
            </tr>
            <tr>
                <td rowspan="3">qualification</td>
                <td>${paramValues.qualification[0]}</td>
            </tr>
            <tr>
```

```
                <td>${paramValues.qualification[1]}</td>
            </tr>
            <tr>
                <td>${paramValues.qualification[2]}</td>
            </tr>
        </tbody>
    </table>
    <%      }
    %>
  </body>
</html>
```

例 7-2 的运行结果如图 7-4 所示。

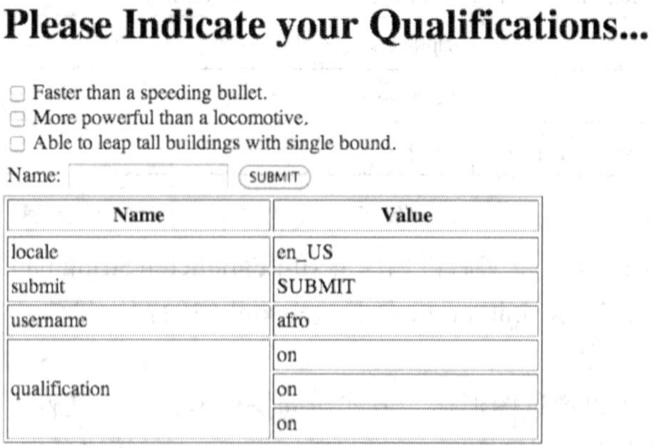

Please Indicate your Qualifications...

- ☐ Faster than a speeding bullet.
- ☐ More powerful than a locomotive.
- ☐ Able to leap tall buildings with single bound.

Name: [ ] (SUBMIT)

Name	Value
locale	en_US
submit	SUBMIT
username	afro
qualification	on
	on
	on

图 7-4　使用 EL 隐式对象 param 和 paramValues

使用 param 对象和 paramValues 对象的优点简单明了，特别是 paramValues 对象在取值时，由于返回值是一个 String 数组，paramValues 能自动检查获取的每个参数值是否为 null，为 null 则不显示，避免了空指针异常的产生。

但 param 和 paramValues 也存在一定的不足，即必须知道 request 对象中参数的名字，这对于用惯了循环和变量实现的程序员来说并不是一件值得庆幸的事情。

（3）pageContext 是一个很特殊的对象，既是 JSP 隐式对象，又是 EL 的隐式对象，正因为这个原因，pageContext 起到一个连接 JSP 和 EL 的枢纽作用。表 7-2 中描述了 pageContext 的功能，即让 EL 实现部分 JSP 隐式对象的方法。

${pageContext.request.queryString} 的返回结果等价于 JSP 隐式对象 request 调用其 getQueryString()方法，即获取 request 对象中的查询字符串。

${pageContext.session.new} 的返回结果等价于 session 对象调用 isNew()方法，判断该 session 是否为新建，即 Web Server 刚生成，而客户端浏览器还未使用。

表 7-3 中给出了 EL 隐式对象 pageContext 的常用表现方式。

表 7-3　常用的 pageContext 表现方式

EL 表达式	描述
${pageContext.request.queryString}	取得请求的参数字符串
${pageContext.request.requestURL}	取得请求的URL，但不包括请求的参数字符串，即Servlet的HTTP地址
${pageContext.request.contextPath}	获取 Web 应用的上下文路径，即 Web 应用名
${pageContext.request.method}	取得 HTTP 的方法（GET、POST）
${pageContext.request.protocol}	取得使用的协议（HTTP/1.1、HTTP/1.0）
${pageContext.request.remoteUser}	取得访问客户端的名称
${pageContext.request.remoteAddr}	取得访问客户端的 IP 地址
${pageContext.session.new}	判断 session 是否为新建
${pageContext.session.id}	取得 sessionid
${pageContext.servletContext.serverInfo}	取得主机端的服务信息

（4）initParam 用来获取 web.xml 配置部署文件中的初始参数信息，它的功能和 JSP 隐式对象 config 调用当前 Servlet 上下文后再调用 getInitParameter(String name)一致。

例 7-3　通过 EL 隐式对象 initParam 获取 web.xml 中的初始参数。

实现步骤如下：

步骤 1：NetBeans 可以通过图形化的方式访问操作 web.xml 文件。在 NetBeans 打开对应 Web 应用的 web.xml 文件界面中会出现源码、通用、Servlets 等选项卡，如图 7-5 所示。

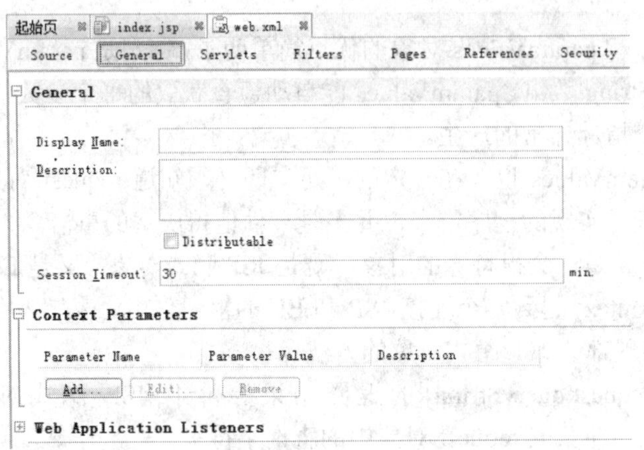

图 7-5　web.xml 在 NetBeans 下的图形配置界面

步骤 2：在上下文参数中单击 Add 按钮，弹出“添加初始参数”对话框，在其中输入参数名和参数值，完成后可以查看源码进行验证，如图 7-6 所示。

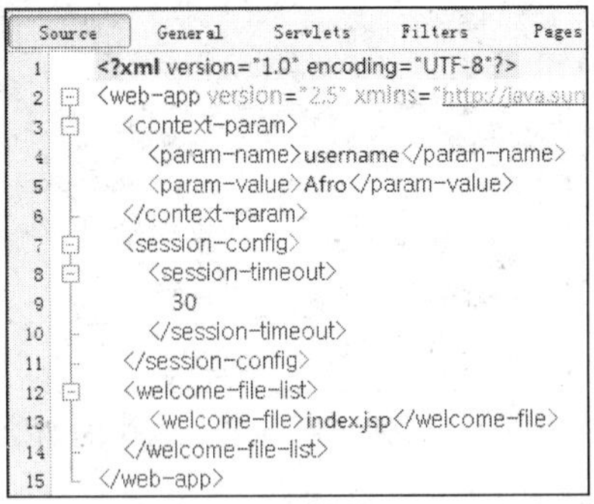

```
Source   General   Servlets   Filters   Pages
<?xml version="1.0" encoding="UTF-8"?>
<web-app version="2.5" xmlns="http://java.sun
    <context-param>
        <param-name>username</param-name>
        <param-value>Afro</param-value>
    </context-param>
    <session-config>
        <session-timeout>
            30
        </session-timeout>
    </session-config>
    <welcome-file-list>
        <welcome-file>index.jsp</welcome-file>
    </welcome-file-list>
</web-app>
```

图 7-6　web.xml 配置文件源码

步骤 3：创建 JSP 文件，通过 EL 隐式对象 initParam 和 JSP 隐式对象 config 共同访问 web.xml 中的初始参数，代码如下：

```
<%@page contentType="text/html" pageEncoding="UTF-8"%>
<!DOCTYPE html>
<html>
    <head>
        <meta http-equiv="Content-Type" content="text/html; charset=UTF-8">
        <title>Get Context Parameter</title>
    </head>
    <body>
        <table border="1">
            <thead>
                <tr>
                    <th>访问方式</th>
                    <th>获取结果</th>
                </tr>
            </thead>
            <tbody>
                <tr>
                    <td>EL 隐式对象 initParam</td>
                    <td>${initParam.username}</td>
                </tr>
                <tr>
                    <td>JSP 隐式对象 config</td>
                    <td><%=config.getServletContext().getInitParameter("username")%></td>
                </tr>
            </tbody>
        </table>
    </body>
</html>
```

例 7-3 的运行结果如图 7-7 所示。

访问方式	获取结果
EL隐式对象initParam	Afro
JSP隐式对象config	Afro

图 7-7　两种方式均得到了 web.xml 中的初始参数

（5）cookie 提供了对服务器发送到客户端的 Cookie 名称的访问，这个 EL 隐式对象将所有与请求相关联的 Cookie 名称映射到表示那些 Cookie 特性的 Cookie 对象中。如果在 Cookie 中有一个 name 为 username 的值，则可以通过 EL 表达式${cookie.username}来获取该值。

（6）header 和 headerValues 用来获取保存在 HTTP 头标中的数据，如用户浏览器的版本、用户计算机设定的区域等，如${header["User-Agent"]}表示获取用户浏览器的版本。如果出现同一头标参数名拥有不同的参数值的情况，则需要使用 headValues 来获取该参数的所有参数值。

7.2.3　EL 的运算符

为了在表达式中实现运算功能，EL 提供了算术运算符、关系运算符、逻辑运算符、条件运算符和空运算符 5 种运算符，它们共同完成 EL 的算术运算、关系运算、逻辑运算等功能，但它们和标准 Java 中的运算符存在着一些差异。

（1）算术运算符。

算术运算符由“+”（加）、“-”（减）、“*”（乘）、“/”或 div（除）、“%”或 mod（取余）构成。

在 EL 表达式中进行算术运算时，EL 通过自动类型转换和防止空指针异常两种方式来保证算术运算的正常执行。由于 EL 通过隐式对象 param 获取的 request 对象的参数值往往是字符串型，使得 EL 有必要实现与 JavaBean 中的自省机制类似的把字符串型的操作数自动转化为数字型操作数以便实现算术运算的功能，若转化失败，则抛出异常。

- 二目运算符：二目运算表示执行算术运算的操作数有两个，加、减、乘、除和取余都可以作为二目运算符。执行二目运算时，EL 会优先检测运算符两边的操作数是否为空，若操作数为 null，则运算结果为 0；再判断两个操作数是否为数字型或其对应的包装类型，如果不是则先进行自动类型转换；再根据两个操作数之间的运算符进行相应的算术运算，假如运算失败，则抛出异常。
- 单目运算符：单目运算符又叫一目运算符，表示执行算术运算的操作数只有一个。EL 中不存在类似标准 Java 中的“++”和“--”运算符，EL 中的单目运算符只有一个，即取负“-”。单目运算的步骤和二目运算一致，即先判断操作数是否为 null，为 null 则返回 0；再判断是否需要转换类型；最后执行取负运算，运算失败，抛出异常。

（2）关系运算符。

在表 7-1 展示的 EL 保留字中，读者不难发现 eq、ne、lt、gt、le、ge 这 6 个保留字的意义，它们实现了“==”、“!=”、“<”、“>”、“<=”、“>=”关系运算的功能，对应关系如表 7-4 所示。

表 7-4　运算符保留字和关系运算符的对应关系

关系保留字	关系运算符	描述
eq	==	等于
ne	!=	不等于
lt	<	小于
gt	>	大于
le	<=	小于等于
ge	>=	大于等于

在执行关系运算时，不管是使用关系保留字还是对应的关系运算符，EL 先进行类型判断，若为数字型或其包装类型，则均转化为同一数字类型后再执行大小判断；若一个操作数为字符型 Character，则把参与关系运算的操作数均转化为长整型 Long 后再进行运算符运算；若一个操作数为 String，则把参与关系运算的操作数均转化为 String，再通过 String 的方式进行比较；若参与关系运算的操作数无法转换类型，或是类型转换后无法实现关系运算，则报错。

（3）逻辑运算符。

EL 逻辑运算为 and“&&”（与）、or“||”（或）、not“!”（非），分别在 EL 表达式中实现与、或、非 3 种逻辑运算。3 种逻辑运算的返回值均为布尔型。

（4）条件运算符。

条件运算符和标准 Java 中的三目条件运算符一致，通过判断“?”前的表达式，值为 true 则执行“?”后的表达式，否则执行“:”后的表达式。语法为：

```
${expressionA?expressionB:expressionC}
```

（5）empty（空）运算符。

empty 运算符用来判断 EL 表达式的值是否为空，为空则返回 true，否则返回 false。empty 是 EL 中的保留字，语法为：

```
${empty expression}
```

例 7-4　包含 EL 的 5 种运算符的例子。

代码如下：

```
<%@page contentType="text/html" pageEncoding="UTF-8"%>
<!DOCTYPE html>
```

```
<html>
    <head>
        <meta http-equiv="Content-Type" content="text/html; charset=UTF-8">
        <title>JSP 2.0 EL</title>
    </head>
    <body>
        <form method="POST">
            <table>
                <tr><td>第一个操作数{operandi}：<input type="text" name="operandi" value="" /></td></tr>
                <tr><td>第二个操作数{operandii}：<input type="text" name="operandii" value="" /></td></tr>
                <tr><td><input type="submit" value="OPERATE" name="submit" /></td></tr>
            </table>
        </form>
        <%
            if (request.getParameter("submit") != null) {
                int opdiii = 1;
                session.setAttribute("operandiii", opdiii);
        %>
        <h3>算术运算符</h3>
        <table border="1">
            <thead>
                <tr>
                    <th>EL 表达式</th>
                    <th>RESULT</th>
                </tr>
            </thead>
            <tbody>
                <tr>
                    <td>\${-param.operandi}</td>
                    <td>${-param.operandi}</td>
                </tr>
                <tr>
                    <td>\${param.operandi+param.operandii}</td>
                    <td>${param.operandi+param.operandii}</td>
                </tr>
                <tr>
                    <td>\${param.operandi div param.operandii}</td>
                    <td>${param.operandi div param.operandii}</td>
                </tr>
                <tr>
                    <td>\${param.operandi mod param.operandii}</td>
                    <td>${param.operandi mod param.operandii}</td>
```

```
            </tr>
        </tbody>
    </table>

    <h3>关系运算符</h3>
    <table border="1">
        <thead>
            <tr>
                <th>EL 表达式</th>
                <th>RESULT</th>
            </tr>
        </thead>
        <tbody>
            <tr>
                <td>\${param.operandi==param.operandii}</td>
                <td>${param.operandi==param.operandii}</td>
            </tr>
            <tr>
                <td>\${param.operandi &lt; param.operandii}</td>
                <td>${param.operandi lt param.operandii}</td>
            </tr>
            <tr>
                <td>\${param.operandi &ge; param.operandii}</td>
                <td>${param.operandi ge param.operandii}</td>
            </tr>
        </tbody>
    </table>
    <h3>逻辑运算符</h3>
    <table border="1">
        <thead>
            <tr>
                <th>EL 表达式</th>
                <th>RESULT</th>
            </tr>
        </thead>
        <tbody>
            <tr>
                <td>\${(param.operandi &lt; param.operandii)or(param.operandii &ge;
                  sessionScope.operandiii)}</td>
                <td>${(param.operandi lt param.operandii)or(param.operandii ge
                  sessionScope.operandiii)}</td>
```

```
                    </tr>
                </tbody>
            </table>
            <h3>条件运算符</h3>
            <table border="1">
                <thead>
                    <tr>
                        <th>EL 表达式</th>
                        <th>RESULT</th>
                    </tr>
                </thead>
                <tbody>
                    <tr>
                        <td>\${(param.operandi &lt; param.operandii)?1:0}</td>
                        <td>${(param.operandi lt param.operandii)?1:0}</td>
                    </tr>
                </tbody>
            </table>
            <h3>EMPTY 运算符</h3>
            <table border="1">
                <thead>
                    <tr>
                        <th>EL 表达式</th>
                        <th>RESULT</th>
                    </tr>
                </thead>
                <tbody>
                    <tr>
                        <td>\${!(empty sessionScope.operandiii)}</td>
                        <td>${!(empty sessionScope.operandiii)}</td>
                    </tr>
                </tbody>
            </table>
            <%                          }
            %>
        </body>
    </html>
```

在输入框中输入数字参数后，例 7-4 的运行结果如图 7-8 所示。

由图 7-8 不难看出，EL 的运算符和操作数组成的表达式均是在“{”和“}”之中实现的，也就是说，“{”和“}”构造了 EL 的作用域，离开这个作用域，EL 表达式将不起作用，同时 NetBeans 也给出错误提示。

图 7-8　EL 的 5 种运算符

JSP 2.0 以后的版本已经把${}作为 JSP 中的特殊字符，JSP 容器会自动地把它作为 EL 执行，如果要在 JSP 页上显示${}，需要通过“\”来实现转义符的功能，即\${expression}。

7.3　EL 的表达式

通过前两节的学习，读者对 EL 已经有了较为清晰的认识，本节对 EL“{”和“}”中的表达式的表示方式进行进一步的阐述。EL 定义了两种类型的表达式：值表达式和方法表达式。值表达式用来获取或设置一个对象值，而方法表达式则提供对方法的调用及获取方法的返回值。

7.3.1　值表达式

值表达式可以嵌入到 HTML 元素中，执行获取和设置相应对象值的功能；值表达式也能够嵌入 JSP 标准标签库 JSTL 提供的标准标签和自定义标签中，访问这些标签的属性，值表达式访问标准标签和自定义标签属性的内容将在第 8 章和第 9 章中阐述。

值表达式可以直接在“{”和“}”中写入不同类型的常量值，这些常量可以直接使用各种 EL 运算符，如下：

```
${"literal"}
${1+2}
${true}
```

EL 支持布尔型、整型、浮点型、字符串型常量和 null 值。

值表达式不能访问在 Scriptlet 中定义的变量，只能通过把需要访问的变量保存到相应的作用域范围之后，通过作用域隐式对象和保存的对象名称来访问该对象的值。

值表达式不但可以表示常量、访问对象值，还可以对集合类型进行访问，如从参数数组中取值${paramValues.propertyName[0]}，值表达式访问 List 和 Map 接口也是通过集合对象的名称使用“[]”或“.”来访问对应的下标或者 Key 键。

例 7-5 值表达式访问 List 和 Map 接口。

实现代码如下：

```
<%@page import="java.util.List"%>
<%@page import="java.util.ArrayList"%>
<%@page import="java.util.HashMap"%>
<%@page contentType="text/html" pageEncoding="UTF-8"%>
<!DOCTYPE html>
<html>
    <head>
        <meta http-equiv="Content-Type" content="text/html; charset=UTF-8">
        <title>JSP Page</title>
    </head>
    <body>
        <h1>EL Access List And Map</h1>
        <%
            HashMap<String, String> hmap = new HashMap();
            hmap.put("a", "this is A dog.");
            hmap.put("b", "that is letter B.");
            request.setAttribute("hm", hmap);
        %>
        Map 中的键可以用[]<br/>
        ${requestScope.hm["a"]}
        ${requestScope.hm['b']}
        <br/>
        也可以用 . <br/>
        ${requestScope.hm.a}
        ${requestScope.hm.b}
        <%
            List<String> list = new ArrayList();
```

```
                list.add("i am a boy.");
                list.add("u are a girl.");
                request.setAttribute("list", list);
            %>
            <hr/>
            List 只能用[]<br/>
            ${requestScope.list[0]}
            ${requestScope.list[1]}
        </body>
    </html>
```

例 7-5 的执行结果如图 7-9 所示。

EL Access List And Map

Map中的键可以用[]
this is A dog. that is letter B.
也可以用 .
this is A dog. that is letter B.

List只能用[]
i am a boy. u are a girl.

图 7-9　值表达式访问 Map 和 List

更多关于 EL 访问集合类型的操作将在第 8 章中详细阐述。

7.3.2　方法表达式

EL 不但可以访问对象的属性，还能调用对象的方法并获取方法的返回值。和值表达式一样，方法表达式也使用“.”和“[]”来调用对象中的方法，如${object.method}或${object["method"]}。虽然是方法表达式，但是在 EL 中调用对象的方法名不能像标准 Java 中那样在方法名后使用“()”。在 EL 方法表达式中，实际是把对象的方法作为属性来访问的。

Scriptlet 对 JavaBean 的属性访问是通过对应属性的 getter 和 setter 方法来实现的，因为属性在 bean 中一般被设置为私有 private 的访问标记符；而 EL 虽然能通过方法表达式访问 bean 中的方法，但 EL 的一般形式不允许出现 Java 方法的参数标记“()”，所以 EL 能访问的 bean 方法均是通过实现这些方法的属性来达成的。即一个属性在 JavaBean 中既有 setter 又有 getter，那么方法表达式就可以通过调用该属性对其进行赋值和取值操作，本节中会以 JSP 的行为元素为例，阐述 EL 值表达式对其属性的访问。如果一个属性在 bean 中只有 setter 或 getter 方法中的一种，则 EL 只能进行访问该属性值的对应一种操作。

方法表达式访问 JavaBean 中的属性解决了通过<jsp:getProperty>标签过于繁琐的操作，又满足了在 JSP 页中减少 Scriptlet 的要求；EL 可以通过<jsp:useBean>标签在 JSP 中的 id 属性值直接获取 bean 的属性值，还可以通过<jsp:setProperty>标签的 value 属性对 bean 赋值。

例 7-6 通过 EL 设置和获取 JavaBean 属性。

实现代码如下：

```
<%@page import="java.util.HashMap"%>
<%@page contentType="text/html" pageEncoding="UTF-8"%>
<!DOCTYPE html>
<html>
    <head>
        <meta http-equiv="Content-Type" content="text/html; charset=UTF-8">
        <title>Access bean by EL</title>
    </head>
    <body>
        <jsp:useBean id="petbean" class="org.me.afro.Pet" scope="request"/>
        <jsp:setProperty name="petbean" property="name" value="" />
        <h1>Hello Pet!</h1>
        <form method="POST">
            <table border="1">
                <tbody>
                    <tr>
                        <th>Pet's Name: </th>
                        <td><input type="text" name="petname" value="" /></td>
                    </tr>
                    <tr>
                        <th>Pet's Owner: </th>
                        <td><input type="text" name="owner" value="" /></td>
                    </tr>
                    <tr>
                        <th>Pet's Species: </th>
                        <td><input type="text" name="species" value="" /></td>
                    </tr>
                    <tr>
                        <td> </td>
                        <td><input type="submit" value="ADD" name="submit" />
                            <input type="reset" value="RESET" name="reset" />
                        </td>
                    </tr>
                </tbody>
            </table>
        </form>
        <jsp:setProperty name="petbean" property="name" value="${param.petname}" />
        <jsp:setProperty name="petbean" property="owner" value="${param.owner}" />
       <jsp:setProperty name="petbean" property="species" value="${param.species}" />
        <%
```

```
            if (request.getParameter("submit") != null) {
        %>
        <h2>The Pet's Information: </h2>
        <table border='1'>
                <tbody>
                    <tr>
                        <th>Pet's Name: </th>
                        <td>${petbean.name}</td>
                    </tr>
                    <tr>
                        <th>Pet's Owner: </th>
                        <td>${petbean.owner}</td>
                    </tr>
                    <tr>
                        <th>Pet's Species: </th>
                        <td>${petbean.species}</td>
                    </tr>
                </tbody>
            </table>
        <%              }
        %>
    </body>
</html>
```

例 7-6 的运行结果如图 7-10 所示。

图 7-10　EL 实现 JavaBean 的赋值与取值

方法表达式无法访问 JavaBean 中存在的其他方法，只能访问 JavaBean 相关属性封装成的 setter 或 getter 方法。

例 7-7　用户验证通过 EL 方法表达式调用 JavaBean 中的方法。

下面给出实现代码。

用户验证 JavaBean 代码：

```
package org.me.afro;
public class UserBean {

    private String username;
    private String password;
    private String validate;
    public UserBean() {
    }

    /**
     * @return the username
     */
    public String getUsername() {
        return username;
    }

    /**
     * @param username the username to set
     */
    public void setUsername(String username) {
        this.username = username;
    }

    /**
     * @return the password
     */
    public String getPassword() {
        return password;
    }

    /**
     * @param password the password to set
     */
    public void setPassword(String password) {
        this.password = password;
    }

    public String getValidate() {
```

```
            if (password != null && username != null) {
                if (username.equalsIgnoreCase("afro") && password.equals("1a2b3C")) {
                    validate = "Welcome comeback,afro!";
                }
                else{validate = "Please retype your name or password,they ard invalid!";}
            }else{
                validate="Please input your name or password,they are empty...";
            }
            return validate;
        }
        //测试 JavaBean 中的一般方法是否能被 EL 访问
        public boolean check(){
            return true;
        }
}
```

用户登录界面 lesson7d7.jsp 代码：

```
<%@page contentType="text/html" pageEncoding="GB2312"%>
<!DOCTYPE HTML PUBLIC "-//W3C//DTD HTML 4.01 Transitional//EN"
    "http://www.w3.org/TR/html4/loose.dtd">

<html>
    <head>
        <meta http-equiv="Content-Type" content="text/html; charset=GB2312">
        <title>EL</title>
    </head>
    <jsp:useBean id="userbean" scope="request" class="org.me.afro.UserBean" />
    <body>
        <h1>Method Expression</h1>
        <form method="POST" action="">
            <table border="1">
                <thead>
                    <tr>
                        <th colspan="2">User Login:</th>
                    </tr>
                </thead>
                <tbody>
                    <tr>
                        <td>User Name:</td>
                        <td><input type="text" name="username" value="" /></td>
                    </tr>
                    <tr>
                        <td>Password:</td>
```

```
                    <td><input type="password" name="password" value="" /></td>
                      </tr>
                      <tr>
                        <td><input type="reset" value="RESET" name="reset" /></td>
                      <td><input type="submit" value="LOGIN" name="submit" /></td>
                      </tr>
                  </tbody>
              </table>
          </form>
          <jsp:setProperty name="userbean" property="*"/>
          <%
              if(request.getParameter("submit")!=null){
          %>
          <h2><font style="color:red">${userbean.validate}</font></h2>
          <%}
              %>
      </body>
  </html>
```

NetBeans 针对 EL 访问 JavaBean 的 getter 和 setter 方法提供了支持，在 EL 表达式中使用 bean 对象，通过“.”可以调出该 bean 中所有可以访问的属性，如图 7-11 所示。

由图 7-11 可知，例 7-7 中 UserBean 类中的 check()方法在 EL 中无法被访问，强制实现，JSP 容器会中断 Web 应用的执行，在浏览器上抛出异常。

例 7-7 的运行结果如图 7-12 所示。

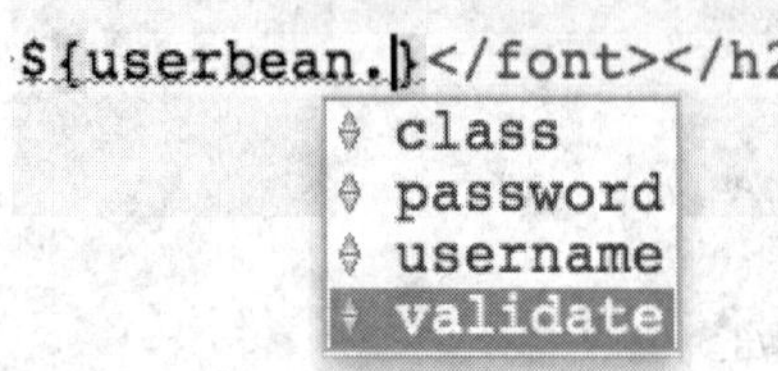

图 7-11 NetBeans 调用 JavaBean 时对 EL 的支持

图 7-12 用户名和密码验证成功

除了上述一般的方法表达式外，EL 还有另外一种特殊的方法表达式的形式，称为 EL functions，即 EL 函数。由于在标准 Java 中，UML 类图中的操作被定义为 Method 方法，而非其他语言中的 Function 函数，所以本书把 EL functions 归入 EL 方法表达式。

EL functions 的语法如下：

```
${ns:functionName(arg1,arg2…argN)}
```

ns(namespace)为 taglib 指令元素中 prefix 属性所指定的前缀，EL functions 其实即为 EL 表

达式实现 JSP 自定义标签的一种特殊而简单的形式。functionName 表示在标签库描述文件 TLD 中设置的方法名，arg 表示在方法中使用的参数。

例 7-8 EL functions 在 JSP 页中的实现方式。

简单分析：Apache Tomcat 服务器提供了一个 EL functions 的例子，其中包括 3 个自定义的 EL function，如下：

```
public static String reverse( String text );
public static int numVowels( String text );
public static String caps( String text );
```

reverse 方法实现字符串的逆转输出，numVowels 计算输入字符串中元音（aeiou 或 AEIOU）的个数，caps 把输入字符串的每个字母转化成大写。

在定义 EL functions 功能逻辑文件中需要被方法表达式访问的方法时，方法必须被定义成公有和静态的，即 public static。

本例是把 Tomcat 中提供的关于 EL functions 的例子和读者分享一下，本例在 Apache Tomcat 服务器安装目录的\webapps\examples\jsp\jsp2\el 的子目录中。

EL functions 功能逻辑文件 Functions.java 类似于 JSP 自定义标签中的标签处理器类。关于 JSP 自定义标签的内容将在第 10 章中详细介绍，这里暂且略过。

```
package jsp2.examples.el;

import java.util.Locale;

/**
 * Defines the functions for the jsp2 example tag library.
 *
 * &lt;p>Each function is defined as a static method.&lt;/p>
 */
public class Functions {
    public static String reverse( String text ) {
        return new StringBuilder( text ).reverse().toString();
    }

    public static int numVowels( String text ) {
        String vowels = "aeiouAEIOU";
        int result = 0;
        for( int i = 0; i < text.length(); i++ ) {
            if( vowels.indexOf( text.charAt( i ) ) != -1 ) {
                result++;
            }
        }
```

7 Chapter

```
        return result;
    }

    public static String caps( String text ) {
        return text.toUpperCase(Locale.ENGLISH);
    }
}
```

对 Functions 类中 3 个静态方法的访问需要定义一个标签库描述符文件 TLD，即 jsp2-example-taglib.tld。

```
<?xml version="1.0" encoding="UTF-8" ?>
<taglib xmlns="http://java.sun.com/xml/ns/j2ee"
    xmlns:xsi="http://www.w3.org/2001/XMLSchema-instance"
    xsi:schemaLocation="http://java.sun.com/xml/ns/j2ee
     http://java.sun.com/xml/ns/j2ee/web-jsptaglibrary_2_0.xsd"
    version="2.0">
    <description>A tag library exercising SimpleTag handlers.</description>
    <tlib-version>1.0</tlib-version>
    <short-name>SimpleTagLibrary</short-name>
    <uri>http://tomcat.apache.org/jsp2-example-taglib</uri>
<function>
        <description>Reverses the characters in the given String</description>
        <name>reverse</name>
        <function-class>jsp2.examples.el.Functions</function-class>
        <function-signature>java.lang.String reverse( java.lang.String )</function-signature>
    </function>
    <function>
        <description>Counts the number of vowels (a,e,i,o,u) in the given String</description>
        <name>countVowels</name>
        <function-class>jsp2.examples.el.Functions</function-class>
        <function-signature>java.lang.String numVowels( java.lang.String )</function-signature>
    </function>
    <function>
        <description>Converts the string to all caps</description>
        <name>caps</name>
        <function-class>jsp2.examples.el.Functions</function-class>
        <function-signature>java.lang.String caps( java.lang.String )</function-signature>
    </function>
</taglib>
```

使用 EL 方法表达式调用 EL functions 的 JSP 源文件 ELfunExampleTomcat.jsp。

```
<%@page contentType="text/html" pageEncoding="UTF-8"%>
```

7 Chapter

```
<%@ taglib prefix="fn" uri="http://java.sun.com/jsp/jstl/functions" %>
<%@ taglib prefix="my" uri="http://tomcat.apache.org/jsp2-example-taglib"%>

<html>
  <head>
    <title>JSP 2.0 Expression Language - Functions</title>
  </head>
  <body>
    <h1>JSP 2.0 Expression Language - Functions</h1>
    <hr>
    An upgrade from the JSTL expression language, the JSP 2.0 EL also
    allows for simple function invocation.   Functions are defined
    by tag libraries and are implemented by a Java programmer as
    static methods.

    <blockquote>
      <u><b>Change Parameter</b></u>
      <form action="" method="GET">
  foo = <input type="text" name="foo" value="${fn:escapeXml(param["foo"])}">
          <input type="submit">
      </form>
      <br>
      <code>
        <table border="1">
          <thead>
            <td><b>EL Expression</b></td>
            <td><b>Result</b></td>
          </thead>
          <tr>
            <td>\${param["foo"]}</td>
            <td>${fn:escapeXml(param["foo"])} </td>
          </tr>
          <tr>
            <td>\${my:reverse(param["foo"])}</td>
            <td>${my:reverse(fn:escapeXml(param["foo"]))} </td>
          </tr>
          <tr>
            <td>\${my:reverse(my:reverse(param["foo"]))}</td>
            <td>${my:reverse(my:reverse(fn:escapeXml(param["foo"])))} </td>
          </tr>
          <tr>
            <td>\${my:countVowels(param["foo"])}</td>
```

```
            <td>${my:countVowels(fn:escapeXml(param["foo"]))} </td>
          </tr>
        </table>
      </code>
    </blockquote>
  </body>
</html>
```

例 7-8 的运行结果如图 7-13 所示。

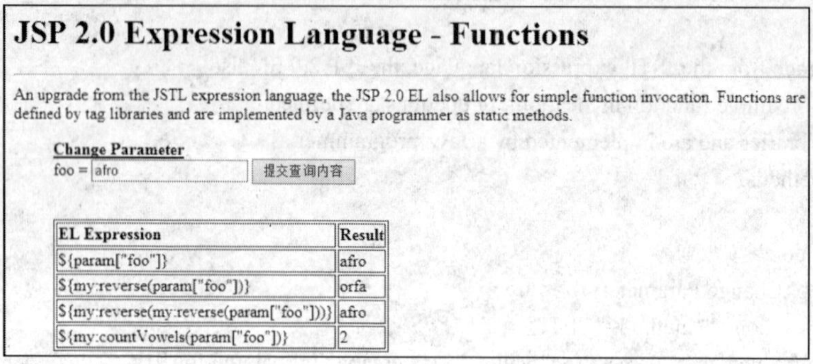

JSP 2.0 Expression Language - Functions

An upgrade from the JSTL expression language, the JSP 2.0 EL also allows for simple function invocation. Functions are defined by tag libraries and are implemented by a Java programmer as static methods.

Change Parameter

foo = afro 提交查询内容

EL Expression	Result
${param["foo"]}	afro
${my:reverse(param["foo"])}	orfa
${my:reverse(my:reverse(param["foo"]))}	afro
${my:countVowels(param["foo"])}	2

图 7-13　EL functions 的表示形式和运行结果

7.4　实例实现

通过本章的学习，7.1 节引入的 CHERRYONE 公司需要修改的原型，读者是否能够根据 7.1 节给出的功能需求自行实现呢？下面来看一下 Zac 开发团队是如何实现该原型的。

提示：本章实例较为简单，但是在接触下一章 JSTL 之前，并不是每一个参数获取都可以通过 EL 隐式对象 param 和 paramValues 实现，有兴趣的读者可以试着用一下诸如 Cookie 之类的 EL 隐式对象。

7.5　习题

1．JSP EL 表达式：${(10*10) ne 100}的值是多少？

2．在 J2EE 中，JSP 表达式语言的语法是（　　）。

A．{EL expression}

B．${EL expression}

C．@{EL expression}

D．&{EL expression}

3．如何将 EL 与集合对象结合使用？

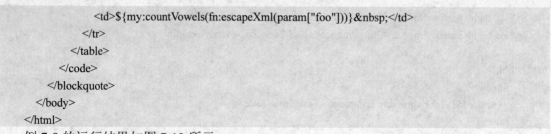

4．EL 的隐式对象有哪些？

5．如何利用 EL 表达式访问 JavaBean 对象？

6．用 EL 表达式实现如下 Java 代码表示的功能：

```
<%= ((User)request.getAttribute("u")).getName() %>
${u.name}
<%=request.getParameter("a") %>
${param.a}
<%=request.getParameterValues("b")[0] %>
${param.b[0]}
<%= ((User)(((Map)pageContext.getAttribute("us")).get("u1"))).getName() %>
${us.u1.name}
```

7．${"1"+3}返回的是“13”还是“4”，请说出理由。

8 JSP 标准标签库 JSTL

JSP 标准标签库（JSP Standard Tag Library，JSTL）是一个实现 Web 应用程序中常见的通用功能的定制标签库的集合。和 EL 的目标一致，JSTL 的目的是最大化地减少脚本编制元素 Scriptlet 在 JSP 表示层出现的次数，从而降低软件维护的复杂度，简化表示层设计人员的工作难度。降低和简化并不表示 JSTL 在程序开发力度上的退化，相反 JSTL 在实现 Servlet 功能的基础上还提供了额外的异常检测和自动类型转换机制，使得 JSP 页的开发更加直奔主题，简洁明了。

学习完本章，您能够：

- 了解 JSTL 相对于 Scriptlet 的优势。
- 掌握 JSTL 提供的 5 种标准标签库。
- 掌握 JSTL 在 JSP 页中的使用方法。

8.1 实例引入

Zac 团队的美工引入之后，表示对 JSP 页的修饰存在很大难度，因为无法通过标签语言的编码规范来理解<%%>中的代码内容。团队项目经理为了加快项目进度，要求各程序员配合美工设计工作进一步修改 JSP 页。

修改内容如下：

- 将与当前 JSP 关系较小的 Scriptlet 放入新的或存在的 Serlvet 中。
- 将 JSP 页的所有 Scriptlet 转化为 JSTL 标签和 EL。
- 使用 CSS 美化登录界面。

8.2 JSTL 介绍

JSTL 规范是由 JCP（Java Community process program）发展完善的，最初的版本 JSTL1.0 发布于 2002 年 6 月，JSTL1.2 版已经在 JavaEE 5 中引入，作为 JavaEE 的标准使用。JSTL 是一组基于 XML 语法的自定义标记形式的标记库，它提供 core、internationalization/format、XML、SQL 和 functions 五种标准标签库，并和 EL 一起来开发 Web 应用，在表示层的开发层面取代嵌入在 JSP 页中的脚本编制元素，以提高 JSP 页的可读性、维护性和简便性。在 JSTL 标记中，通过提供一个用 EL 表示的强大的属性集来灵活使用 EL，将可以使 JSP 动态表示层技术开发完全脱离 Java 脚本编制元素。

标签库是行为的集合，每个行为封装了 JSP 页所需的各种功能。JSTL 根据这些行为的功能和领域分类，分为基本输入输出、流程控制、国际化和文字格式标准化应用、XML 文件解析、数据库查询和字符串处理函数等，并根据这些功能和领域提供了 5 类标准标签库。在使用这 5 种标准标签库之前，需要对它们所对应的 URI 有一个直观的认识和记忆，如表 8-1 所示。

表 8-1　JSTL 的基本类别和对应 URI

JSTL	前缀	URI	简单描述
core	c	http://java.sun.com/jsp/jstl/core	实现输入输出、流程控制等标准 Java 的核心操作
internationalization /format	fmt	http://java.sun.com/jsp/jstl/fmt	格式化数据操作，支持使用本地化资源进行 JSP 页面的国际化
XML	xml	http://java.sun.com/jsp/jstl/xml	XML 剖析处理
SQL	sql	http://java.sun.com/jsp/jstl/sql	数据库连接、查询等操作
functions	fn	http://java.sun.com/jsp/jstl/functions	字符串函数处理

JSTL 是否能为 JSP 页大量简化脚本编制元素，使得 JSP 表示层的操作简捷有效，并有很高的可读性，来对比一个嵌入脚本编制元素的 JSP 页和用 JSTL 与 EL 共同作用的 JSP 页。

例 8-1　创建一个 Map 对象和一个 List 对象，分别通过 Scriptlet 和 JSTL 访问。

简要分析：NetBeans 在使用 JSTL 标签时，需要在 Web 应用的“库”中导入 JSTL 库文件。

右击“库”并选择“添加库”选项（如图 8-1 所示），弹出“添加库”对话框，在“可用库”列表框中选中 JSTL1.1，如图 8-2 所示。

JSTL1.1 的两个 jar 文件添加成功后如图 8-3 所示。

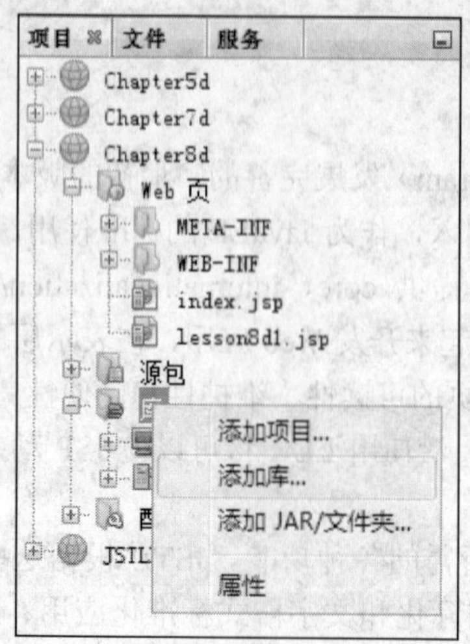

图 8-1　向 Web 项目中添加库文件

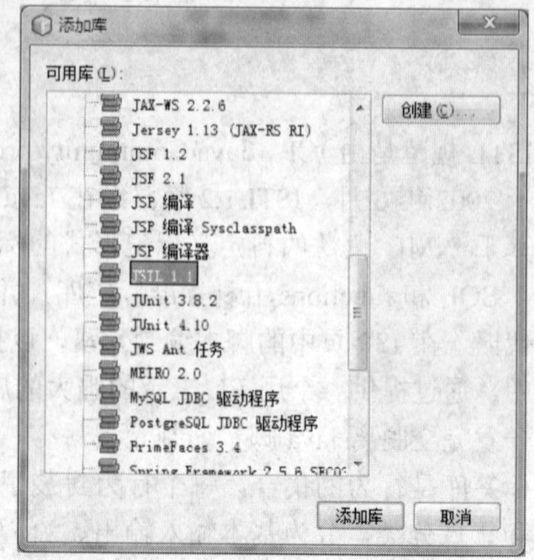

图 8-2　添加 JSTL1.1 库文件

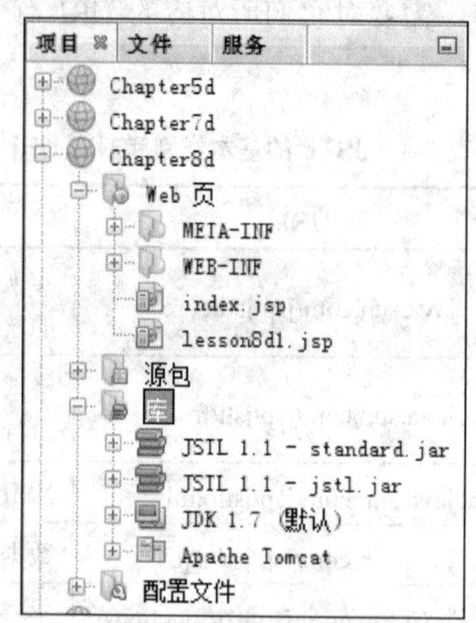

图 8-3　JSTL1.1 添加成功

由于要在 JSP 页中使用 JSTL，往 Web 应用中导入了 JSTL1.1 的库文件后，在 JSP 页中通过 taglib 指令元素设置所需 JSTL 的类别的 URI，并用 prefix 属性指定其前缀。本例中使用了 JSTL 的 core 标签库，所以需要设置 core 标签库的 URI，并指定前缀为“c”，代码如下：

```
<%@taglib prefix="c" uri="http://java.sun.com/jsp/jstl/core" %>
```

URI 表示 JSP 页对标准标签库的引用标识符，只有设置正确才能访问相应标签库中的标签。NetBeans 对各类标签库的 URI 会自动验证，如果出错则给出提示。

下面给出实现代码。

生成 Map 和 List 对象的 JSP 文件 index.jsp 代码：

```
<%@page import="java.util.List"%>
```

```
<%@page import="java.util.ArrayList"%>
<%@page import="java.util.HashMap"%>
<%@page contentType="text/html" pageEncoding="UTF-8"%>
<!DOCTYPE html>
<html>
    <head>
        <meta http-equiv="Content-Type" content="text/html; charset=UTF-8">
        <title>JSP Page</title>
    </head>
    <body>
        <h1>EL Access List And Map</h1>
        <%
            HashMap<Integer, String> hmap = new HashMap();
            for (int i = 1; i < 6; i++) {
                hmap.put(i, "this is " + i + " fish.");
            }
            request.setAttribute("hm", hmap);
            List<String> list = new ArrayList();
            for (int i = 1; i < 6; i++) {
                list.add("that is " + i + "deer .");
            }
            request.setAttribute("list", list);
            request.getRequestDispatcher("lesson8d1.jsp").forward(request, response);
        %>
    </body>
</html>
```

把 HashMap 的实例 hmap 和 ArrayList 的实例 list 通过 request 实现请求转发中的 forward 方法跳转到 lesson8d1.jsp 页，并在新页面中显示集合中的内容。

```
<%@page import="java.util.ArrayList"%>
<%@page import="java.util.HashMap"%>
<%@page contentType="text/html" pageEncoding="UTF-8"%>
<%@taglib prefix="c" uri="http://java.sun.com/jsp/jstl/core" %>
<!DOCTYPE html>
<html>
    <head>
        <meta http-equiv="Content-Type" content="text/html; charset=UTF-8">
        <title>测试 JSTL 和 Scriptlet</title>
    </head>
    <body>
        <h3>Scriptlet</h3>
```

```
<h4>HashMap</h4>
<table border="1">
<%
    HashMap hmValues=(HashMap)request.getAttribute("hm");
    for(int i=1;i<6;i++){
        %>
        <tr>
            <td><%=i%></td>
            <td><%=hmValues.get(i)%> </td>
        </tr>
        <%
    }
    %>
</table>
    <h4>ArrayList</h4>
    <ol type="I">
    <%
        ArrayList list=(ArrayList)request.getAttribute("list");
        for(int i=0;i<5;i++){
    %>
    <li><%=list.get(i)%></li>
    <%
        }
            %>
            </ol>
<h3>JSTL + EL</h3>
<table border="1">
    <tr>
        <th>HashMap</th>
    </tr>
    <c:forEach var="maps" items="${hm}">
    <tr>
        <td colspan="2">${maps.key}->${maps.value}</td>
    </tr>
    </c:forEach>
</table>
<table border="1">
    <tr>
        <th>ArrayList</th>
    </tr>
```

```
            <c:forEach var="alist" items="${list}">
            <tr>
                <td>${alist}</td>
            </tr>
            </c:forEach>
        </table>
    </body>
</html>
```

在 lesson8d1.jsp 源码中可以清楚地辨识嵌入脚本编制元素的 JSP 页和由 JSTL 与 EL 构成的 JSP 页的区别。lesson8d1.jsp 源码的上半部分通过 Scriptlet 实现访问集合对象，而这种数据模板的方式在 Scriptlet 执行了一部分后便转入 HTML 元素的解释，之后又重新执行 Scriptlet 的另一部分，如此反复，使得 Scriptlet 所严格依赖的"{"和"}"匹配难度加大，导致了程序维护复杂性的提升。同时如果不经意引入了一个语法错误，在条件内容中嵌套的 Scriptlet 可能会造成无法继续执行的后果。

就本例而言，由于 HaspMap 通过键（Key）来取值（value），在对 HashMap 进行赋值时，键的起始值是 1，所以在取值时通过 HashMap 对象调用 get(Key)方法所用的 Key 的初值也必须是 1。而 ArrayList 对象在赋值时使用 add()方法，所用的循环只表示使用 add()方法的次数，但在取值时，ArrayList 作为数组列表通过下标取值，即调用 get(int index)方法的参数值应该从 0 开始，而不是从 1 开始，这里很容易产生数组越界异常。

下半部分使用 JSTL 和 EL 作用的 JSP 页由于没有嵌入 Scriptlet，完全不存在维护的复杂性，同时易读的 JSTL 标签简单快速地访问到了集合中的每一个对象。

例 8-1 的执行结果如图 8-4 所示。

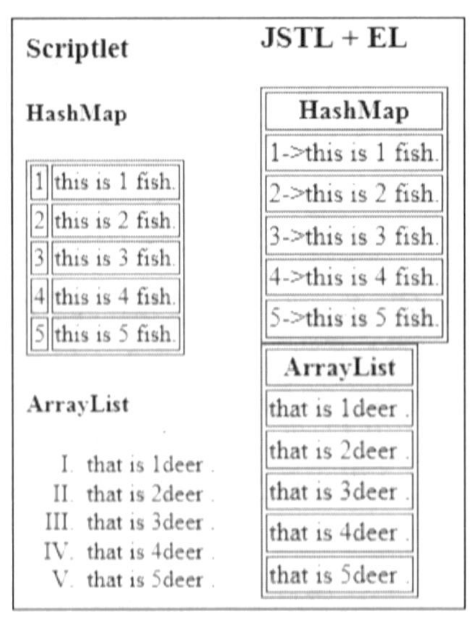

图 8-4　Scriptlet 和 JSTL+EL 的执行结果

注意：在 NetBeans 中使用 JSTL，无需下载 JSTL 的安装包，也不用对 Apache Tomcat 服务器以及 Web 应用程序做任何的配置改动，只需要在当前 Web 应用的库（lib）目录下打开库文件添加界面，加入 JSTL1.1 的库文件即可在 Web 应用的所有 JSP 页中声明并使用 JSTL。

8.3 核心标签库

核心标签库 Core 涉及基本的输入输出、异常处理、流程控制、循环迭代和 URL 的相关操作，共包含 14 个标签，如表 8-2 所示。

表 8-2　核心标签库所包含的标签

核心标签库	标签名
变量支持	out
	set
	remove
异常处理	catch
流程控制	if
	choose（父标签）
	when（子标签）
	otherwise（子标签）
循环迭代	forEach
	forTokens
URL 操作	import（父标签）
	url（父标签）
	redirect（父标签）
	param（子标签）

要在 JSP 页中使用核心标签库，必须通过 taglib 指令元素的 uri 属性指定核心标签的 uri，并指定前缀才能正常访问，taglib 指令写法如下：

```
<%@taglib prefix="c" uri="http://java.sun.com/jsp/jstl/core" %>
```

taglib 指令元素实现了在 JSP 页中对核心标签库的声明，任何 JSP 页不提供标签库的声明，则无法访问标签库中的标签，不能实现其功能。在 JSP 页中声明了核心标签库之后，需要给定一个代表标签库的前缀——“c”，所有核心标签库里的标签均由<c:tagname>统一访问，本节中的所有标签均和前缀“c”一起使用。

8.3.1　表达式标签

（1）<c:out>。

out 标签计算并输出变量或表达式的值，语法格式如下：

```
<c:out value="${expression}"[escapeXml="{true|false}"][default="defaultValue"] />
```

value 属性表示需要计算并显示的内容，通过 EL 实现，当 value 值为 null 时，显示 default 属性值，escapteXml 属性默认值为 true，表示是否把 XML 中的特殊字符进行转义，如果把 escapeXml 的值设为 false，则保留原始字符，不转义，特殊字符和转义符的转化关系如表 8-3 所示，转义符实际上就是一个能被 XML 语法解释的所对应的基本字符。

表 8-3　EL 表达式中特殊字符转化关系

特殊字符	转义符
<	<
>	>
&	&
‘	'
“	"

（2）<c:set>。

set 标签有两种实现方式：一种是对变量或对象赋值，另一种是对 JavaBean 的属性赋值，作为<jsp:setProperty>的另一种实现形式。

- 对变量或对象赋值

```
<c:set var="objectName" value="${expression}[constant]" [scope="page|request|session|application"]/>
```

set 标签一般通过属性 var 指定变量或对象的名称，value 指定要赋予的值，值的形式可以是常量，也可以是 EL 表达式，scope 设置对象的存储范围。

- 对 JavaBean 的属性赋值

```
<c:set target="${beanName}" property="propertyName" value="${expression}"/>
```

set 标签通过属性 target 指定 bean 的实例名，property 指定 bean 中的属性名，value 指定要赋予属性的值。

- set 标签的特殊赋值方式

```
<c:set var="objectName" [scope="page|request|session|application"]>
${expression}[constant]
</c:set>
或
<c:set target="${beanName}" property="propertyName">
```

```
${expression}或 java.util.Map 类型的对象
</c:set>
```

（3）<c:remove>。

remove 标签表示从指定的作用域范围中移除对象。

```
<c:remove var="objectName" scope="page|request|session|application"/>
```

当<c:set>的属性 value 为 null 时，表示从特定的作用域中移除 var 属性指定的对象。

（4）<c:catch>。

catch 标签用于异常处理，它将捕获的异常信息存储到变量中。

```
<c:catch [var="variableName"]>
可能出现异常的代码块
</c:catch>
```

catch 标签本身不能把异常信息输出，只能通过 out 标签输出保存了异常信息的变量值。

例 8-2 4 种核心标签的综合使用。

简要分析：由于在本例中要调用 JavaBean，而重写一个 bean 不如重用一个 bean。NetBeans 提供 Java 类库文件的重用，新建一个标准 Java 项目，把第 7 章例 Chapter7d 中的 bean 拖到当前创建的包中即可，如图 8-5 所示。

在当前的 Java Web 项目 Chapter8d 中，右击选中的“库”（Library），在弹出的快捷菜单中选择“添加项目”选项，如图 8-6 所示。

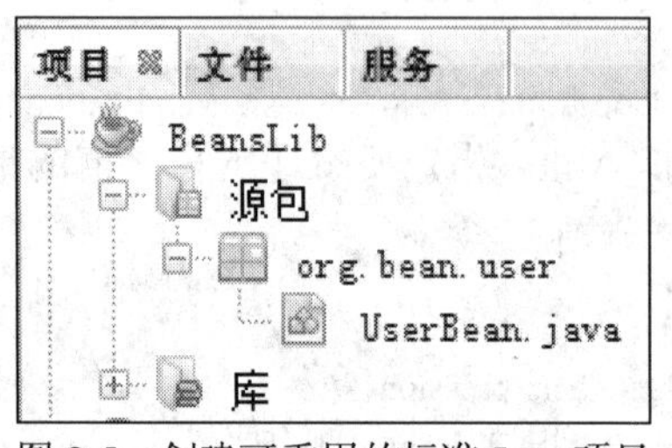

图 8-5　创建可重用的标准 Java 项目

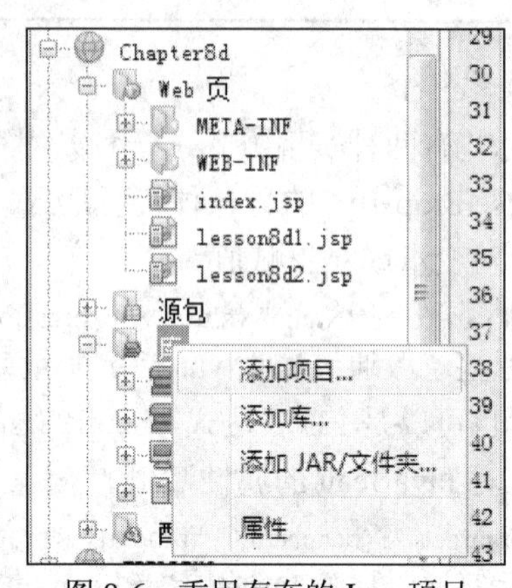

图 8-6　重用存在的 Java 项目

在弹出的“添加项目”对话框中选择 BeansLib，单击“添加项目 JAR 文件”按钮，如图 8-7 所示。

NetBeans 会把需要重用的项目打包成 jar 文件进行访问，结合例 8-1 中添加 JSTL 类库的方法，Chapter8d 所包含的库文件如图 8-8 所示。

把 BeansLib 项目添加到 Chapter8d 的库中后，可以在 Chapter8d 中的任何文件里通过 import 导入从而访问 BeansLib 项目中的类文件。

图 8-7 “添加项目”对话框

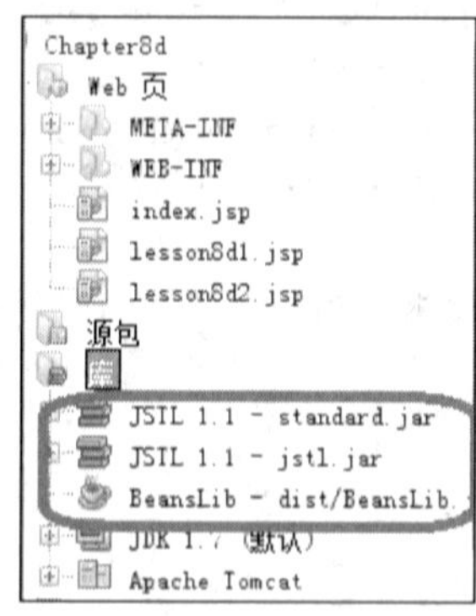

图 8-8 当前项目所包含的库文件

实现代码如下：

```
<%@page contentType="text/html" pageEncoding="UTF-8"%>
<%@taglib prefix="c" uri="http://java.sun.com/jsp/jstl/core"%>
<!DOCTYPE html>
<html>
    <head>
        <meta http-equiv="Content-Type" content="text/html; charset=UTF-8">
        <title>JSP Page</title>
    </head>
    <body>
        <c:out value="<c:set>" />的 3 种赋值方式：<br/>
        ①<c:out value="<c:set var=\"testVar\" >\${1+1}</c:set>"/> 
        <c:set var="testVar1" >
            ${1+1}
```

```
        </c:set>
        ${testVar1}<br/>
        ②<c:out value="<c:set var=\"testVar2\" value=\"\${2+3}\">"/> 
        <c:set value="${2+3}" var="testVar2"/>
        ${testVar2}<br/>
        ③<c:out value="<c:set target=\"\${userbean}\" property=\"username\" value=\"afro\">"/> <br/>
    <jsp:useBean id="userbean" class="org.bean.user.UserBean" scope="request"/>
        <c:set target="${userbean}" property="username" value="afro"/>
        <c:set value="1a2b3C" var="pass"/>
        <c:set target="${userbean}" property="password" value="${pass}"/>
         UserName is: ${userbean.username}<br/>
         Passwrod is:${userbean.password}<br/>
        <hr/>
        <c:out value="<c:remove>"/>的实现：<br/>
        <c:out value="<c:remove scope=\"page\" var=\"testVar1\" />"/>
        <c:remove scope="page" var="testVar1"/>
        <c:out value="\${testVar1}="/>${empty testVar1?"NULL":testVar1}<br/>
        未移除的<c:out value="\${testVar2}="/>${empty testVar2?"NULL":testVar2}
        <hr/>
        <c:out value="<c:catch>"/>捕获异常：<br/>
        <c:out value="\${5/a}"/>=
        <c:catch var="ex">
            ${testVar2/"a"}
        </c:catch>
        <c:out value="${ex.message}"/>
        <hr/>
    </body>
</html>
```

例 8-2 的执行结果如图 8-9 所示。

<c:set>的 3 种赋值方式：
①<c:set var="testVar" >${1+1}</c:set> 2
②<c:set var="testVar2" value="${2+3}"> 5
③<c:set target="${userbean}" property="username" value="afro">
UserName is: afro
Passwrod is:1a2b3C

<c:remove>的实现：
<c:remove scope="page" var="testVar1" /> ${testVar1}=NULL
未移除的${testVar2}=5

<c:catch>捕获异常：
${5/a}= For input string: "a"

图 8-9　表达式标签的综合使用

8.3.2　流程控制标签

（1）<c:if>。

if 标签和标准 Java 中的 if 语句非常类似，if 标签的语法为：

```
<c:if test="testCondition" [var="variableName"] [scope="page|request|session|application"]>
        Body Content
        </c:if>
```

在 if 标签中，test 属性用于测试给定的条件是否为 true，如果满足则执行 Body Content 的内容，否则不执行。Body Content 的内容可以是字符串、EL、Scriptlet 或 HTML 元素。var 属性保存 test 的测试结果，scope 属性表示 var 所保存的作用域范围，var 可以通过 EL 输出。

例 8-3　通过 if 标签判断用户名和密码是否输入正确。

实现代码如下：

```
<%@page contentType="text/html" pageEncoding="UTF-8"%>
<%@taglib prefix="c" uri="http://java.sun.com/jsp/jstl/core" %>
<!DOCTYPE html>
<html>
    <head>
        <meta http-equiv="Content-Type" content="text/html; charset=UTF-8">
        <title>JSP Page</title>
    </head>
    <body>
        <form>
            <table border="0">
                <tbody>
                    <tr>
                        <td>用户名：</td>
                        <td><input type="text" name="username" value="${username}" /></td>
                    </tr>
                    <tr>
                        <td>密码：</td>
  <td><input type="password" name="password" value="${password}" /></td>
                    </tr>
                    <tr><td> </td>
                     <td><input type="submit" value="SUBMIT" name="submit" /></td>
                    </tr>
                </tbody>
            </table>
        </form>
              <jsp:useBean id="userbean" class="org.bean.user.UserBean" scope="session"/>
```

```
                    <jsp:setProperty name="userbean" property="*"/>
                    <c:if test="${userbean.validate}" var="bl">
                        Welcome U back,${userbean.username}!
                    </c:if>
                        <br/>
                    保留测试信息的变量 bl=<c:out value="${bl}"/>
    </body>
</html>
```

例 8-3 的执行结果如图 8-10 所示。

图 8-10　if 标签的使用

（2）<c:choose>、<c:when>和<c:otherwise>。

choose 标签必须和子标签 when 与 otherwise 连用，相当于标准 Java 中的开关语句，用来表示多条件选择，语法如下：

```
<c:choose>
    <c:when test="testCondition1">Body Content1</c:when>
    <c:when test="testCondition2">Body Content2</c:when>
    …
    <c:when test="testConditionN">Body ContentN</c:when>
    <c:otherwise>exclude Body Content(1~N)</c:otherwise>
</c:choose>
```

choose 标签用于启动开关，when 标签通过 test 属性给出所有可能发生的条件及对应的执行过程，otherwise 标签不包含属性，提供与所有 when 中 test 条件相异的执行过程。

例 8-4　通过选择的时间段给出该时间所对应的黄道星座。

实现代码如下：


```
<%@page contentType="text/html" pageEncoding="UTF-8"%>
<%@taglib prefix="c" uri="http://java.sun.com/jsp/jstl/core"%>
<!DOCTYPE html>
<html>
    <head>
        <meta http-equiv="Content-Type" content="text/html; charset=UTF-8">
        <title>Constellation</title>
    </head>
    <body>
```

```
<h1>Select ur birth...</h1>
<form>
    <table border="1">
        <tbody>
            <tr>
                <td><input type="radio" name="constell" value="1" id="one"/><label for=
                "one">3/21-4/20</label></td>
                <td><input type="radio" name="constell" value="2" id="two"/><label for=
                "two">4/21-5/21</label></td>
                <td><input type="radio" name="constell" value="3" id="three"/><label for=
                "three">5/22-6/21</label></td>
                <td><input type="radio" name="constell" value="4" id="four"/><label for=
                "four">6/22-7/22</label></td>
            </tr>
            <tr>
                <td><input type="radio" name="constell" value="5" id="five"/><label for=
                "five">7/23-8/22</label></td>
                <td><input type="radio" name="constell" value="6" id="six"/><label for=
                "six">8/23-9/23</label></td>
                <td><input type="radio" name="constell" value="7" id="seven"/><label for=
                "seven">9/24-10/23</label></td>
                <td><input type="radio" name="constell" value="8" id="eight"/><label for=
                "eight">10/24-11/22</label></td>
            </tr>
            <tr>
                <td><input type="radio" name="constell" value="9" id="nine"/><label for=
                "nine">11/23-12/21</label></td>
                <td><input type="radio" name="constell" value="10" id="ten"/><label for=
                "ten">12/22-1/20</label></td>
                <td><input type="radio" name="constell" value="11" id="eleven"/><label for=
                "eleven">1/21-2/19</label></td>
                <td><input type="radio" name="constell" value="12" id="twelve" /><label for=
                "twelve">2/20-3/20</label></td>
            </tr>
            <tr>
                <td> </td>
                <td> </td>
                <td><input type="submit" value="SELECT" name="submit" /></td>
                <td><input type="reset" value="RESET" name="reset" /></td>
            </tr>
```

```
            </tbody>
        </table>
    </form>
    <c:if test="${!empty param.submit}">
        <c:choose>
            <c:when test="${param.constell eq 1}">
                白羊座  Aries
            </c:when>
                <c:when test="${param.constell eq 2}">
                金牛座  Taurus
            </c:when>
                <c:when test="${param.constell eq 3}">
                双子座  Gemini
            </c:when>
                <c:when test="${param.constell eq 4}">
                巨蟹座  Cancer
            </c:when>
                <c:when test="${param.constell eq 5}">
                狮子座  Leo
            </c:when>
                <c:when test="${param.constell eq 6}">
                处女座  Virgo
            </c:when>
                <c:when test="${param.constell eq 71}">
                天秤座  Libra
            </c:when>
                <c:when test="${param.constell eq 8}">
                天蝎座  Scorpio
            </c:when>
                <c:when test="${param.constell eq 9}">
                射手座  Sagittarius
            </c:when>
                <c:when test="${param.constell eq 10}">
                摩羯座  Capricorn
            </c:when>
                <c:when test="${param.constell eq 11}">
                水瓶座  Aquarius
            </c:when>
            <c:otherwise>
                双鱼座  Pisces
            </c:otherwise>
        </c:choose>
```

```
            </c:if>
        </body>
</html>
```

例 8-4 的执行结果如图 8-11 所示。

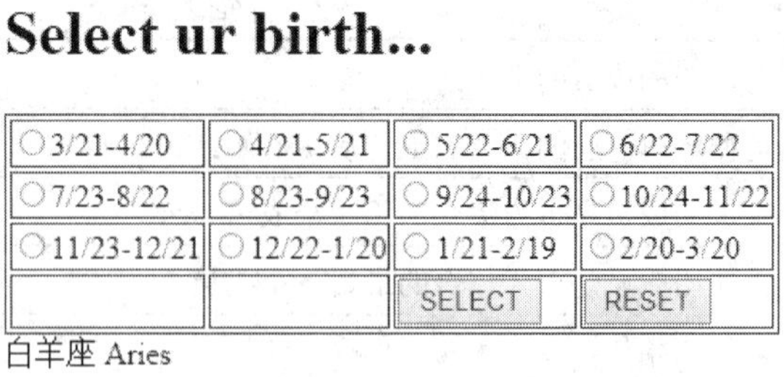

Select ur birth...

○3/21-4/20	○4/21-5/21	○5/22-6/21	○6/22-7/22
○7/23-8/22	○8/23-9/23	○9/24-10/23	○10/24-11/22
○11/23-12/21	○12/22-1/20	○1/21-2/19	○2/20-3/20
		SELECT	RESET

白羊座 Aries

图 8-11 例 8-4 的运行结果

8.3.3 循环迭代标签

循环和迭代一般指的都是重复执行某一个操作，但迭代有深一层次的意思，即在重复执行的操作中每次均有更新和变化，循环则表示重复的内容不发生变化，本节中不做深究，均使用循环一词。JSTL 中提供了两个循环迭代标签：forEach 和 forTokens。

（1）<c:forEach>。

- forEach 标签通过 items 属性指定一个集合对象，把 var 属性指定为该集合中的一个成员，在循环体中遍历 var 属性以实现访问整个集合中的成员。这种方式和 JDK1.5 中所提出的 for(Object obj:Collection)循环方式非常相近。
- forEach 标签可以使用属性 begin 和 end 来指定循环的起始位置，并通过设置 step 属性来指定每次循环的步长。这种方式和标准 Java 中的 for 循环一致。

上述两种方式所需要的循环属性可以结合在一起使用，以实现更多的需求。

forEach 标签的属性较多，如表 8-4 所示。

表 8-4 forEach 标签的属性

属性名	描述	支持 EL	默认值
items	需要执行循环的集合对象	是	无
var	用于遍历集合的对象名	否	无
varStatus	存储本次循环的相关成员信息	否	无
begin	循环开始值	是	0
end	循环结束值	是	最后一个成员
step	循环步长（间隔）	是	1

forEach 标签中，varStatus 是一个特殊的属性，用来存储本次循环的相关成员信息，varStatus 通过 7 个子属性来表示这些成员信息，如表 8-5 所示。

表 8-5 varStatus 的子属性

子属性	描述
index	当前遍历的成员的下标
count	当前循环所对应的循环次数，从 1 开始计数
first	当前遍历成员是否为集合的第一个成员
last	当前遍历成员是否为集合的最后一个成员
begin	循环的初始值
end	循环的结束值
step	循环的步长

例 8-5 取得 request 对象中的所有参数信息，并通过 forEach 标签显示（例 7-1 的 JSTL+EL 实现）。

实现代码如下：

```
<%@page contentType="text/html" pageEncoding="UTF-8"%>
<%@taglib prefix="c" uri="http://java.sun.com/jsp/jstl/core" %>
<!DOCTYPE html>
<html>
    <head>
        <meta http-equiv="Content-Type" content="text/html; charset=UTF-8">
        <title>forEach</title>
    </head>
    <body>
        <h1>Please Indicate your Qualifications...</h1>
        <form action="" method="post">
        <input type="hidden" name="locale" value="${pageContext.request.locale}"/>
            <table>
                <tr>
                    <td>
                        <input type="checkbox" name="speed"/>
                        Faster than a speeding bullet.
                        <br/>
                        <input type="checkbox" name="power"/>
                        More powerful than a locomotive.
                        <br/>
                        <input type="checkbox" name="flight"/>
```

```
                    Able to leap tall buildings with single bound.
                    <br/>
                </td>
            </tr>
            <tr>
                <td>Name: <input type="text" name="name" value="" />
                    <input type="submit" value="SUBMIT" name="submit" />
            </tr>
        </table>
    </form>
    <c:if test="${!empty param.submit}">
        <table border="1" cellpadding="3">
            <thead>
                <tr>
                    <th width="200">Name</th>
                    <th width="200">Value</th>
                </tr>
            </thead>
            <tbody>
            <c:set var="paraMap" value="${pageContext.request.parameterMap}"/>
                <c:forEach items="${paraMap}" var="paraKV">
                    <tr>
                    <th><c:out value="${paraKV.key}" default="aName"/></th>
                        <td>
                        <c:forEach items="${paraKV.value}" var="value">${value}</c:forEach>
                        </td>
                    </tr>
                </c:forEach>
            </tbody>
        </table>
    </c:if>
  </body>
</html>
```

在例 8-5 中，使用 JSTL+EL 完全取代了例 7-1 中的 Scriptlet，在提高可读性和减少代码行数两方面都颇见成效。读者可以对比两个例子来理解使用 Scriptlet 和使用 JSTL 进行循环遍历的区别与联系。

注意：本例中对 Map 类型 pageContext.request.parameterMap 的 value 属性输出时使用了 forEach 标签，表示 request 对象中的一个参数名可能对应多个参数值，比如复选框所提交的参数。如果直接用输出 key 的方式输出 value，即直接用 out 标签输出${paraKV.value}，会出现意想不到的结果，有兴趣的读者可以尝试一下并找出发生该问题的原因。

例 8-5 的运行结果如图 8-12 所示。

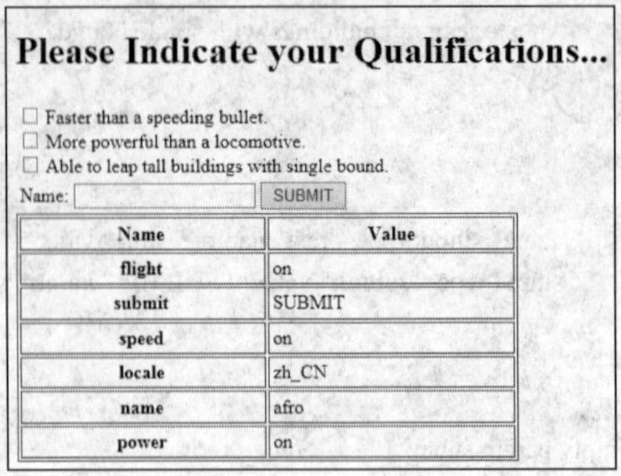

Please Indicate your Qualifications...

☐ Faster than a speeding bullet.
☐ More powerful than a locomotive.
☐ Able to leap tall buildings with single bound.
Name: [ ] SUBMIT

Name	Value
flight	on
submit	SUBMIT
speed	on
locale	zh_CN
name	afro
power	on

图 8-12　使用 JSTL+EL 输出 request 中的参数

例 8-6　使用 forEach 标签求 1～5 的和。

实现代码如下：

```
<%@page contentType="text/html" pageEncoding="UTF-8"%>
<%@taglib prefix="c" uri="http://java.sun.com/jsp/jstl/core" %>
<!DOCTYPE html>
<html>
    <head>
        <meta http-equiv="Content-Type" content="text/html; charset=UTF-8">
        <title>JSP Page</title>
    </head>
    <body>
        <table border="1">
            <tr>
            <c:forEach var="i" begin="1" end="5" varStatus="status" step="1">
                    <c:set value="${s+i}" var="s"/>
                    <td>
                        index:${status.index}<br/>
                        count:${status.count}<br/>
                        first:${status.first}<br/>
                        last:${status.last}<br/>
                        begin:${status.begin}<br/>
                        end:${status.end}<br/>
                        step:${status.step}<br/>
                    </td>
                </c:forEach>
            </tr>
        </table>
        <h1>1+2+3+4+5=<c:out value="${s}"/></h1>
    </body>
</html>
```

例 8-6 的执行结果如图 8-13 所示。

index:1	index:2	index:3	index:4	index:5
count:1	count:2	count:3	count:4	count:5
first:true	first:false	first:false	first:false	first:false
last:false	last:false	last:false	last:false	last:true
begin:1	begin:1	begin:1	begin:1	begin:1
end:5	end:5	end:5	end:5	end:5
step:1	step:1	step:1	step:1	step:1

1+2+3+4+5=15

图 8-13　varStatus 属性的显示结果

由图 8-13 可知，varStatus 的 7 个子属性中，index、count、first、last 是随着循环次数的变化而变化的，即表示的是每次循环时的内容，而 begin、end 和 step 表示循环的起始、终止和步长值，在循环开始时指定，不改变。

（2）<c:forTokens>。

forTokens 标签一般用来访问被特定分隔符分割成若干子串的字符串对象，通过其特殊属性 delims。除了 delims 属性外，forTokens 标签使用的属性和 forEach 相同。

若使用 forToken 标签，delims 和 items 为必需属性，即 forToken 标签必须和 delims 与 items 属性连用。在 NetBeans 环境下，JSTL 的必需属性均用红色字体显示，并同时显示该属性的功能描述，如图 8-14 所示。

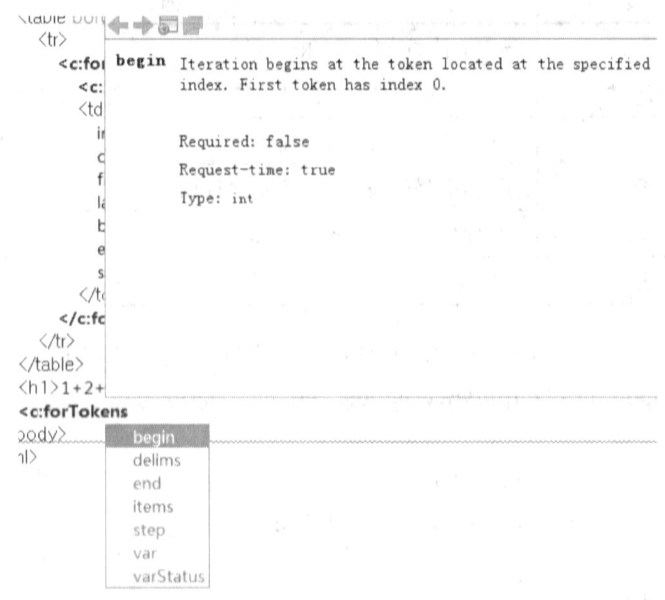

图 8-14　NetBeans 对 JSTL 标签的属性提示

forTokens 标签使用 delims 属性对字符串中的分隔符进行了过滤，delims 属性同时可以指定多个在字符串中起到分隔作用的字符，当遍历该字符串时，会根据 delims 中指定的值来分割该字符串，如 delims=”,;:-”。forTokens 标签一般配合 JSTL 的函数标签一起使用。

例 8-7 输出用“:”和“,”分隔的字符串中的子串。

核心代码段：

```
<c:set value="sun:mon:tue:wed:thur,fri,sat" var="week"/>
<c:forTokens delims=":," items="${week}" var="day">
        <c:out value="${day}"/>
</c:forTokens>
```

运行结果为：sun mon tue wed thur fri sat。

8.3.4 URL 管理标签

（1）<c:import>。

import 标签把当前 JSP 文件外的其他静态或动态文件包含到当前页面中，和行为元素<jsp:include>相似，但<jsp:include>只能包含同一个 Web 应用下的文件，而<c:import>可以包含同一 Web Server 下其他 Web 应用中的文件和来自其他服务器或网站的文件。

import 标签包含的属性如表 8-6 所示。

表 8-6 import 标签使用的属性

属性名	支持 EL	描述
url	是	导入文件的路径或 URI
context	是	（同一 JSP 容器的根目录中）其他 Web 应用的名字
var	否	通过对象名存储被包含的文件内容，以 String 方式保存
scope	否	指定 var 属性设定对象名的执行范围
charEncoding	是	指定被导入文件的编码格式
varReader	否	通过对象名存储被包含的文件内容，以 Reader 方式保存

import 标签可以在当前 JSP 页导入其他网站的页面，例如把谷歌的搜索页包含到当前页中，只需实现<c:import url="http://www.google.com.hk"/>即可，对于某些页面需要注意其编码格式。

import 标签还支持 FTP 协议，可以从 FTP 服务器站点上导入所需的文件，如：

```
<c:import url="ftp://ftp.cn.FreeBSD.org/pub/FreeBSD/hi.txt"/>
```

在同一个 Web Server 上导入不同 Web 应用中的文件，只需要设置 context 属性，如：

```
<c:import url="/index.jsp" context="/Chapter7d"/>
```

由于 Chapter8d 和被调用的 Chapter7d 均在同一个服务器上，要在 Chapter8d 中调用其他 Web 应用中的文件，除了设置 import 标签的 context 属性，还需要修改 META-INF 目录下的 context.xml 文件的 crossContext 属性，将其设置为 true，在 NetBeans 环境下设置方法如图 8-15 所示。

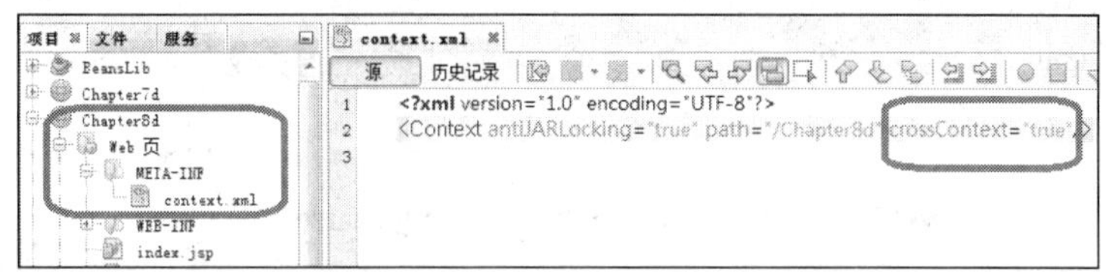

图 8-15　设置 context.xml 中的 crossContext 属性

如果需要经常使用到文本文件的内容并包含到 JSP 页中，则使用 var 和 scope 属性把 url 的内容以 String 形式保存到 var 中，如：

```
<c:import url="index.jsp" var="index" scope="session"/>
```

通过${index}即可输出 index.jsp 文件中的文本内容。

（2）<c:url>。

url 标签能够动态地产生 URL 地址，它通过 value 属性指定 url，然后保存到 var 属性中，并可以使用 scope 属性设置作用域范围，基本语法为：

```
<c:url value="base url" var="variable" scope="page|request|session|application"/>
```

使用 url 标签的好处在于把 url 地址保存在 var 指定的变量中，可以指定为锚点<a>的 href 属性，通过 EL 实现动态跳转，也可以在其他需要指定 url 的位置使用该标签。值得一提的是，url 标签可以使用 context 属性指定同一 Web Server 下的不同 Web 应用下的文件路径，contex 的使用方法和 import 标签一致。

（3）<c:redirect>。

redirect 标签将客户端请求重定向到其他页面，它实现的功能和 JSP 隐式对象 response 的方法 sendRedirect()一致。redirect 标签使用 url 属性指定重定向的页面地址，也可以结合 context 属性重定向到同一 Web Server 下的其他 Web 应用中的页面。

注意：在 import、url 和 redirect 标签中，只要使用了 context 属性，则 context 属性和指定 url 网址的属性必须以“/”作为起始字符，否则会抛出异常。

（4）<c:param>。

param 标签用来保存请求对象中的参数，它不能单独使用，必须和 import、url 或 redirect 一起，作为这 3 个标签的子标签使用。param 标签的属性如表 8-7 所示。

表 8-7　param 标签的属性

属性名	描述	支持 EL
name	设置请求参数的名称	否
value	保存请求参数的值	是

例 8-8 import、url、redirect 携同 param 的综合使用。

实现代码如下：

```
<%@page contentType="text/html" pageEncoding="UTF-8"%>
<%@taglib prefix="c" uri="http://java.sun.com/jsp/jstl/core" %>
<!DOCTYPE html>
<html>
    <head>
        <meta http-equiv="Content-Type" content="text/html; charset=UTF-8">
        <title>url 相关标签</title>
    </head>
    <body>
        <form>
            <table border="0">
                <tbody>
                    <tr>
                        <td><input type="radio" name="url" value="import" />用 import 标签导入
                        GOOGLE 的搜索页</td>
                    </tr>
                    <tr>
                        <td><input type="radio" name="url" value="url" />用 url 标签和锚点实现页
                        面跳转</td>
                    </tr>
                    <tr>
                        <td><input type="radio" name="url" value="redirect" />使用 redirect 标签重
                        定向</td>
                    </tr>
                    <tr>
                        <td><input type="submit"/></td>
                    </tr>
                </tbody>
            </table>
        </form>
        <c:choose>
            <c:when test="${param.url eq 'import'}">
         <c:import url="http://www.google.com.hk"/>
            </c:when>
            <c:when test="${param.url eq 'url'}">
                <c:url context="/Chapter7d" scope="session" value="/ELfunExampleTomcat.jsp" var="ELfun">
                    <c:param name="foo" value="afro"/>
                </c:url>
```

```
                <a href="${ELfun}">第 7 章例子 ELfunExampleTomcat</a>
            </c:when>
            <c:when test="${param.url eq 'redirect'}">
        <c:redirect context="/Chapter7d" url="/ELfunExampleTomcat.jsp">
                    <c:param name="foo" value="bee"/>
                </c:redirect>
            </c:when>
        </c:choose>
    </body>
</html>
```

例 8-8 的执行结果，在请求提交之前如图 8-16 所示。

图 8-16　提交请求之前

选择 import 标签，执行结果如图 8-17 所示。

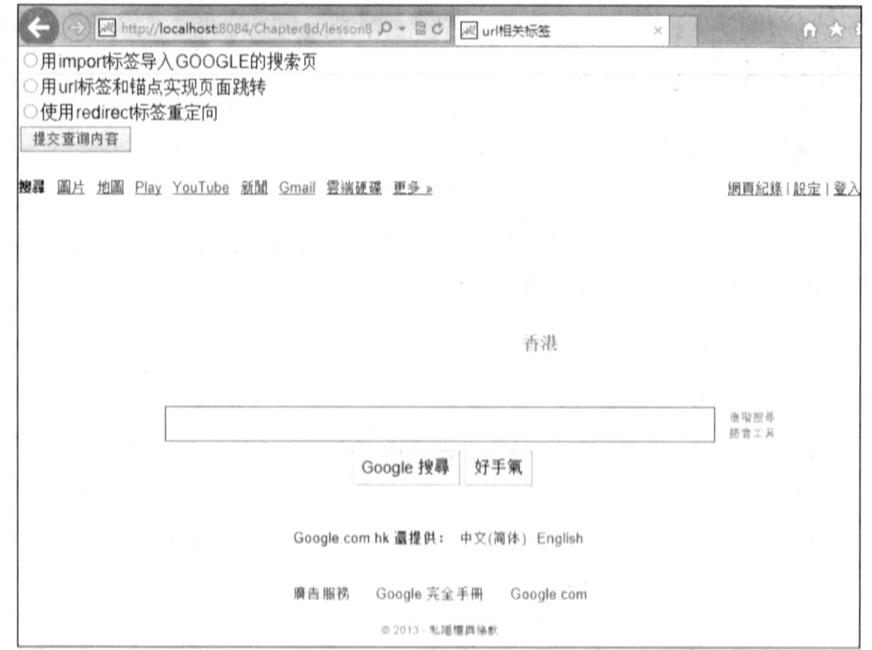

图 8-17　包含谷歌搜索页

选择 url 标签和锚点的执行结果如图 8-18 所示。

图 8-18 显示锚点内容

单击锚点提供的链接，会进入 url 标签所指定的 url 地址，同时携带 param 标签指定的参数，如图 8-19 所示。

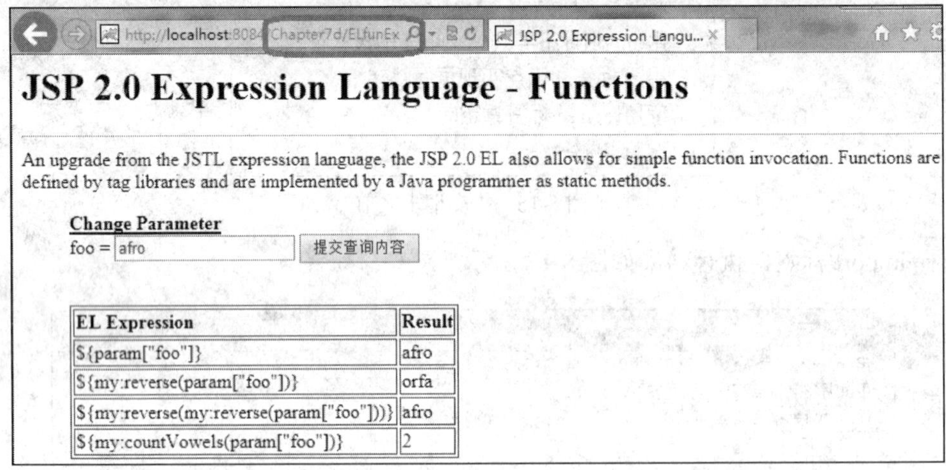

图 8-19 携带参数跳转

选择 redirect 标签会直接重定向到 redirect 标签 value 和 context 属性共同作用的页面，执行结果和图 8-19 类似，这里就不再显示了。

8.4 函数标签库

JSTL 的函数标签库是利用 EL functions 实现的，不能算严格的标签库，在第 7 章 EL 的方法表达式中曾给出过介绍，JSTL 函数标签库并不提供传统的标签来为 JSP 页服务，而是被用于 EL 表达式中。函数标签库需要使用 taglib 指令指定引用的标签库 URI，如：

```
<%taglib prefix="fn" uri="http://java.sun.com/jsp/jstl/functions"%>
```

现有的函数标签库大部分用来实现字符串处理，语法为：

```
${fn:方法名()}
```

JSTL 函数标签库中包含 15 个字符串处理函数和 1 个取字符串长度的函数，如表 8-8 所示。

表 8-8　JSTL 字符串函数

函数	返回类型	描述
fn:length(string|collection)	int	获取字符串的字符个数或集合包含的对象数
fn:contains(string,substring)	boolean	判断子串是否包含在字符串中
fn:containsIgnoreCase(string,substring)	boolean	判断子串是否包含在字符串中，忽略大小写
fn:endsWith(string,suffix)	boolean	判断字符串是否以子串（后缀）结尾
fn:escapeXml(string)	String	对 XML 中的特殊字符转义，不实现特殊字符的语法含义
fn:indexOf(string,substring)	int	获取子串在字符串中第一次出现的位置
fn:join(array,separator)	String	将数组中的全部元素通过连接符（separator）连接成一个字符串
fn:replace(string,beforeSubstring,afterSubstring)	String	将字符串中的旧子串用新子串替代
fn:split(string,delimiters)	String[]	将字符串通过分隔符（delimiters）分割成字符串数组
fn:startWith(string,prefix)	boolean	判断字符串是否以子串（前缀）开头
fn:substring(string,beginIndex,endIndex)	String	从字符串中抽取子串
fn:substringAfter(string,substring)	String	抽取字符串中指定子串之后的字符串
fn:substringBefore(string,substring)	String	抽取字符串中指定子串之前的字符串
fn:toLowerCase(string)	String	将字符串中的字符转化为小写
fn:toUpperCase(string)	String	将字符串中的字符转化为大写
fn:trim(string)	String	去掉字符串后面的空格

例 8-9　JSTL 函数标签库中字符串函数的使用。

实现代码如下：

```
<%@page contentType="text/html" pageEncoding="GB2312"%>
<%@taglib prefix="c" uri="http://java.sun.com/jsp/jstl/core"%>
<%@taglib prefix="fn" uri="http://java.sun.com/jsp/jstl/functions" %>
<!DOCTYPE HTML PUBLIC "-//W3C//DTD HTML 4.01 Transitional//EN"
    "http://www.w3.org/TR/html4/loose.dtd">
<html>
    <head>
        <meta http-equiv="Content-Type" content="text/html; charset=GB2312">
        <title>JSP Page</title>
```

```
        </head>
        <body>
            <c:set value="http://java.sun.com/jsp/jstl/functions" var="fun"/>
            <table border="1">
                <thead>
                    <tr>
                        <th>functions name</th>
                        <th>parameter</th>
                        <th>result</th>
                    </tr>
                </thead>
                <tbody>
                    <tr>
                        <td colspan="3"><strong>string:</strong><i>${fun}</i></td>

                    </tr>
                    <tr>
                        <td>fn:contains</td>
                        <td>substring:sun</td>
                        <td style="color:red">${fn:contains(fun,"sun")}</td>
                    </tr>
                    <tr>
                        <td>fn:containsIgnoreCase</td>
                        <td>substring:sun</td>
                        <td style="color:red">${fn:containsIgnoreCase(fun,"SUN")}</td>
                    </tr>
                    <tr>
                        <td>fn:endsWith</td>
                        <td>suffix:sun</td>
                        <td style="color:red">${fn:endsWith(fun,"sun")}</td>
                    </tr>
                    <tr>
                        <td>fn:escapeXml</td>
                        <td><c:out value="adorn by <h1>sun</h1>"/></td>
                        <td style="color:red">${fn:escapeXml("<h1>sun</h1>")}</td>
                    </tr>
                    <tr>
                        <td>fn:indexOf</td>
                        <td>substring:sun</td>
                        <td style="color:red">${fn:indexOf(fun,"sun")}</td>
```

```
        </tr>

        <tr>
            <td>fn:length</td>
            <td> </td>
            <td style="color:red">${fn:length(fun)}</td>
        </tr>
        <tr>
            <td>fn:replace</td>
            <td>before:sun;after:oracle</td>
            <td style="color:red">${fn:replace(fun,"sun","oracle")}</td>
        </tr>

        <tr>
            <td>fn:startsWith</td>
            <td>prefix:http</td>
            <td style="color:red">${fn:startsWith(fun,"http")}</td>
        </tr>
        <tr>
            <td>fn:substring</td>
            <td>beginIndex:7(from 0);endIndex:11</td>
            <td style="color:red">${fn:substring(fun,7,11)}</td>
        </tr>
        <tr>
            <td>fn:substringAfter</td>
            <td>substring:sun</td>
            <td style="color:red">${fn:substringAfter(fun,"sun")}</td>
        </tr>
        <tr>
            <td>fn:substringBefore</td>
            <td>substring:sun</td>
            <td style="color:red">${fn:substringBefore(fun,"sun")}</td>
        </tr>
        <tr>
            <td>fn:toLowerCase</td>
            <td> </td>
            <td style="color:red">${fn:toLowerCase(fun)}</td>
        </tr>
        <tr>
            <td>fn:toUpperCase</td>
```

```
                <td> </td>
                <td style="color:red">${fn:toUpperCase(fun)}</td>
            </tr>
            <tr>
                <td>fn:trim</td>
                <td>string:java(space)sun(space)oracle(space)</td>
                <td style="color:red">${fn:trim("java sun oracle ")}</td>
            </tr>
            <tr>
                <td>fn:split</td>
                <td>delimiters:/</td>
                <td style="color:red"><c:set value="${fn:split(fun,'/')}" var="arrSun"/>${arrSun}</td>
            </tr>
            <tr>
                <td>fn:join</td>
                <td>seperator:-</td>
                <td style="color:red">${fn:join(arrSun,"-")}</td>
            </tr>
        </tbody>
    </table>
</body>
</html>
```

例 8-9 的执行结果如图 8-20 所示。

functions name	parameter	result
string:*http://java.sun.com/jsp/jstl/functions*		
fn:contains	substring:sun	true
fn:containsIgnoreCase	substring:sun	true
fn:endsWith	suffix:sun	false
fn:escapeXml	adorn by <h1>sun</h1>	<h1>sun</h1>
fn:indexOf	substring:sun	12
fn:length		38
fn:replace	before:sun;after:oracle	http://java.oracle.com/jsp/jstl/functions
fn:startsWith	prefix:http	true
fn:substring	beginIndex:7(from 0);endIndex:11	java
fn:substringAfter	substring:sun	.com/jsp/jstl/functions
fn:substringBefore	substring:sun	http://java.
fn:toLowerCase		http://java.sun.com/jsp/jstl/functions
fn:toUpperCase		HTTP://JAVA.SUN.COM/JSP/JSTL/FUNCTIONS
fn:trim	string:java(space)sun(space)oracle(space)	java sun oracle
fn:split	delimiters:/	[Ljava.lang.String;@78b5369a
fn:join	seperator:-	http:-java.sun.com-jsp-jstl-functions

图 8-20　JSTL 中字符串相关函数的使用

8.5 其他标签库

除了之前提到的核心标签库和函数标签库外，JSTL 还提供了 SQL 标签库、国际化/格式标签库和 XML 标签库。

8.5.1 SQL 标签库

JSTL 的 SQL 标签库为快速创建原型和简单应用提供了数据库访问的方式，但是由于 SQL 标签库直接在 JSP 页上访问数据库，有悖于 MVC 框架技术，一般建议在 Web 应用中采用 JavaBean 连接数据库。

在 JSP 页中使用 SQL 标签库，需要用 taglib 指令指定 prefix 属性和 uri 属性，语法如下：

```
<%@taglib prefix="sql" url="http://java.sun.com/jsp/jstl/sql"%>
```

SQL 标签库根据功能分为数据源设置标签和数据库操作标签，如表 8-9 所示。

表 8-9　SQL 标签库中的标签

执行功能	SQL 标签	子标签
设置数据源	setDataSource	
数据库操作	query	param dateParam
	update	
	transaction	

SQL 标签库将在第 10 章中进行详细介绍。

8.5.2 国际化/格式标签库

JSTL 的国际化/格式标签库能够对一个特定语言的请求做出合适的响应，比如不同国家和地区的用户提出请求时，响应会根据国家或地区的语言习惯来进行结果的返回。国际化/格式标签在功能上可以设置页面的地区，创建本地信息，对数字、货币、时间和日期等数据元素进行分析和格式化，如表 8-10 所示。

表 8-10　国际化/格式标签库包含的标签及描述

功能	标签名	描述
国际化	setLocale	设置用户的语言和地区代码
	requestEncoding	设置请求对象中字符串的编码格式

续表

功能	标签名	描述
消息	bundle	设置本体内容的资源包来源
	message	从资源包中取出指定关键字的值
	param	动态设置资源包的内容参数
	setBundle	设置默认的资源包来源
数据格式化	formatNumber	按照要求格式化数字类型
	formatDate	按照要求格式化日期和时间
	parseDate	将字符串类型的日期或时间转换为 date 或 time 类型
	parseNumber	将字符串类型的数字、货币或百分比转换为数字类型
	setTimeZone	设置默认的时区或将时区存储起来
	timeZone	设置暂时的时区

例 8-10 设置不同国家地区的日期和货币显示方式。

实现代码如下：

```
<%@page contentType="text/html" pageEncoding="GB2312"%>
<%@page import="java.util.Date"%>
<%@taglib prefix="c" uri="http://java.sun.com/jsp/jstl/core" %>
<%@taglib prefix="fmt" uri="http://java.sun.com/jsp/jstl/fmt"%>
<!DOCTYPE HTML PUBLIC "-//W3C//DTD HTML 4.01 Transitional//EN"
    "http://www.w3.org/TR/html4/loose.dtd">

<html>
    <head>
        <meta http-equiv="Content-Type" content="text/html; charset=GB2312">
        <title>international/format</title>
    </head>
    <body>
        <h2>国际化/格式标签库</h2>
        <%
            Date now=new Date();
            request.setAttribute("dd", now);
        %>
        <c:set value="314159" var="cc"/>
        <table border="1">
            <thead>
                <tr>
```

```
            <th>国家地区</th>
            <th>时间</th>
            <th>货币</th>
        </tr>
    </thead>
    <tbody>
        <tr>
            <td>中国</td>
            <td><fmt:setLocale value="zh_CN"/>
                <fmt:formatDate value="${dd}"/></td>
            <td><fmt:formatNumber type="currency" currencySymbol="￥" value="${cc}"/></td>
        </tr>
        <tr>
            <td>中国台湾</td>
            <td><fmt:setLocale value="zh_TW"/>
                <fmt:formatDate value="${dd}"/></td>
            <td><fmt:formatNumber type="currency" value="${cc}"/></td>
        </tr>
        <tr>
            <td>日本</td>
            <td><fmt:setLocale value="ja_JP"/>
                <fmt:formatDate value="${dd}"/></td>
            <td><fmt:formatNumber type="currency" value="${cc}"/></td>
        </tr>
        <tr>
            <td>英国</td>
            <td><fmt:setLocale value="uk"/>
                <fmt:formatDate value="${dd}"/></td>
            <td><fmt:formatNumber type="currency" value="${cc}"/></td>
        </tr>
        <tr>
            <td>美国</td>
            <td><fmt:setLocale value="us"/>
                <fmt:formatDate value="${dd}"/></td>
            <td><fmt:formatNumber type="currency" value="${cc}"/></td>
        </tr>
        <tr>
            <td>法国</td>
            <td><fmt:setLocale value="fr"/>
                <fmt:formatDate value="${dd}"/></td>
```

```
                    <td><fmt:formatNumber type="currency" value="${cc}"/></td>
                </tr>
                <tr>
                    <td>西班牙</td>
                    <td><fmt:setLocale value="es"/>
                        <fmt:formatDate value="${dd}"/></td>
                    <td><fmt:formatNumber type="currency" value="${cc}"/></td>
                </tr>
            </tbody>
        </table>
    </body>
</html>
```

例 8-10 的执行结果如图 8-21 所示。

国际化/格式标签库

国家地区	时间	货币
中国	2013-6-5	￥314,159.00
中国台湾	2013/6/5	NT$314,159.00
日本	2013/06/05	￥314,159
英国	5 черв 2013	¤ 314?159,00
美国	Wed Jun 05 14:42:46 CST 2013	314159
法国	5 juin 2013	314?159,00 ¤
西班牙	05-jun-2013	¤314.159,00

图 8-21　时间和货币在不同国家的显示方式

8.5.3　XML 标签库

XML 标签提供了易于处理 XML 文件的方式，它提供比 DOM（文档对象模型）的 API 更加简捷的操作来处理 XML 文件，使用 XML 标签库必须通过 taglib 指令引用特定的 uri，语法如下：

```
<%taglib prefix="x" uri="http://java.sun.com/jsp/jstl/xml"%>
```

XML 标签库提供的标签如表 8-11 所示。

表 8-11　处理 XML 文件的标签

功能	标签名	描述
核心操作	out	通过 select 属性指定 XML 节点，输出节点的内容
	parse	通过 doc 属性指定 XML 文件，把解析后的 XML 文件存储在 var 或 varDom 属性中
	set	把 select 属性指定的节点值保存到 var 属性中

续表

功能	标签名	描述
流程控制	choose	多流程分支控制，无属性
	when	choose 的子标签，通过 select 判断分支条件
	otherwise	choose 的子标签，当 when 的条件均不满足时执行，无属性
	forEach	循环遍历 XML 节点的内容
	if	通过 select 属性判断分支条件
文件转换	transform	通过 xslt 属性指定 xslt 样式表文件，修饰 doc 属性指定的 XML 文件
	param	transform 子标签，设置转换过程中所需的参数

8.6 实例实现

通过本章的学习，8.1 节引入的 CHERRYONE 公司需要修改的原型，读者是否能够根据 8.1 节给出的功能需求自行实现呢？下面来看一下 Zac 开发团队是如何实现该原型的。

提示：先对 JSP 页中的内容进行全文分析，找出可以移出的 Scriptlet，根据其实现功能新建或是放入存在的 Servlet 中。

Scriptlet 对 JSTL 的转化请读者根据本章中阐述的核心标签库内容进行分析，完成各种核心标签对 Scriptlet 中指令的替代。

CSS 的界面美化超出了本书的内容，这里提供一个学习站点：http://www.w3school.com.cn/css/index.asp，读者可以自行学习和研究。

8.7 习题

1．给定如下 JSP 代码，求这个 JSP 的输出：

```
<%@ page contentType="text/html; charset=UTF-8" %>
<%@ taglib uri="http://java.sun.com/jsp/jstl/core" prefix="c"%>
<html>
<body>
<% int counter = 10; %>
<c:if test="${counter%2==1}">
        <c:set var="isOdd" value="true"></c:set>
</c:if>
<c:choose>
        <c:when test="${isOdd==true}">it's an odd </c:when>
        <c:otherwise>it's an even </c:otherwise>
```

```
</c:choose>
</body>
</html>
```

2．说出 empty 操作符和 null 的区别。

3．编程实现输出 1～1000 中能被 2 整除不能被 3 整除的数字的总和。要求使用 JSTL 标准标签库中的<c:forEach>标签、<c:if>标签和<c:set>、<c:out>等标签。

4．使用 JSTL 标准标签库中的<c:forEach>标签、<c:set>、<c:if>标签和<c:out>标签，计算 1～100 之间的所有奇数的和并输出。

5．利用 JSTL 实现一个留言板，完成留言的添加、修改、删除和显示。

6．用 JSTL SQL 标签库实现图书信息的操作。

9 JSP标签扩展

JSP1.1 规范提供了扩展标签的支持，使得开发人员能够把功能函数封装到标签中，再把这些标签按照特殊的要求归入扩展标签库中，在 JSP 页中调用标签来实现其封装函数的功能。JSP 的自定义标签对于之后 JSTL 的发展功不可没。前面已经提到在 HTML 元素里嵌入脚本编制元素（Scriptlet）既难以阅读，又提高了维护成本，同时也使页面美工难以参与开发；而扩展标签的引入解决了这一系列问题，它既具有 HTML 元素类似的语法，又可以实现脚本编制元素的功能。

学习完本章，您能够：

- 了解 JSP 扩展标签的优势。
- 掌握扩展标签的创建流程。
- 掌握扩展标签在 JSP 页中的调用。

9.1 实例引入

Zac 团队的美工设计在开发人员的协助下基本完成了所有 JSP 页的美化工作；由于对 JSTL 标签的使用，部分开发人员对其产生了兴趣，他们想把部分已经存在的方法通过扩展标签实现。

修改功能为：将原有的判断用户验证码和产品提供的验证码是否一致的方法改写成扩展标签，并在 JSP 页访问调用

9.2 扩展标签的目标和组成

Web 应用的开发中，一个最大的问题便是程序员不擅长美工修饰，页面设计者畏难程序

逻辑。解决这个问题暂时有两个方法：第一个是 Web 应用开发人员既精通程序逻辑，又擅长美工修饰，这个方法的实现有相当的困难；另一个方法——标签扩展，把封装了程序逻辑的标签作为衔接程序员和页面美工的纽带，作为两者之间的一种交流方式。

JSP 扩展标签实际上是对 JSP 行为元素的扩展，通过支持 XML 语法的标签标示扩展行为的功能，属性或是行为体（标签内容）指定实现功能所需的条件或数据。使用 JSP 扩展标签即是实现 Java 类，程序员需要先创建一个标签处理器的 Java 类文件，在 TLD（Tag Library Descriptior，标签描述符）文件中指定类名和 JSP 容器调用该类所需的相关信息后，再交付给页面美工，将其嵌入到 JSP 页中实现相应的功能。

例 9-1 通过 JSP 扩展标签实现字符串大小写的转化。

步骤解析：

（1）创建标签处理器类。

在 NetBeans 中创建一个 Web 项目 Chapter9d，在“源包”上新建一个包，创建包含程序逻辑的 Java 类文件，根据需要实现的功能命名为 UpLowLetterBodyTag.java，代码如下：

```
package org.afro.taglib;
import java.io.*;
import javax.servlet.jsp.JspException;
import javax.servlet.jsp.JspWriter;
import javax.servlet.jsp.tagext.*;
import javax.servlet.*;
public class UpLowLetterBodyTag extends BodyTagSupport {
    BodyContent bodyContent;
    String action = "";
    @Override
    public int doAfterBody() throws JspException {
        return super.doAfterBody();
    }
    @Override
    public int doEndTag() throws JspException {
        JspWriter out = pageContext.getOut();
        if (bodyContent != null) {
            try {
                if (action.equals("upper")) {
                    out.println(bodyContent.getString().toUpperCase());
                } else {
                    out.println(bodyContent.getString().toLowerCase());
                }
            } catch (IOException e) {
```

```
                // TODO Auto-generated catch block
                e.printStackTrace();
            }
        }
        return EVAL_PAGE;
    }
    @Override
    public void doInitBody() throws JspException {
        super.doInitBody();
    }
    @Override
    public int doStartTag() throws JspException {
        ServletRequest request = pageContext.getRequest();
        action = request.getParameter("action");
        if (action == null) {
            action = "";
        }
        if (action != null) {
            return EVAL_BODY_BUFFERED;
        } else {
            return EVAL_BODY_INCLUDE;
        }
    }
    @Override
    public BodyContent getBodyContent() {
        return bodyContent;
    }
    @Override
    public void release() {
        super.release();
    }
    @Override
    public void setBodyContent(BodyContent bodyContent) {
        this.bodyContent = bodyContent;
    }
}
```

UpLowLetterBodyTag 类继承了 BodyTagSupport。BodyTagSupport 类表示扩展标签有标签体时执行扩展标签功能的类（标签处理器）必须继承的父类，同时需要重写（覆盖）父类中的 doStartTag()、setBodyContent()、doInitBody()等方法，方法的具体描述如表 9-1 所示。

表 9-1　BodyTagSupport 中的方法

BodyTagSupport 类方法	描述
doStartTag	JSP 容器遇到扩展标签的起始标志，就会调用 doStartTag()方法，返回一个整数值，用来决定程序的后续流程
doEndTag	JSP 容器遇到扩展标签的结束标志，就会调用 doEndTag()方法，返回一个整数值，用来决定程序的后续流程
release	将标签处理器类所产生或获得的资源都释放，并重新设定标签处理器类的初始状态
doAfterTag	JSP 容器处理完扩展标签中的内容后执行
setBodyContent	设置扩展标签的内容
getBodyContent	获取扩展标签的内容
doInitBody	在处理扩展标签内容前执行的某些初始化操作

BodyTagSupport 类的方法执行流程如图 9-1 所示。

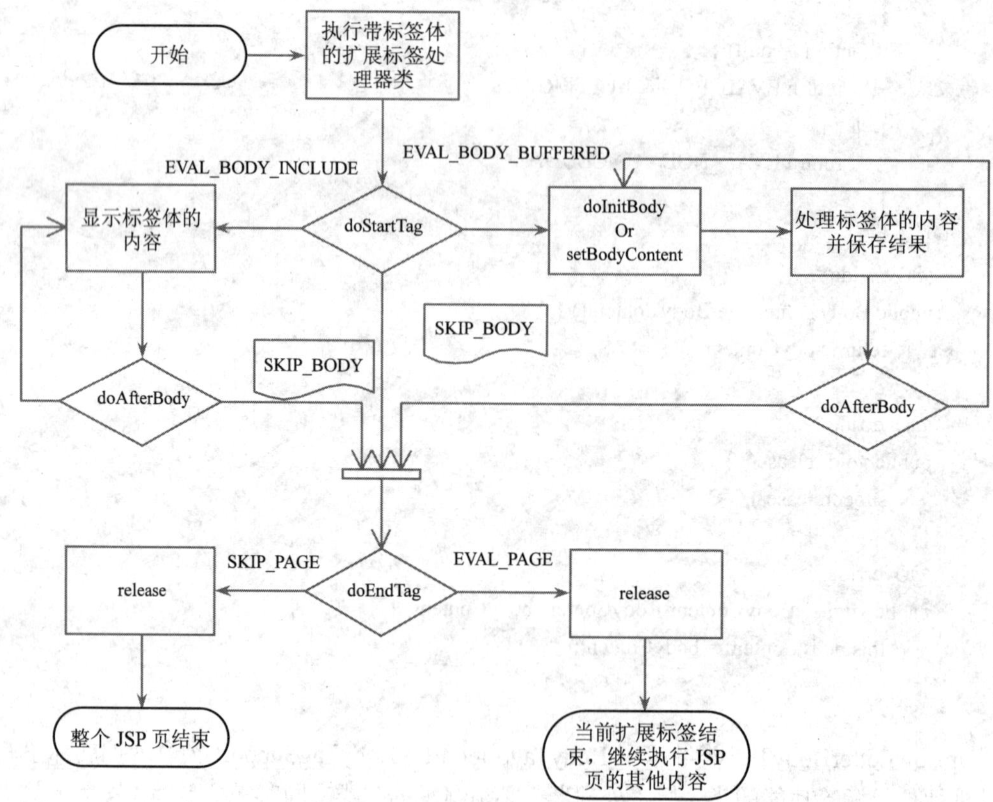

图 9-1　BodyTagSupport 类中方法的执行流程图

BodyTagSupport 中部分方法会返回一个整型值，这些整型值通过常量形式定义，具体声明和功能如下：

- EVAL_BODY_INCLUDE：doStartTag()方法的返回值，把标签体读入存在的输出流中。
- EVAL_PAGE：doEndTag()方法的返回值，表示继续处理当前 JSP 页的其他内容。
- SKIP_BODY：doStartTag()和 doAfterBody()的返回值，忽略对标签体的处理。
- SKIP_PAGE：doEndTag()方法的返回值，忽略对余下页面的处理，结束 JSP 页。
- EVAL_BODY_BUFFERED：doStartTag() 的返回值，表示申请缓冲区，由 setBodyContent()得到的 BodyContent 对象来处理扩展标签的标签体内容，需要类文件继承 BodyTagSupport 或实现 BodyTag 接口才可用，否则非法。

（2）创建标签库描述符文件。

NetBeans 提供了对扩展标签库的支持，包括 tld 标签库描述符文件。tld 文件保存在 WEB-INF 目录下，一般会单独创建一个 tags 目录保存所有扩展标签的 tld 文件。选中 WEB-INF 目录，右击并选择“新建”→“标签库描述符”选项，如图 9-2 所示。

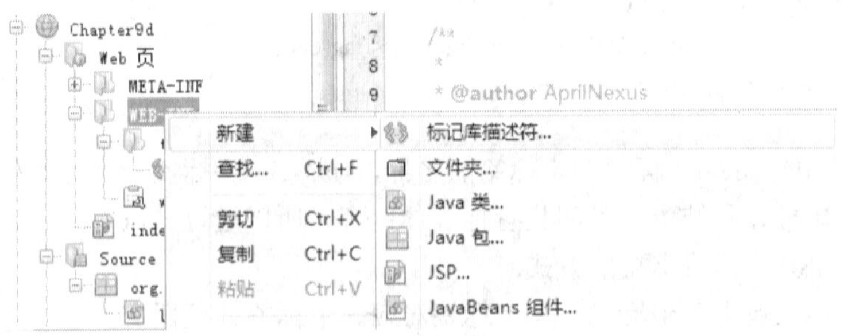

图 9-2　新建标签库描述符文件

在弹出的“New 标签库描述符”对话框中设置 tld 名称、URI 和前缀，如图 9-3 所示。

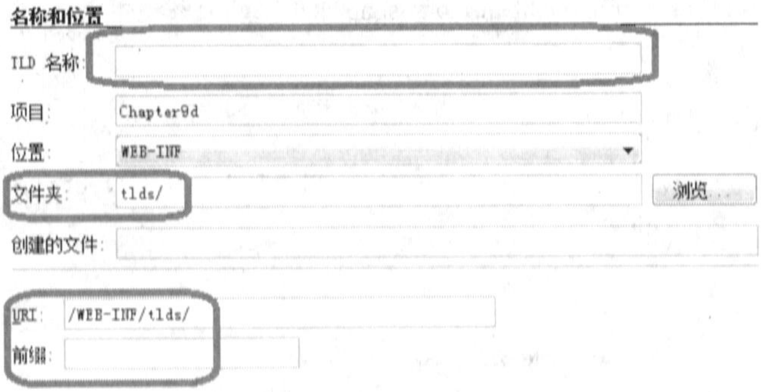

图 9-3　设置 tld 的名称和位置

文件夹 tlds/由 NetBeans 自动创建，而 URI 表示在 JSP 页通过 taglib 指令引用扩展标签库时的位置，NetBeans 默认使用 tld 文件保存的位置作为 URI，也可以自行修改，图 9-3 中的前缀表示标签库的短名称（short-name），默认情况下为全小写的 TLD 名称。设置完成后，NetBeans 会自动生成标签库的 XML 代码。

```
<?xml version="1.0" encoding="UTF-8"?>
<taglib version="2.1" xmlns="http://java.sun.com/xml/ns/javaee" xmlns:xsi="http://www.w3.org/2001/
XMLSchema-instance" xsi:schemaLocation="http://java.sun.com/xml/ns/javaee http://java.sun.com/xml/ns/
javaee/web-jsptaglibrary_2_1.xsd">
  <tlib-version>1.0</tlib-version>
  <short-name>simplehellotaglib</short-name>
  <uri>http://taglib.afro.org/ simplehellotaglib </uri>
</taglib>
```

上述 XML 代码为 taglib 标签库的信息，特别是<uri>标签的值需要在 JSP 页中通过 taglib 指令的 uri 属性进行引用。和标签处理器类对应的标签<tag>则包含在<taglib>中，作为<taglib>标签的子标签，代码如下：

```
<tag>
        <name>upperlower</name>
        <tag-class>org.afro.taglib.UpLowLetterBodyTag</tag-class>
        <body-content>JSP</body-content>
</tag>
```

在<tag>标签中，<name>标签指定标签的名称，<tag-class>标签指定标签处理器类的路径，由于本例中在开始标签和结束标签间具有标签体内容，所以通过<body-content>标签指定标签体的表现方式为 JSP 容器所支持的方式。

一个标签库可以包含多个标签，一个标签对应一个标签处理器类。

（3）在 JSP 页中调用扩展标签。

在 JSP 页中通过 taglib 指令元素调用标签库，本例的实现代码为：

```
<%@page contentType="text/html" pageEncoding="UTF-8"%>
<%@taglib prefix="ul" uri="http://taglib.afro.org/ simplehellotaglib" %>
<!DOCTYPE html>
<html>
    <head>
        <meta http-equiv="Content-Type" content="text/html; charset=UTF-8">
        <title>JSP Page</title>
    </head>
    <body>
     <ul:upperlower><h2>hello,world</h2></ul:upperlower>
    <a href="/Chapter9d/index.jsp?action=upper">转换成大写</a>
    <a href="/Chapter9d/index.jsp?action=lower">转换成小写</a>
</body>
</html>
```

在 JSP 页中通过查询字符串的方式把 action 的值保存在请求对象中，由标签处理器接收处理。

例 9-1 的执行结果如图 9-4 所示。

单击“转化成大写”链接，显示结果如图 9-5 所示。

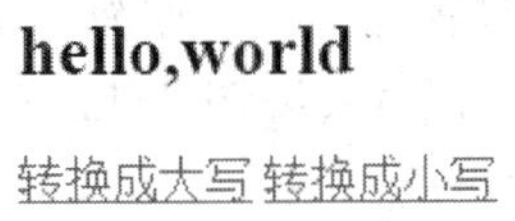

hello,world

转换成大写 转换成小写

图 9-4　例 9-1 中 JSP 页的执行结果

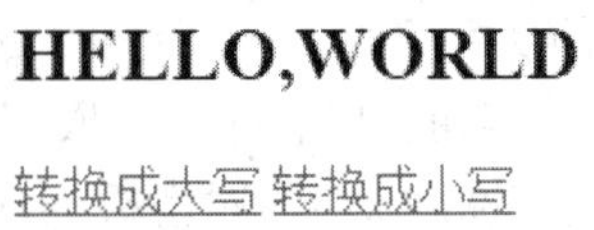

HELLO,WORLD

转换成大写 转换成小写

图 9-5　扩展标签小写转化大写成功

（4）补充说明。

在传统的扩展标签库开发模式中，调用扩展标签之前还需要在当前项目的 web.xml 文件中对访问的扩展标签通过<taglib>标签进行声明，根据例 9-1 的 tld 文件，代码块如下：

```
<taglib>
    <taglib-uri> http://taglib.afro.org/ simplehellotaglib</taglib-uri>
    <taglib-location>/WEB-INF/tlds/UpLowLetterBodyTag</taglib-location>
</taglib>
```

<taglib-uri>标签指定 JSP 页引用扩展标签的 uri，<taglib-location>指定标签处理器类文件的路径。

注意：Apache Tomcat 7 版本对 web.xml 文件对扩展标签的引用做出了修改，需要在<taglib>标签上嵌套<jsp-config>标签，即<jsp-config><taglib></taglib></jsp-config>，否则在运行时会报“taglib definition not consistent with specification version”版本不匹配的错误。

9.3　创建扩展标签

JSP1.1 提供了 Tag、IterationTag、BodyTag 接口，用以实现扩展标签的逻辑处理和流程控制等功能，由于不同接口中的方法不同，实现的时机不同，并且接口之间存在的继承关系，在继承实现这些接口的 Support 类时，导致重写这些方法会增加整个标签处理器类的复杂性。

JSP2.0 提供了 SimpleTag 接口使得扩展标签的开发更为简单。SimpleTag 接口中提供了 doTag()方法，取代了 Tag 接口中的 doStartTag()和 doEndTag()，同时 doTag()方法在标签处理器中只被执行一次，在该方法中可以实现所有的程序逻辑、流程控制和对标签体的评估。

在 NetBeans 中创建扩展标签遵循以下 4 个基本步骤：

（1）定义扩展标签。

（2）创建标签库描述符 TLD 文件。

（3）创建标签处理器，在标签描述符中创建和标签处理器对应的标签。

（4）在 JSP 页中调用扩展标签。

9.3.1 定义标签

创建扩展标签前，需要先指定标签的语法。

- 标签的名字：一般情况下，NetBeans 会以标签处理器的类名作为扩展标签的名字。
- 标签的功能：扩展标签一般需要实现特定的功能，确认实现该功能所需的条件和方法。
- 标签属性：标签的属性根据功能的实现来指定，扩展标签可以定义任意数目的必需或可选属性，当执行标签时，这些属性被传入标签处理器。
- 标签体的脚本变量：脚本变量在标签体中被定义，在 JSP 页调用时，可以通过 EL 或者其他方式访问。
- 子标签：扩展标签的功能需要嵌套在该标签内的子标签共同协作实现。

9.3.2 标签库描述符文件 TLD

一个标签处理器类对应一个扩展标签 tag，一个标签库描述符文件可以包含多个扩展标签。标签库描述符文件的 XML 语法如下：

```
<?xml version="1.0" encoding="UTF-8"?>
<taglib version="2.1" xmlns="http://java.sun.com/xml/ns/javaee" xmlns:xsi="http://www.w3.org/2001/
XMLSchema-instance" xsi:schemaLocation="http://java.sun.com/xml/ns/javaee http://java.sun.com/xml/ns/
javaee/web-jsptaglibrary_2_1.xsd">
    <tlib-version>标签库版本</tlib-version>
    <short-name>标签库简单名称</short-name>
    <uri>标签库描述符的 URI</uri>
</taglib>
```

标签库<taglib>中的子标签描述如表 9-2 所示。

表 9-2 <taglib>的子标签

标签名	描述
<tlib-version>	标签库的版本，默认是 1.0
<short-name>	简单默认的标签库的名字，可以在 JSP 调用时作为 prefix 的属性值
<uri>	定义这个版本标签库的公用 URI
<tag>	定义从属于该标签库的标签

引用标签处理器类的扩展标签<tag>及其子标签便包含于<taglib>中，作为标签库中的一个标签存在。在 JSP 页引用标签库时，可以通过标签库描述符文件的前缀调用包含在标签库中的不同扩展标签。

支持 SimpleTag 接口的<tag>标签的子标签描述如表 9-3 所示。

表 9-3 <tag>标签中的子标签

标签名	描述
<name>	标签库中标签的名称，在 JSP 中通过标签库的前缀调用
<tag-class>	标签库处理器类的路径，即包名.类名
<body-content>	指定标签体的格式，JSP1.2 的默认值是 JSP，实现 SimpleTag 接口的默认值是 scriptless
<variable>	设置要获取的变量返回值
<name-given>	Scriptlet 中的变量名
<name-from-attribute>	用来给标签处理器中 name 赋值的 attribute 的名字，即通过 setAttribute()设置的存储在 Servlet 上下文中的属性名
<attribute>	设置标签处理器类中的成员变量，调用标签处理器中的 setter 方法
<name>	标签处理器类的成员变量名
<required>	定义是否需要嵌入属性，默认为 false
<rtexprivate>	定义是否用请求时的 Scriplet 表达式脚本或 EL 作为嵌入属性的值，默认为 false

9.3.3 标签处理器

标签处理器（Tag Handler）用来实现扩展标签的逻辑功能，即实现一些具有开发者或用户需求的自定义行为，比如包含了 SQL 语句的数据库访问操作、进行复杂数据的转换和格式化等。标签处理器从本质上说是一个 JavaBean，它具有与自定义行为相对应的属性设置和访问方法，同时标签处理器类必须实现 JSP 规范定义的 Tag、IterationTag、BodyTag 或 SimpleTag 中的一个，这些接口和标签处理器所需的类都保存在 javax.servlet.jsp.tagext 包中。

Tag 接口中定义了 doStartTag()和 doEndTag()方法，在 JSP2.0 中 SimpleTag 接口出现之前，所有标签处理器类都需要实现 Tag 接口的方法。

IterationTag 接口继承了 Tag 接口，增加了扩展标签对迭代所需的方法。

BodyTag 接口继承了 IterationTag 接口，增加了拥有访问扩展标签标签体的方法。

SimpleTag 接口使用 doTag()方法替代了 doStartTag()和 doEndTag()方法，这个方法在扩展标签被调用时只被使用一次，在扩展标签中所有的逻辑过程、循环和对标签体的评估都放在 doTag()方法中实现，并且 doTag()方法没有类似于 doStartTag()和 doEndTag()的返回值，在很大程度上简化了程序逻辑。换句话说，SimpleTag 接口用更简单的方法和处理周期实现了前 3 个接口的功能。

本节主要基于 SimpleTag 接口实现标签处理器类。

NetBeans 提供了对标签处理器类的支持，可以通过创建 TagHandler 向导来生成一个标签处理器模板，但在创建标签处理器之前需要指定标签库描述符的位置，所以必须先创建标签库描述符文件。

9.3.4 定义标签属性

扩展标签可以有任意多个属性，和 HTML 标签一样，当在 JSP 页中使用时表现为开始标签中的属性名/属性值对形式。扩展标签的属性可以是必需的或可选的，属性值可以设置为字符串类型或是在请求时用 JSP 表达式或 EL 提供。

在扩展标签中定义一个属性，必须在标签处理器中保存该标签属性的类成员变量，并且对这个成员变量实现 setter 方法。

用户扩展标签 atag 的属性如下：

```
<usertaglib:atag attributeA="valueA" attributeB="valueB"…attributeN="valueN">Body Content</usertaglib:atag>
```

atag 标签的标签处理器文件若继承 SimpleTagSupport 类，代码如下：

```
public class ATag extends SimpleTagSupport{
    //定义 N 个成员变量
    private Type attributeA;
    private Type attributeB;
    …
    private Type attributeN;
    //定义对应成员变量的 setter 方法
    public void setAttributeA(Type attributeAFromJSPTag){
        attributeA= attributeAFromJSPTag }
    }
    public void setAttributeB(Type attributeBFromJSPTag){
        attributeB= attributeBFromJSPTag }
    }
    …
    public void setAttributeN(Type attributeNFromJSPTag){
        attributeN= attributeNFromJSPTag }
    }
}
```


成员变量的 setter 方法是扩展标签支持属性所需的唯一方法，在 TLD 文件中可以通过指定 tag 标签的子标签 attribute 来实现和成员变量的对应。attribute 标签语法如下：

```
<attribute>
    <name>attributeName</name>
    <required>true|false</required>
```

```
    <rtexprvalue>true|false</rtexprvalue>
</attribute>
```

其中 name 标签是必需的，其他标签可选，默认值为 false。如果指定 required 的标签的值为 true，则该属性在扩展标签中必须被使用，否则会产生一个致命的转换错误。rtexprvalue 标签的值为 true，则表示该属性值可以用一个请求时的 Scriptlet 表达式脚本或 EL 来赋值。

9.3.5 嵌入 JSP

在完成了第 8 章 JSTL 之后，扩展标签在 JSP 页中的调用变得相对简单，只需要通过 taglib 指令元素指定扩展标签库描述符的 URI 和 prefix 即可，语法如下：

```
<%@taglib prefix="taglibAbbreviation" uri="taglibURI"%>
```

之后即可在 JSP 页中用 taglibAbbreviation（标签库缩写）通过“:”访问存储在标签库描述符中的 tag 标签。如：

```
<taglibAbbreviation:atag></ taglibAbbreviation:atag>
```

例 9-2 按照创建扩展标签的 4 个基本步骤继承 SimpleTagSupport，通过标签属性指定循环次数，实现循环输出。

步骤解析：

（1）定义标签。

由于这是第一个基于 SimpleTag 接口的标签，将该标签命名为 HelloSimple，此名字会根据 NetBeans 的默认设置产生变化。

根据题设，需要在标签中创建一个属性，用来指定循环次数，指定属性名为 loop。

在标签体中创建一个保存循环次数的变量 count，并把此变量保存到 JspContext 中。

（2）创建标签描述符文件。

NetBeans 提供对标签处理器类的生成支持，但在之前必须先生成标签库描述符文件 TLD，TLD 文件的创建方法在例 9-1 中已经阐述过，在 WEB-INF 目录下选择“新建”→“标签库描述符”命令，标签库描述符命名为 simpleTags.tld，代码如下：

```
<?xml version="1.0" encoding="UTF-8"?>
<taglib version="2.1" xmlns="http://java.sun.com/xml/ns/javaee" xmlns:xsi="http://www.w3.org/2001/
XMLSchema-instance" xsi:schemaLocation="http://java.sun.com/xml/ns/javaee http://java.sun.com/xml/ns/
javaee/web-jsptaglibrary_2_1.xsd">
    <tlib-version>1.0</tlib-version>
    <short-name>simpletags</short-name>
    <uri>/WEB-INF/tlds/simpleTags</uri>
</taglib>
```

完成之后，在 WEB-INF 目录下 NetBeans 会自动生成 tlds 目录和目录下的 simpleTags.tld 文件，如图 9-6 所示。

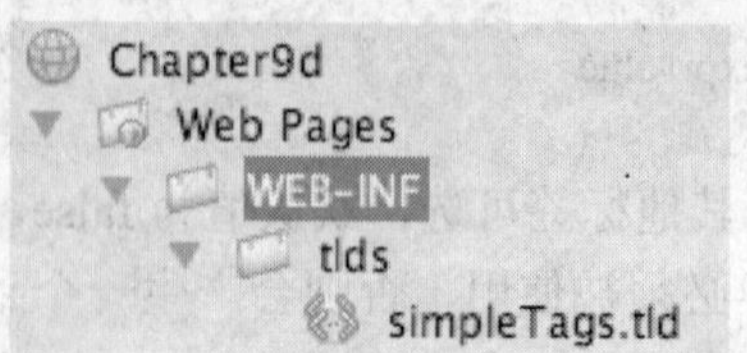

图 9-6　标签库描述符 simpleTags.tld 在 NetBeans 中的保存路径

（3）创建标签处理器类。

在“源包”中创建新包，命名为 org.afro.simpleTags；然后选中包，右击并选择“其他”选项，在“新建文件”对话框中选择种类 Web，在右侧的文件类型中选中标签处理器，如图 9-7 所示。

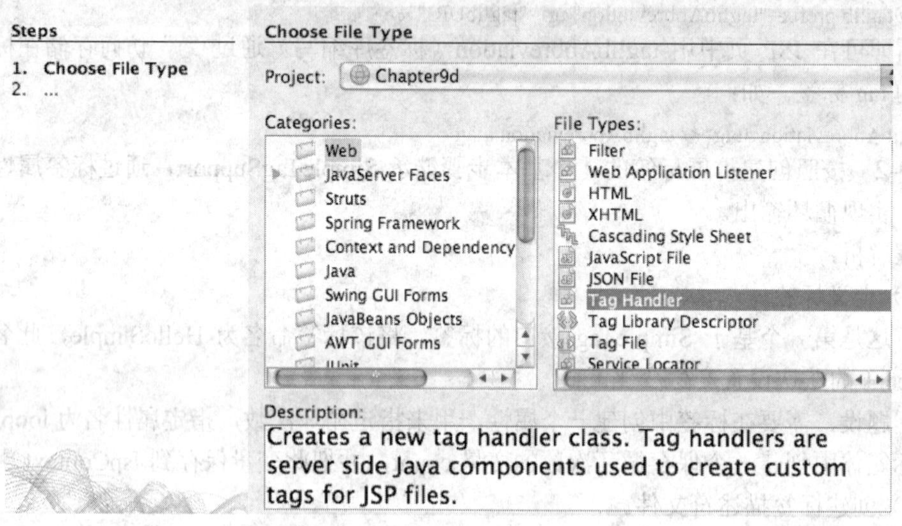

图 9-7　创建标签处理器

单击“下一步”按钮，在“命名和定位”对话框中设置标签处理器类的名称，并且指定继承的 Tag Support 类为 SimpleTagSupport，如图 9-8 所示。

单击“下一步”按钮，在“TLD 信息”对话框中指定新建标签应被添加到的标签库描述符文件的位置，即在标签库中创建新的标签<tag>，如图 9-9 所示。

在图 9-9 中，通过“浏览”按钮指定在（1）中创建的标签库描述符文件，在 Tag Name（标签名）和 Tag Handler Class（标签处理器类）文本框中会由 NetBeans 自动生成，默认的标签名即标签处理器的类名。由于在标签处理器中继承了 SimpleTagSupport，所以在 Body Content 标签体的选项中选择 scriptless。

由于在标签中需要定义指定循环次数的属性 loop，则单击 New（新建）按钮来添加属性，在弹出的属性对话框中设置属性名和属性类型，并设置该属性是否为必需属性，指定属性的评估时间，如图 9-10 所示。

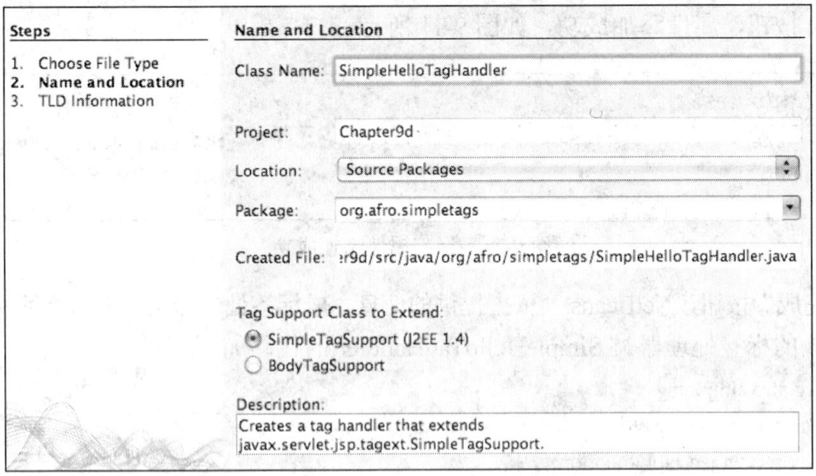

图 9-8 对标签处理器进行命名和定位

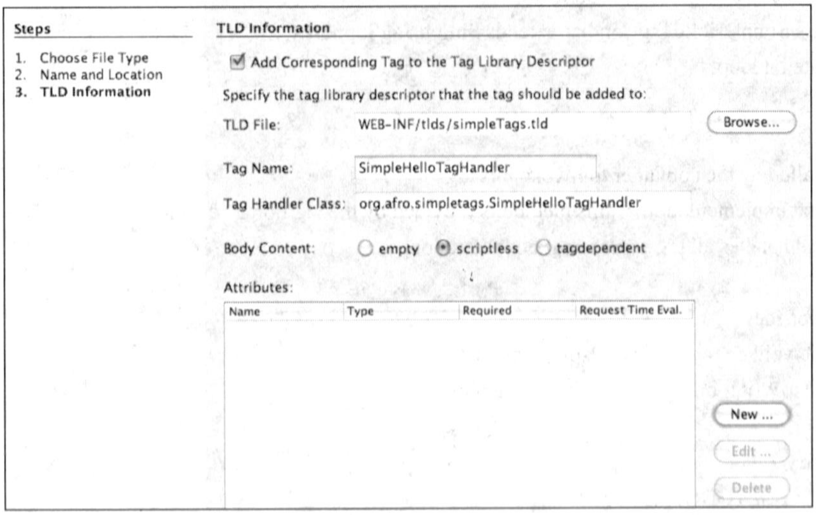

图 9-9 创建标签与标签处理器的映射

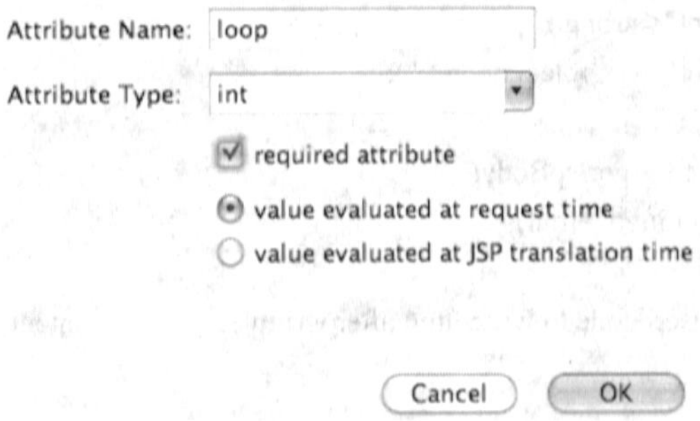

图 9-10 为标签添加属性

单击 OK 按钮，属性添加成功，如图 9-11 所示。

Name	Type	Required	Request Time Eval.
loop	int	true	true

图 9-11　标签属性添加成功

单击“完成”按钮，NetBeans 会依据提供的信息生成标签处理器类文件和标签库中的标签。自动生成的标签处理器类 SimpleHelloTagHandler 的代码如下：

```
package org.afro.simpletags;
import javax.servlet.jsp.JspWriter;
import javax.servlet.jsp.JspException;
import javax.servlet.jsp.tagext.JspFragment;
import javax.servlet.jsp.tagext.SimpleTagSupport;
public class SimpleHelloTagHandler extends SimpleTagSupport {
    private int loop;

    /**
     * Called by the container to invoke this tag.
     * The implementation of this method is provided by the tag library developer,
     * and handles all tag processing, body iteration, etc.
     */
    @Override
    public void doTag() throws JspException {
        JspWriter out = getJspContext().getOut();

        try {
            // TODO: insert code to write html before writing the body content.
            // e.g.:
            //
            // out.println("<strong>" + attribute_1 + "</strong>");
            // out.println("    <blockquote>");

            JspFragment f = getJspBody();
            if (f != null) f.invoke(out);

            // TODO: insert code to write html after writing the body content.
            // e.g.:
            //
```

9 Chapter

```
            // out.println("        </blockquote>");

        } catch (java.io.IOException ex) {
            throw new JspException("Error in SimpleHelloTagHandler tag", ex);
        }
    }

    public void setLoop(int loop) {
        this.loop = loop;
    }

}
```

标签处理器的代码证明了前文中提到的标签处理器类是一个特殊的 JavaBean，有属性和属性对应的 setter 方法。在 doTag()方法中插入程序逻辑，例 9-2 需要实现循环输出，则在 doTag()方法中应插入循环和输出语句，代码如下：

```
public void doTag() throws JspException {
        JspWriter out = getJspContext().getOut();
        JspContext ctx = this.getJspContext();
        try {
            // TODO: insert code to write html before writing the body content.
            JspFragment f = getJspBody();
            for (int i = 1; i <= loop; i++) {
                ctx.setAttribute("count", String.valueOf(i));
                out.println("标签内输出：");
                out.println("Hello " + i + " times...<br/>");
            }
            if (f != null) {
                f.invoke(out);
            }
            // TODO: insert code to write html after writing the body content.
        } catch (java.io.IOException ex) {
            throw new JspException("Error in SimpleHelloTagHandler tag", ex);
        }
    }
```

在 for 中循环截止条件应指定为扩展标签的属性 loop，因为标签处理器类的属性 loop 值通过扩展标签的属性 loop 进行赋值，指定循环次数。有兴趣的读者可以去研究下 IterationTag 接口在标签处理器类中实现循环的方式，和 SimpleTag 接口对比一下，孰难孰易，一目了然。

JspFragment 类把模板文本或 JSP 的行为元素封装在一个对象中，这个对象在需要的时候可以在标签处理器中通过 invoke()方法多次调用，每调用一次显示一次对象的内容。如果把

JspFragment 的对象指定为标签处理器的属性，在 JSP 页调用时还可以通过<jsp:attribute>的方式调用。

嵌入在标签库描述符中的标签的部分内容由 NetBeans 生成，代码如下：

```
<tag>
    <name>SimpleHelloTagHandler</name>
    <tag-class>org.afro.simpletags.SimpleHelloTagHandler</tag-class>
    <body-content>scriptless</body-content>
    <attribute>
      <name>loop</name>
      <required>true</required>
      <rtexprvalue>true</rtexprvalue>
      <type>int</type>
    </attribute>
</tag>
```

由于在标签处理器类中通过 this.getJspContext()调用了其中的 setAttribute()方法，并创建了一个标签体的脚本变量 count，赋值为当前循环次数。所以如果要显示该变量的值，则需要在 tag 标签中添加 variable 标签及其子标签，完整的 tag 标签内容如下：

```
<tag>
    <name>SimpleHelloTagHandler</name>
    <tag-class>org.afro.simpletags.SimpleHelloTagHandler</tag-class>
    <body-content>scriptless</body-content>
    <attribute>
      <name>loop</name>
      <required>true</required>
      <rtexprvalue>true</rtexprvalue>
      <type>int</type>
    </attribute>
    <variable>
      <description>current invocation count(1 to num)</description>
      <name-given>count</name-given>
    </variable>
</tag>
```

（4）在 JSP 页中调用扩展标签。

JSP 页代码如下：

```
<%@page contentType="text/html" pageEncoding="GB2312"%>
<%@taglib prefix="smp" uri="/WEB-INF/tlds/simpleTags" %>
<!DOCTYPE HTML PUBLIC "-//W3C//DTD HTML 4.01 Transitional//EN"
   "http://www.w3.org/TR/html4/loose.dtd">
```

```
<html>
    <head>
        <meta http-equiv="Content-Type" content="text/html; charset=GB2312">
        <title>JSP Page</title>
    </head>
    <body>
        <h1>Simple Tag Demo</h1>
        <smp:SimpleHelloTagHandler loop="3">
            保存在 JspContext 中的属性 count：${count} of 3<hr/>
        </smp:SimpleHelloTagHandler>
    </body>
</html>
```

在 JSP 页中，通过指定 taglib 指令元素的 prefix 属性来调用保存在标签库描述符下的扩展标签，即<smp:SimpleHelloTagHandler>，扩展标签属性 loop 的值为 3。由于在 JspContext 中保存了名为 count 的脚本变量，所以可以通过 EL 在标签体中调用出来。

例 9-2 的执行结果如图 9-12 所示。

Simple Tag Demo

标签内输出: Hello 1 times...
标签内输出: Hello 2 times...
标签内输出: Hello 3 times...
保存在JspContext中的属性count：3 of 3

图 9-12　扩展标签 SimpleHelloTagHandler 的执行结果

认真的读者会发现，图 9-12 的结果和预想的结果之间有出入，即在 JSP 页中标签体的输出内容"保存在 JspContext 中的属性 count：${count} of 3<hr/>"只执行了一次，预想的结果是通过 count 变量保存循环的次数，并在标签体中被调用输出。这样的问题，只有一个出处，就是标签处理器。标签处理器中的代码块如下：

```
JspFragment f = getJspBody();
    for (int i = 1; i <= loop; i++) {
        ctx.setAttribute("count", String.valueOf(i));
        out.println("标签内输出:");
        out.println("Hello " + i + " times...<br/>");
    }
    if (f != null) {
        f.invoke(out);
}
```

实现标签体内容输出的 invoke()方法在 for 循环之外，使得最终的运行结果中 JSP 页调用扩展标签时标签体的输出内容只显示一次。需要多次输出标签体的内容，就要在标签处理器中多次通过 JspFragment 的对象调用 invoke()方法，所以需要把 if 语句嵌入到 for 循环中才可实现按照循环次数输出标签体内容，修改后的代码块如下：

```
JspFragment f = getJspBody();
    for (int i = 1; i <= loop; i++) {
        ctx.setAttribute("count", String.valueOf(i));
        out.println("标签内输出:");
        out.println("Hello " + i + " times...<br/>");
        if (f != null) {
            f.invoke(out);
        }
}
```

例 9-2 的最终执行结果如图 9-13 所示。

Simple Tag Demo

标签内输出: Hello 1 times...
保存在JspContext中的属性count： 1 of 3

标签内输出: Hello 2 times...
保存在JspContext中的属性count： 2 of 3

标签内输出: Hello 3 times...
保存在JspContext中的属性count： 3 of 3

图 9-13　扩展标签 SimpleHelloTagHandler 的正确执行结果

9.3.6　动态设置标签属性

JSP 2.0 中，标签可以被定义为动态地获取属性值，如果一个标签需要动态地设置属性，则必须在标签处理器类中实现 DynamicAttributes 接口，在标签处理器类中实现该接口中的抽象方法 setDynamicAttribute()，该方法的语法为：

```
void setDynamicAttribute(java.lang.String uri,
                         java.lang.String localName,
                         java.lang.Object value)
                         throws JspException
```

其中参数 uri 表示属性的名字空间（namespace）[1]，如果为 null 则表示取默认的名字空间，localName 表示要被设置的属性名，value 表示属性值。Servlet 容器会通过反复调用此方法来向 SimpleTag 对象传递标签的属性以达到动态设置标签属性的目的。

通过实现 setDynamicAttribute()方法，避免了在标签处理器中人为地定义属性，减少了 setter 操作，有效地防止了因为开发人员疏忽造成的属性缺失的情况。

动态设置标签属性还需要在标签库描述符中对相应标签配置<dynamic-attributes>，并使这个子标签的值为 true，才能使创建的扩展标签支持动态属性。

注释：[1]名字空间：一般指 XML 名字空间，在 W3C 推荐规范 *Namespaces in XML* 中的定义是，表示在一个 XML 文档中提供名字唯一的元素和属性，通常用一个统一资源标识符 URI 来实现。

例 9-3 定义一个标签，标签的属性任意，比较输入的属性值的大小，取最大值。

简要分析：在标签处理器类名之后通过 implements 关键字实现接口 DynamicAttributes，并且实现该接口中的抽象方法 setDynamicAttribute()。一般情况下，通过 ArrayList<String>保存标签的属性名和属性值，把相关代码作为方法体插入到 setDynamicAttribute()方法中，实现对该方法参数的访问。

在标签库描述符文件中，添加<tag>标签的子标签<dynamic-attributes>，并赋值为 true，使该扩展标签支持动态属性。

下面给出实现代码。

标签处理器类 GetMaxTagHandler 代码：

```
package org.afro.taglib;

import java.util.ArrayList;
import javax.servlet.jsp.JspWriter;
import javax.servlet.jsp.JspException;
import javax.servlet.jsp.tagext.DynamicAttributes;
import javax.servlet.jsp.tagext.JspFragment;
import javax.servlet.jsp.tagext.SimpleTagSupport;
public class GetMaxTagHandler extends SimpleTagSupport implements DynamicAttributes{
    private ArrayList<String> key=new ArrayList<String>();
    private ArrayList<String> value=new ArrayList<String>();
    /**
     * Called by the container to invoke this tag. The implementation of this
     * method is provided by the tag library developer, and handles all tag
     * processing, body iteration, etc.
     */
    @Override
    public void doTag() throws JspException {
        JspWriter out = getJspContext().getOut();
```

9 Chapter

```
        try {
            // TODO: insert code to write html before writing the body content.
            // e.g.:
            //
            // out.println("<strong>" + attribute_1 + "</strong>");
            // out.println("    <blockquote>");
            int maxValue=0;
            out.println("输入的动态参数如下：<br/>");
            for(int i=0;i<key.size();i++){
                out.println(key.get(i) + "=");
                int tmp=Integer.valueOf(this.value.get(i));
                out.println(tmp + " ; ");
                maxValue=maxValue>tmp?maxValue:tmp;
            }
            out.println("<br/>");
            out.println("最大值是： " + maxValue);
            JspFragment f = getJspBody();
            if (f != null) {
                f.invoke(out);
            }

            // TODO: insert code to write html after writing the body content.
            // e.g.:
            //
            // out.println("    </blockquote>");

        } catch (java.io.IOException ex) {
            throw new JspException("Error in GetMaxTagHandler tag", ex);
        }
    }

    public void setDynamicAttribute(String uri, String localName, Object value) throws JspException {
        key.add(localName);
        this.value.add(String.valueOf(value));
    }
}
```

标签库描述符文件 simplehellotaglib.tld 中的 tag 标签。

```
<tag>
    <name>GetMaxTagHandler</name>
    <tag-class>org.afro.taglib.GetMaxTagHandler</tag-class>
```

```
    <body-content>empty</body-content>
    <dynamic-attributes>true</dynamic-attributes>
</tag>
```

JSP 页调用扩展标签代码：

```
<smp:GetMaxTagHandler a="21" b="13" c="25" d="50" e="8">
</smp:GetMaxTagHandler>
```

例 9-3 的执行结果如图 9-14 所示。

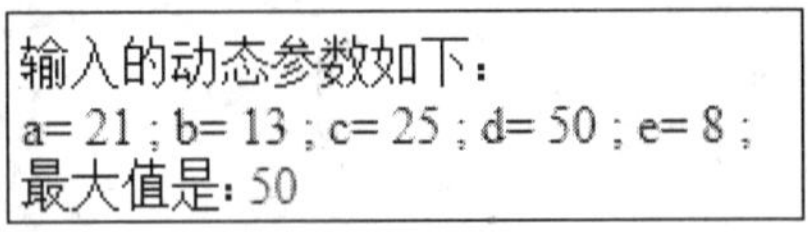

```
输入的动态参数如下：
a= 21 ; b= 13 ; c= 25 ; d= 50 ; e= 8 ;
最大值是：50
```

图 9-14 在标签中设置 5 个属性，求得最大值

9.4 实例实现

通过本章的学习，9.1 节引入的 CHERRYONE 公司需要修改的原型，读者是否能够根据 9.1 节给出的功能需求自行实现呢？下面来看一下 Zac 开发团队是如何实现该原型的。

提示：按照本章中提到的扩展标签创建步骤，通过 NetBeans 实现。先创建标签库描述符，指定其正确的位置，再创建标签处理器类，继承 SimpleTagSupport 类实现 SimpleTag 接口，最后在 JSP 页中用 taglib 指令调用扩展标签库中的标签。

9.5 习题

1. 扩展标签的标签处理器类和标签库描述符文件是什么关系？
2. 开发一个扩展标签带有颜色属性，可以改变标签体内容的颜色。
3. 用实现 SimpleTag 接口的扩展标签开发一个扩展标签，对每个页面可以进行登录验证。
4. 实现一个自定义标签，判断一个 YYYY-MM-DD 格式的日期修改为下面的格式输出：
   年：YYYY 月：MM 日：DD
5. 用实现 SimpleTag 接口的扩展标签实现两个数字的加减乘除操作。

10 JSP 访问数据库

一个不具备数据库访问功能的 Web App 是不健全的。Web App 需要把操作的结果持久化保存，也需要从已经保存的数据中获取信息来进行相关操作，所以 Web App 对数据库的访问是非常有必要的。JDBC 是 Java 程序和数据库管理系统之间的应用程序接口（API），它为 Java 程序员提供了一个标准的访问数据库的 API；不管是应用程序开发还是 Web App 的开发，JDBC 可以很方便地将 SQL 语句发送给大多数数据库，并把从数据库中获取的结果作为 Java 对象返回，使程序员可以用纯 Java 语言编写完整的数据库应用程序。

学习完本章，您能够：

- 掌握 NetBeans 的数据库服务。
- 掌握 JDBC 访问数据库的过程。
- 掌握 JDBC 访问数据库的接口和类。
- 使用 JSTL 的 SQL 标签库访问数据库。
- 掌握数据库连接池。

10.1 实例引入

CHEERYONE 公司高层需要 Zac 开发团队在整个 Web 应用中引入数据库管理系统，并对其进行访问，以满足日益增多的用户信息和访问量。

Zac 团队经过讨论分析，以 MySQL 数据库管理系统作为该项目的 DBMS，并创建数据库和表。本次原型需要实现的功能如下：

- 在 MySQL 中创建 cherryone 数据库，并新建 users、products 和 country 表。
- 创建访问 cherryone 数据库的 Java 类。
- 在 JSP 页中尽量只实现数据的显示和用户请求的接收。
- 通过 Servlet 调用数据库访问类，并把结果传递给 JSP 页。

10.2　NetBeans 连接数据库

NetBeans 作为一个快速开发工具，它通过“服务”窗格下的“数据库”节点提供了对各种常用数据库管理系统的支持。用户可以在 NetBeans 环境下执行 SQL 语句或者可视化地对已连接的数据库进行操作，简而言之，NetBeans 可以作为一个访问多种数据库的客户端管理工具。

NetBeans 默认提供对 Java DB 数据库的集成，这是 Sun 公司支持的开放源代码 Apache Derby 数据库的版本，Java DB 使用纯 Java 语言编写，完全支持 SQL、JDBC API 和 JavaEE 技术，但由于使用频率较微软的 SQL Server 和 Oracle 的 MySQL 少，本节就不再占用篇幅，有兴趣的读者可以自行研究。

NetBeans 连接数据库实际上是通过 JDBC 驱动程序实现与数据库的连接。本节中采用两种类型的 JDBC 驱动程序：

（1）JDBC-ODBC 桥接驱动程序（JDBC-ODBC Bridge）。

桥接驱动程序一般针对 Windows 操作系统下管理的 ODBC 数据源，由于 ODBC 是 C 语言写成的 API，而 JDBC 是纯 Java 的应用程序接口，两者之间的访问需要通过桥接器来沟通。Java 应用程序访问数据库时，先将 JDBC 的数据转换成 ODBC 数据源，再通过 ODBC 与系统内的数据库交互，这种方式由于性能低下，所以一般只用于连接测试。图 10-1 展示了 JDBC-ODBC Bridge 的连接方式。

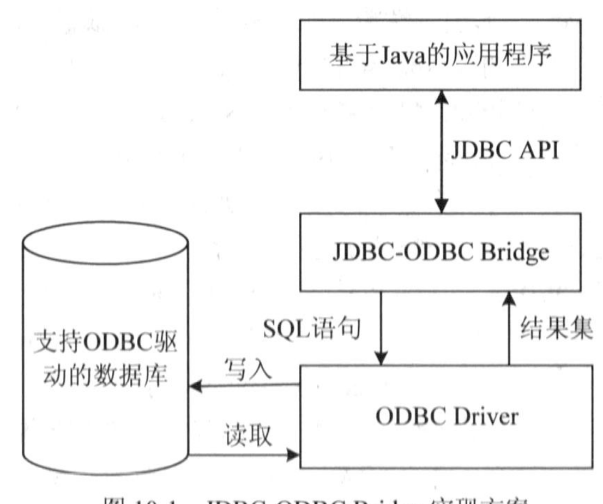

图 10-1　JDBC-ODBC Bridge 实现方案

（2）原生纯 Java 驱动程序。

JDBC 驱动程序纯粹由 Java 语言开发，实现与数据库的直接沟通，这种驱动程序不需要中介转化即可访问数据库，所以性能优异，一般这种驱动由数据库厂商提供。图 10-2 展示了原生纯 Java 驱动程序的架构。

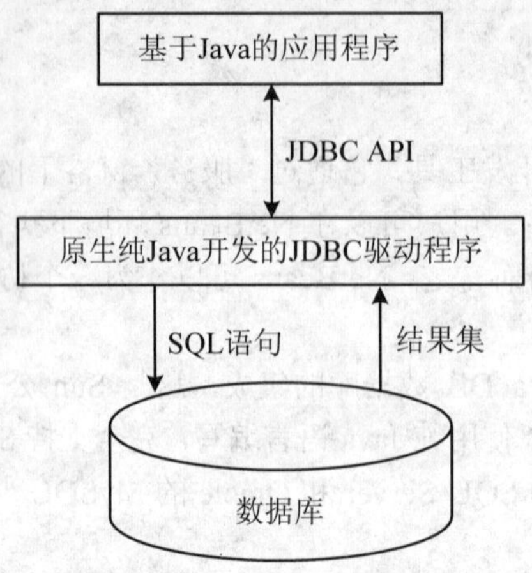

图 10-2　原生纯 Java 驱动程序架构

10.2.1　连接 SQL Server

NetBeans 对微软 SQL Server 的支持可以说是没什么好脸色，特别是在 64 位的操作系统下，因为数据库驱动程序版本的一些问题会让 NetBeans 与 SQL Server 的连接一波三折。由于使用 JDBC-ODBC Bridge 的方式访问 SQL Server 下的数据库性能较差，因此本章内容均采用纯 Java 驱动程序的方式连接数据库。

NetBeans 访问 SQL Server 之前，出于性能方面的考虑，可以到微软官方站点上下载 SQL Server for JDB 的最新驱动程序，现在的版本是 sqljdbc_4，下载链接为 http://download.microsoft.com/download/0/2/A/02AAE597-3865-456C-AE7F-613F99F850A8/sqljdbc_4.0.2206.100_enu.tar.gz。

驱动文件是 tar.gz 的压缩文件，解压后找到其中的 sqljdbc4.jar 文件，将其拷贝到 NetBeans 根目录下的 ide\modules\ext 目录中。为了在应用程序执行时能够访问该驱动程序，需要在 Java 安装目录下的 jdk\jre\lib\ext 中也拷贝该数据库驱动程序。

确认 SQL Server 的 TCP/IP 端口号，SQL Server 默认的端口号是 1433，但是 SQL Server Express 的端口号会有变化，需要查看或修改。打开 SQL Server 配置管理器（SQL Server Configuration Manager），展开 SQL Server 网络配置，打开 SQLEXPRESS 协议，查看 SQLEXPRESS 下的协议名称和启用状态。基于安全性的考虑 TCP/IP 等协议默认情况下处于关闭状态，将其启用，并查看 TCP/IP 协议的属性，选择“IP 地址”选项卡，找到 IPALL 标签，查看“TCP 动态端口”的值，如图 10-3 所示。

完成后需要重新启动 SQL Server 服务才能使改变生效。为确认 TCP 端口是否被监听，可以在 Windows 命令提示符下键入 netstat -ano 来查询相应的端口号，如图 10-4 所示。

完成上述准备工作之后即可在 NetBeans 下通过“服务”窗格连接 SQL Server 数据库（本书中为 SQL Express）了。

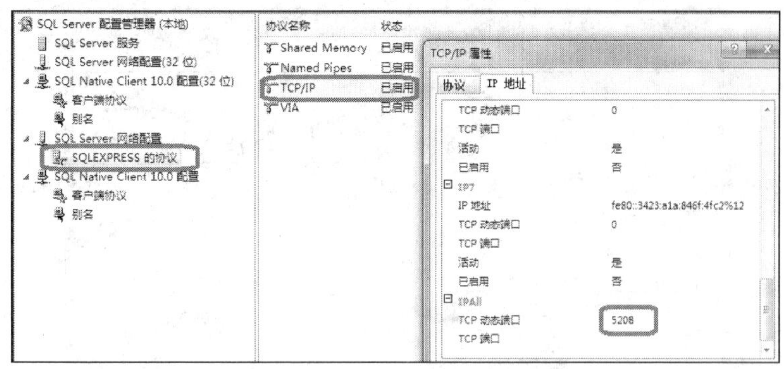

图 10-3　查看 SQL Server Express TCP 动态端口号

图 10-4　5208 端口被成功监听

（1）展开“数据库”节点，选中“驱动程序”，右击打开“新建驱动程序”向导。

（2）添加驱动程序文件，在默认的 NetBeans\ide\modules\ext 目录下找到 sqljdbc4.jar，单击“打开”按钮，NetBeans 会自动从 jar 文件中提取驱动程序类，输入该驱动的名称，如 SQL Express，如图 10-5 所示。

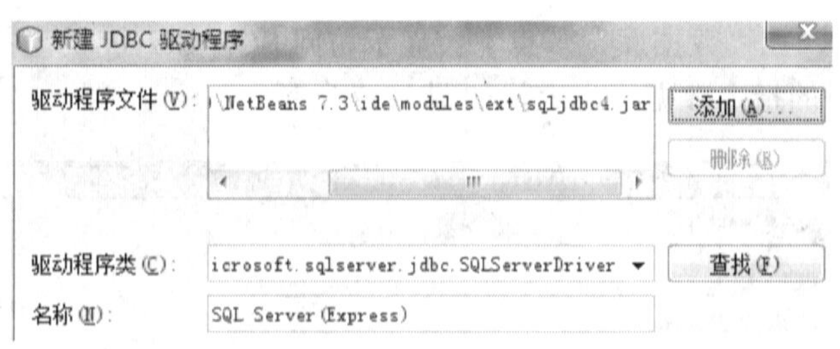

图 10-5　添加 JDBC 驱动程序

（3）单击“确定”按钮，在“驱动程序”节点下发现新添加的数据库驱动程序 SQL Server（Express），表示驱动程序添加成功。右击选中该驱动程序，在弹出的快捷菜单中选择“连接设置”选项，弹出“新建连接向导”对话框，该操作也可以通过右击“数据库”节点并选择“新建连接”选项实现。

（4）在“新建连接向导”中的各个属性框中输入需要访问 SQL Server 数据库的信息，如图 10-6 所示。

其中“端口”属性是在 SQL Server 配置管理器中查看的 TCP/IP 的动态端口，“数据库”属性为需要访问的 SQL Server 下的数据库名称，“实例名称”属性针对 SQL Server Express 用户而言需要键入 SQLEXPRESS，而 SQL Server 用户则无需输入。输入访问 SQL Server 的用户名和密码，在 JDBC URL 属性中会根据以上属性值的输入自动生成连接字符串，单击“测试连接”按钮，显示“连接成功”。

图 10-6　定制 SQL Sever 连接

（5）单击“下一步”按钮，在“选择方案”界面中选择 dbo，单击“下一步”按钮。

（6）在“输入连接名”下会显示访问 SQL Server 的连接信息，单击“完成”按钮，NetBeans 成功连接 SQL Server。

完成上述步骤后，在“数据库”节点下会显示访问 SQL Server 的连接字符串，展开后可以访问 SQL Server 下的指定数据库内容，如图 10-7 所示。

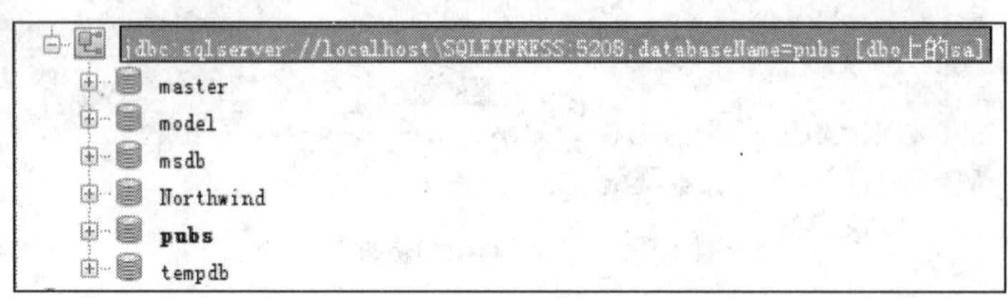

图 10-7　通过 NetBeans 访问 SQL Server 下的数据库

10.2.2　连接 MySQL

NetBeans 和 MySQL 现在可以算在同一个阵营里，所以互相之间的支持比 SQL Server 要好上很多。NetBeans 6.5 之后的版本提供对 MySQL 数据库驱动的支持，即用户无需去 MySQL 的网站下载便可以使用 NetBeans 连接并访问 MySQL 数据库。

在“驱动程序”节点下打开 MySQL（Connect/J driver）驱动程序模板，模板中已经包含了 MySQL 的数据库驱动程序，也识别了其中的驱动程序类 com.mysql.jdbc.Driver。

在“数据库”节点下可以直接单击“注册 MySQL 服务器”，在弹出的“MySQL 服务器属性”对话框中输入 MySQL 服务器的基本属性，如图 10-8 所示。

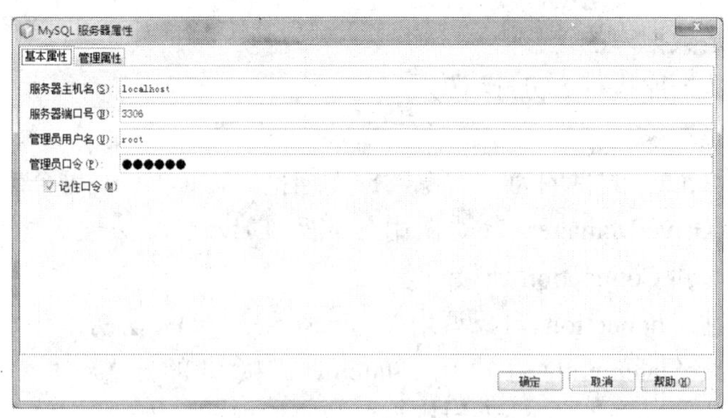

图 10-8 MySQL 服务器属性设置

在“管理属性”选项卡中可以设置 MySQL 的管理员工具、启动服务器指令和停止服务器指令的路径及参数。

单击“确定”按钮后会在“数据库”节点下创建 MySQL 服务器节点，在 MySQL 服务启动的情况下，右击并选择“连接”选项，NetBeans 会连接到 MySQL 数据库服务器，如图 10-9 所示。

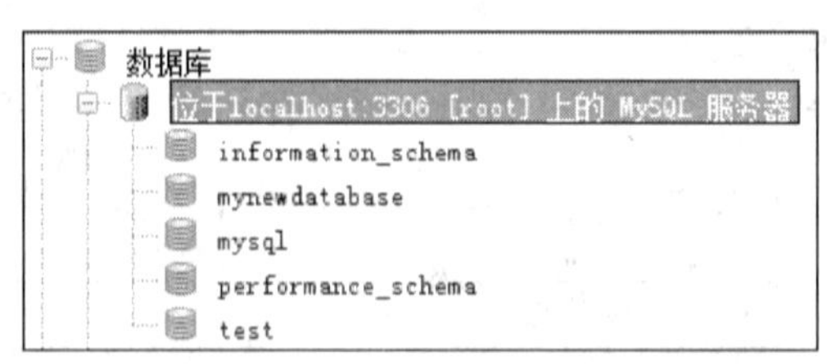

图 10-9 NetBeans 成功连接 MySQL 服务器

需要创建和 MySQL 服务器下某个数据库的连接，只需右击选中数据库，在弹出的快捷菜单中选择“连接”选项，在“数据库”节点下便实现了与 MySQL 服务器下相应数据库的连接，如图 10-10 所示。

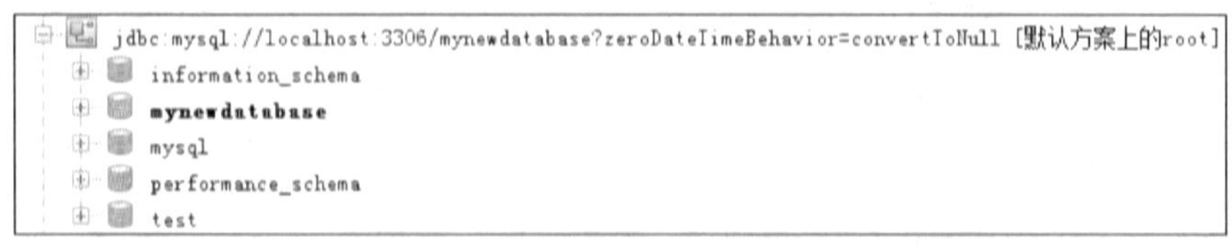

图 10-10 NetBeans 创建与 MySQL 服务器下数据库的连接

10.3 数据库操作

Web App 通过 JDBC 访问数据库可以划分为以下 4 个步骤执行：

（1）加载并注册需要访问的数据库服务器的 JDBC 驱动程序。

（2）建立与指定数据库的连接。

（3）访问并对数据库执行 SQL 操作。

（4）管理记录集对象。

其中步骤（1）和（2）的目的为了实现数据库连接，JDBC 需要每个数据库驱动类都实现 Driver 接口，通过 DriverManager 自动调用 registerDriver()方法注册驱动类实例，并使用 getConnection()方法返回 Connection 连接对象。

步骤（3）将通过 Connection 对象调用 createStatement()方法初始化 Statement 对象或是 prepareCall()和 prepareStatement()初始化 Statement 接口的子接口 CallableStatement 和 PreparedStatement，并通过嵌入 SQL 语句作为参数来实现数据库的一系列操作。

步骤（4）通过 ResultSet 获取 executeQuery()的返回值，并用接口中的方法对记录集中的行和列进行操作。

JDBC 针对数据库访问和操作所提供的主要接口和类及其之间的关系如图 10-11 所示。

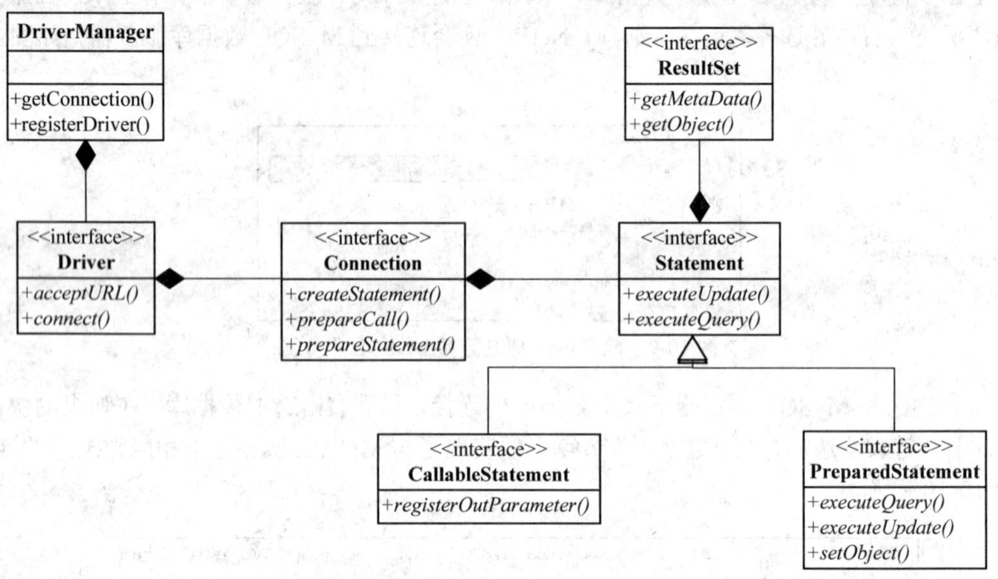

图 10-11　JDBC 的主要接口和类

10.3.1　JDBC 连接数据库

JDBC 与数据库连接的第一个动作是加载指定的数据库驱动程序，语法为：

```
Class.forName("Database.Driver");
```

在 NetBeans 中使用 Class.forName()方法加载数据库驱动类时，要确定包含数据库驱动程序的 jar 文件已经被添加到当前 Web 项目下的库目录中或“服务”窗格中“数据库”节点下的“驱动程序”节点中，否则会抛出找不到数据库驱动程序类的异常。

以加载 MySQL 驱动程序为例，代码如下：

```
Class.forName("com.mysql.jdbc.Driver");
```

Class 调用 forName()方法加载数据库驱动程序时会抛出 ClassNotFoundException，所以上述代码一般和 try…catch 连用，形式如下：

```
try{
    //加载 MySQL 的驱动类
    Class.forName("com.mysql.jdbc.Driver") ;
    }catch(ClassNotFoundException e){
    System.out.println("找不到驱动程序类，加载驱动失败！");
    e.printStackTrace() ;
}
```

数据库驱动程序类的名称可以在“服务”窗格下的“驱动程序”节点中 MySQL 驱动的定制属性中找到，如图 10-12 所示。

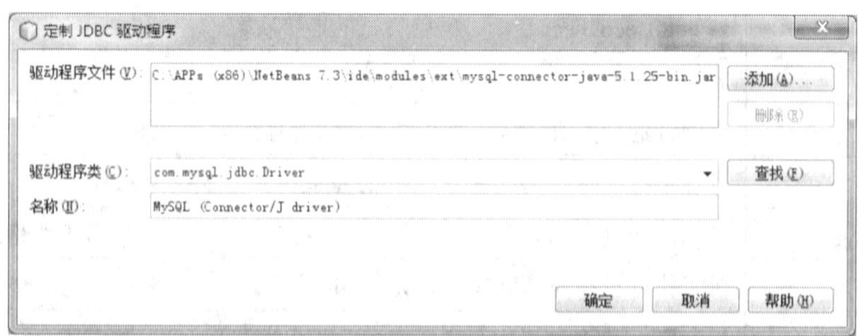

图 10-12　查看 MySQL 的驱动程序类名称

部分数据库驱动程序的加载方式如表 10-1 所示。

表 10-1　部分数据库驱动程序类名

数据库	驱动程序类名
PostgreSQL	Class.forName("org.postgresql.Driver");
Oracle	Class.forName("oracle.jdbc.driver.OracleDriver");
Sybase	Class.forName("com.sybase.jdbc2.jdbc.SybDriver");
Microsoft SQLServer	Class.forName("com.microsoft.jdbc.sqlserver.SQLServerDriver");
ODBC	Class.forName("sun.jdbc.odbc.JdbcOdbcDriver");
DB2	Class.forName("Com.ibm.db2.jdbc.net.DB2Driver");

加载驱动类后便通过 DriverManager 类自动调用 registerDriver()方法注册驱动类实例，通过 DriverManager 类调用 getConnection()方法实现以指定的连接字符串作为参数的数据库的连接，并返回连接对象 Connection。

返回 MySQL 服务器中 test 数据库连接的代码如下：

```
Connection conn=DriverManager.getConnection("jdbc:mysql://localhost:3306/test?user=root&password=nbuser");
```

或

```
String url="jdbc:mysql://localhost:3306/test";
String user="root";
String password="nbuser";
Connection conn=DriverManager.getConnection(url,user,password);
```

其中第一种方式使用连接字符串创建连接，在连接字符串中使用“?”连接参数，不同参数间用“&”分隔，除了使用 user 和 password 作为连接字符串参数外，其他参数如表 10-2 所示。

表 10-2　连接字符串参数

连接字符串参数	功能描述
autoReconnect	若第一次数据库连接失败，是否重新连接，默认为 false
maxReconnect	若 autoReconnect 启动，能够尝试的连接次数
initialTimeout	若 autoReconnect 启动，重新连接的间隔时间
maxRows	返回行的最大值（默认值 0 表示返回所有行）
useUnicode	处理字符串时，是否使用 unicode 编码方式，默认为 false
characterEncoding	若指定 useUnicode 为 true，在处理字符串时所采用的字符编码格式
relaxAutocommit	是否执行自动提交事务，默认为 false
capitalizeTypeNames	MetaData 的名称以大写字母表示，默认值为 false

一般情况下，数据库连接写入单独的方法中，需要访问该连接时调用该方法即可。

例 10-1　JDBC 创建访问 MySQL test 数据库的连接。

实现代码如下：

```
public Connection getConnectionByUser() {
    try {
        Class.forName("com.mysql.jdbc.Driver");
        String sql = "jdbc:mysql://localhost:3306/mynewdatabase?useUnicode=true&characterEncoding=utf-8";
        String user = "root";
        String password = "nbuser";
        conn = DriverManager.getConnection(sql, user, password);
    } catch (SQLException sqle) {
        System.out.println("Connecton Error...");
        sqle.printStackTrace();
    } catch (ClassNotFoundException cnfe) {
        System.out.println("Cannot find jdbc Driver...");
        cnfe.printStackTrace();
```

```
    }
    return conn;
}
```

10.3.2 JDBC 操作数据库

数据库的操作包括查询、插入、删除和更新。对访问的数据库建立连接之后，Web App 可以通过 JDBC 提供的 API 对数据库进行各种操作。

JDBC 提供 Statement、PreparedStatement 和 ResultSet 接口来实现对数据库的操作，其中 Statement 接口通过方法 executeQuery()和 executeUpdate()来执行不带参数的 SQL 语句的查询和更新；PreparedStatement 接口是 Statement 的子接口，允许预编译 SQL 代码，对带参 SQL 语句进行执行；ResultSet 接口表示记录集，用来保存数据表操作后返回的记录集。

Statement 和 PreparedStatement 接口中的方法如表 10-3 所示。

表 10-3 Statement 和 PreparedStatement 接口中的方法

Statement		PreparedStatement	
方法名	描述	方法名	描述
ResultSet executeQuery(String sql)	执行查询，返回记录集对应的 ResultSet 对象	ResultSet executeQuery()	执行查询，返回记录集对应的 ResultSet 对象
int executeUpdate(String sql)	执行数据的插入、删除、更新或数据表的操作，并返回受影响的行数	int executeUpdate()	执行 DML 并返回受影响的行数
boolean execute(String sql)	若不知道要执行的 SQL 是查询还是更新，则使用该方法	boolean execute()	返回 boolean，表示查询或更新的执行状况

1. Statement 接口

（1）查询数据库 executeQuery()。

```
public ResultSet getQueryInfo(String dbTable) {
    try {
        stmt = conn.createStatement();
        String sql = "select * from " + dbTable;
        rs = stmt.executeQuery(sql);
    } catch (SQLException sqle) {
        sqle.printStackTrace();
    }
    return rs;
}
```

（2）更新数据库 executeUpdate()。

```
public int getUpdateInfo(String sql_upd) {
//sql_upd 为对数据库执行更新操作的 SQL 语句
    int i=0;
    try{
        stmt=conn.createStatement();
        i=stmt.executeUpdate(sql_upd);
        }catch(SQLException sqle){
            sqle.printStackTrace();
        }
    return i;
}
```

（3）查询或更新数据库 execute()。

execute()能对作为参数的 SQL 语句进行判定，若是查询，则执行查询操作，返回值为 true；若是更新，则执行更新操作，返回值为 fasle，之后再根据返回值调用 tatement 中的方法来获取记录集或更新的记录数。

```
public boolean getQueryOrUpdateInfo(String sql) {
    boolean bl = false;
    try {
        stmt = conn.createStatement();
        bl = stmt.execute(sql);
    } catch (SQLException sqle) {
        sqle.printStackTrace();
    }
    return bl;
}
public int getUpdateInfo(boolean bl){
    int i=0;
    try{
        if(bl==false){
            i=stmt.getUpdateCount();
        }
    }catch(SQLException sqle){
        sqle.printStackTrace();
    }
    return i;
}
public ResultSet getQueryInfo(boolean bl){
    try{
        if(bl==true){
```

```
            rs=stmt.getResultSet();
        }
    }catch(SQLException sqle){
        sqle.printStackTrace();
    }
    return rs;
}
```

2. PreparedStatement 接口

PreparedStatement 接口继承了 Statement 接口，在执行 SQL 语句时，先对 SQL 语句进行预编译，允许 SQL 语句中包含未知参数，通过 setType()方法对指定位置的参数通过其参数类型来赋值，并通过覆盖 Statement 接口中的方法来实现对数据库的带参操作。

setType()方法中的 Type 表示数据表字段中的类型，JDBC 定义了 Java 类型与 SQL 类型的对应关系，常用类型如表 10-4 所示。

表 10-4　JDBC 常用类型和 SQL 类型

Java 类型	SQL 类型	set 方法	get 方法
boolean	BIT	setBoolean()	getBoolean()
int	INTEGER	setInt()	getInt()
long	BIGINT	setLong()	getLong()
float	FLOAT	setFloat()	getFloat()
double	DOUBLE	setDouble()	getDouble()
String	CHAR	setString()	getString()
String	VARCHAR	setString()	getString()
Date	DATE	setDate()	getDate()
Time	TIME	setTime()	getTime()
byte[]	BINARY	setBytes()	getBytes()

带参查询或更新数据库 execute()。

和 Statement 接口中的 execute()方法功能一致，查询返回值为 true，更新返回值为 false，PreparedStatement 接口中的 execute()方法无参数。

```
public boolean getQueryOrUpdateInfo(String sql, ArrayList para_lst) {
    boolean bl = false;
    try {
        ps = conn.prepareStatement(sql);
        int size = para_lst.size();
        for (int i = 1; i <= size; i++) {
```

```
                    ps.setString(i, para_lst.get(i - 1).toString());
                    //该方法只针对更新的字段类型均对应 JDBC 类为 String 有效
                }
                bl = ps.execute();
            } catch (SQLException sqle) {
                sqle.printStackTrace();
            }
            return bl;
        }
```

PreparedStatement 接口中的 excuteQuery()方法和 executeUpdate()方法与 Statement 接口类似，由于预编译的缘故，PreparedStatement 接口中的这 3 个方法均无参数。

PreparedStatement 接口通过 Connection 调用 prepareStatement()方法实现，并对该方法参数表中的 SQL 语句进行预编译，但 SQL 语句被预编译之前必须设置查询或更新参数的个数，每个参数用"?"代替。预编译后，通过 PreparedStatement 对象的 setType()设置。

带参查询的 SQL 语句语法为：

```
select * from TableName where columnName=?
```

带参更新的 SQL 语句语法为：

```
update TableName set columnName1=? where columnName2=?
```

或

```
insert into TableName(columnName1,columnName2…columnNameN)values(?,?...?)
```

在插入语句中，"?"的个数和数据表字段的个数对应。

例 10-2 对 MySQL 数据库服务器中的 mynewdatabase 数据库中的 pet 表插入数据。

简要分析：按照 JDBC 访问数据库的步骤，先加载，再创建连接，再进行插入操作。

需要操作的数据库 mynewdatabase 中的 pet 表有 6 个字段，包括 4 个 VARCHAR 类型：name、owner、species、sex，根据 SQL 类型与 JDBC 类型的对照，这 4 个字段可以使用 setString()方法；另外 2 个 DATE 类型 birth 和 death，由数据表的定义可以为空，所以可以忽略。

下面给出实现代码。

在 beans 类库项目中的 org.bean.user 包下添加数据库访问类 DbOperation.java。

```
package org.bean.user;
import java.sql.Statement;
import java.lang.ClassNotFoundException;
import java.sql.Connection;
import java.sql.DriverManager;
import java.sql.PreparedStatement;
import java.sql.ResultSet;
import java.sql.SQLException;
import java.util.ArrayList;
public class DbOperation {
```

```
private Connection conn;
private Statement stmt;
private PreparedStatement ps;
private ResultSet rs;

public void DbOperaton() {
}

public Connection getConnectionByUser() {
    try {
        Class.forName("com.mysql.jdbc.Driver");
        String sql = "jdbc:mysql://localhost:3306/mynewdatabase?useUnicode=true&characterEncoding=utf-8";
        String user = "root";
        String password = "nbuser";
        conn = DriverManager.getConnection(sql, user, password);
    } catch (SQLException sqle) {
        System.out.println("Connecton Error...");
        sqle.printStackTrace();
    } catch (ClassNotFoundException cnfe) {
        System.out.println("Cannot find jdbc Driver...");
        cnfe.printStackTrace();
    }
    return conn;
}

public ResultSet getQueryInfo(String dbTable) {
    try {
        stmt = conn.createStatement();
        String sql = "select * from " + dbTable;
        rs = stmt.executeQuery(sql);
    } catch (SQLException sqle) {
        sqle.printStackTrace();
    }
    return rs;
}

public int getUpdateInfo(String sql_upd) {
    int i = 0;
    try {
        stmt = conn.createStatement();
```

```
            i = stmt.executeUpdate(sql_upd);
        } catch (SQLException sqle) {
            sqle.printStackTrace();
        }
        return i;
    }

    public boolean getQueryOrUpdateInfo(String sql) {
        boolean bl = false;
        try {
            stmt = conn.createStatement();
            bl = stmt.execute(sql);
        } catch (SQLException sqle) {
            sqle.printStackTrace();
        }
        return bl;
    }

    public int getUpdateInfo(boolean bl, String flag) {
        int i = 0;
        try {
            if (bl == false) {
                if (flag.equals("stmt")) {
                    i = stmt.getUpdateCount();
                }
                if (flag.equals("ps")) {
                    i = ps.getUpdateCount();
                }
            }
        } catch (SQLException sqle) {
            sqle.printStackTrace();
        }
        return i;
    }

    public ResultSet getQueryInfo(boolean bl, String flag) {
        try {
            if (bl == true) {
                if (flag.equals("stmt")) {
                    rs = stmt.getResultSet();
```

```
                }
                if (flag.equals("ps")) {
                    rs = ps.getResultSet();
                }
            }
        } catch (SQLException sqle) {
            sqle.printStackTrace();
        }
        return rs;
    }

    public boolean getQueryOrUpdateInfo(String sql, ArrayList para_lst) {
        boolean bl = false;
        try {
            ps = conn.prepareStatement(sql);
            int size = para_lst.size();
            for (int i = 1; i <= size; i++) {
                ps.setString(i, para_lst.get(i - 1).toString());
            }
            bl = ps.execute();
        } catch (SQLException sqle) {
            sqle.printStackTrace();
        }
        return bl;
    }
}
```

在 Chapter10d 项目下选中“库”节点，添加“项目”，把 beans 项目打包为 beans.jar 文件引用。在“Web 页”下创建一个新的 JSP 页 lesson10d2.jsp。

```
<%@page import="java.util.ArrayList"%>
<%@page import="java.sql.Connection"%>
<%@page contentType="text/html" pageEncoding="GB2312"%>
<!DOCTYPE HTML PUBLIC "-//W3C//DTD HTML 4.01 Transitional//EN"
    "http://www.w3.org/TR/html4/loose.dtd">
<jsp:useBean id="dbopbean" class="org.bean.user.DbOperation" scope="page"/>

<html>
    <head>
        <meta http-equiv="Content-Type" content="text/html; charset=GB2312">
        <title>Db Update Page</title>
```

```
</head>
<body>
    <h3>Update MySQL MyNewDatabase</h3>
    <form method="POST">
        <table border="1">
            <tbody>
                <tr>
                    <td>name:<input type="text" name="petname" value="" /></td>
                    <td>owner:<input type="text" name="owner" value="" /></td>
                    <td>species:<input type="text" name="species" value="" /></td>
                </tr>
                <tr>
                    <td>sex   :<input type="text" name="petsex" value="" /></td>
                    <td>birth  :<input type="text" name="birth" value="" /></td>
                    <td>death   :<input type="text" name="death" value="" /></td>
                </tr>
                <tr>
                    <td> </td>
                    <td><input type="submit" value="SUBMIT" name="submit" /></td>
                    <td><input type="reset" value="RESET" /></td>
                </tr>
            </tbody>
        </table>

    </form>
    <%

                Connection conn = dbopbean.getConnectionByUser();
                String sql = "insert into pet(name,owner,species,sex) values(?,?,?,?)";
                int i = 0;
                String flag = "";
                if (request.getParameter("submit") != null) {
                    ArrayList para_lst = new ArrayList();
                    para_lst.add(request.getParameter("petname"));
                    para_lst.add(request.getParameter("owner"));
                    para_lst.add(request.getParameter("species"));
                    para_lst.add(request.getParameter("petsex"));
                    //para_lst.add(request.getParameter("birth"));
                    //para_lst.add(request.getParameter("death"));
```

```
                    boolean qOru = dbopbean.getQueryOrUpdateInfo(sql, para_lst);
                    flag = "ps";
                    i = dbopbean.getUpdateInfo(qOru, flag);
                }
                if (i > 0) {
                    flag = "insert success...";
        %>
        <%=flag%>
        <%
                }
                conn.close();
        %>
    </body>
</html>
```

在 lesson10d2.jsp 页中通过<jsp:useBean>调用 DbOperation，并创建其实例 dbopbean 访问类中的方法，由于未详细介绍 ResultSet 记录集对象，本例中只实现数据插入，未对 ResultSet 对象进行操作，关于 ResultSet 的内容将在下一节中介绍。

例 10-2 的执行结果如图 10-13 所示。

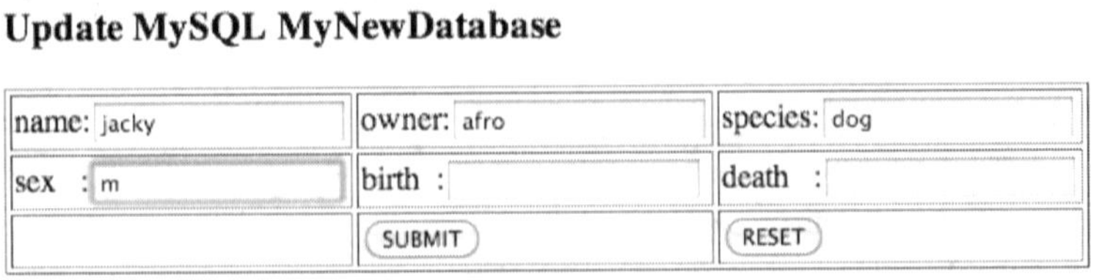

Update MySQL MyNewDatabase

name: jacky	owner: afro	species: dog
sex　: m	birth　:	death　:
	SUBMIT	RESET

图 10-13　输入要插入 pet 表中的数据

单击 SUBMIT 按钮，数据插入成功，页面显示如图 10-14 所示。

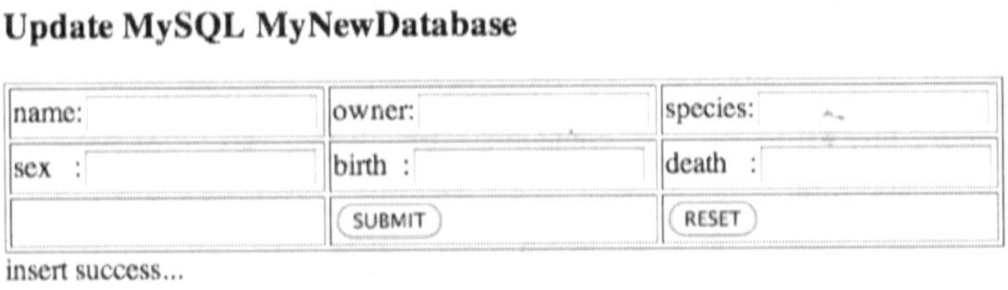

Update MySQL MyNewDatabase

name:	owner:	species:
sex　:	birth　:	death　:
	SUBMIT	RESET

insert success...

图 10-14　数据插入成功页面

在 NetBeans 的“服务”选项卡中选中 mynewdatabase 数据库下的表 pet，右击并选择“显示数据”选项，显示表中的所有记录，如图 10-15 所示。

#	name	owner	species	sex	birth	death
1	Fluffy	Harold	cat	f	1993-02-04	<NULL>
2	Claws	Gwen	cat	m	1994-03-17	<NULL>
3	Buffy	Harold	dog	f	1989-05-13	<NULL>
4	Fang	Benny	dog	m	1990-08-27	<NULL>
5	Bowser	Diane	dog	m	1979-08-31	1995-07-29
6	Chirpy	Gwen	bird	f	1998-09-11	<NULL>
7	Whistler	Gwen	bird	<N...	1997-12-09	<NULL>
8	Slim	Benny	snake	m	1996-04-29	<NULL>
9	jacky	afro	dog	m	<NULL>	<NULL>

图 10-15　最后一条数据为刚才插入的内容

10.3.3　JDBC 操作记录集

1．ResultSet 和 ResultSetMetaData

在 JDBC 2.0 中提供了对 ResultSet 中的记录进行自由浏览的参数 resultSetType，在 JDBC 3.0 中甚至提供了 resultSetHoldability 参数，来实现事务提交或回滚之后的记录集操作。

ResultSet 用来存储执行了 SQL 语句之后数据库的查询结果，一般通过行集的形式实现。ResultSet 对象通过 Statement 对象调用 executeQuery()（带参）方法或 PreparedStatement 对象调用 executeQuery()（不带参数）方法来实现。

ResultSetMetaData 接口提供了对查询语句执行后的记录所对应的字段名的支持，通过 ResultSet 对象调用 getMetaData()方法来实现。

例 10-3　显示 MySQL 数据库服务器中 mynewdatabase 数据库下的 pet 表中的所有记录，并显示其字段名。

实现代码如下：

```
<%@page import="java.sql.ResultSetMetaData"%>
<%@page import="java.sql.ResultSet"%>
<%@page import="java.sql.Connection"%>
<%@page contentType="text/html" pageEncoding="GB2312"%>
<!DOCTYPE HTML PUBLIC "-//W3C//DTD HTML 4.01 Transitional//EN"
    "http://www.w3.org/TR/html4/loose.dtd">
<jsp:useBean id="dbopbean" class="org.bean.user.DbOperation" scope="page"/>
<html>
    <head>
        <meta http-equiv="Content-Type" content="text/html; charset=GB2312">
        <title>JSP Page</title>
    </head>
    <%
            Connection conn = dbopbean.getConnectionByUser();
            String dbTable = "pet";
            ResultSet rs = dbopbean.getQueryInfo(dbTable);
            ResultSetMetaData rsmd = rs.getMetaData();
    %>
```

```
    <body>
        <table border="1">
            <thead>
                <tr>
                    <%
                        for (int i = 1; i <= rsmd.getColumnCount(); i++) {
                    %>
                    <th><%=rsmd.getColumnName(i)%></th>
                    <%}%>
                </tr>
            </thead>
            <tbody>
                <%
                    while (rs.next()) {
                %>
                <tr>
                    <td><%=rs.getString(1)%></td>
                    <td><%=rs.getString("owner")%></td>
                    <td><%=rs.getString("species")%></td>
                    <td><%=rs.getString(4)%></td>
                    <td><%=rs.getDate("birth")%></td>
                    <td><%=rs.getDate(6)%></td>
                </tr>
                <%}%>
            </tbody>
        </table>
    </body>
</html>
```

例 10-3 的执行结果如图 10-16 所示。

name	owner	species	sex	birth	death
Fluffy	Harold	cat	f	1993-02-04	null
Claws	Gwen	cat	m	1994-03-17	null
Buffy	Harold	dog	f	1989-05-13	null
Fang	Benny	dog	m	1990-08-27	null
Bowser	Diane	dog	m	1979-08-31	1995-07-29
Chirpy	Gwen	bird	f	1998-09-11	null
Whistler	Gwen	bird	null	1997-12-09	null
Slim	Benny	snake	m	1996-04-29	null

图 10-16　表 pet 中的字段名和所有记录

ResultSetMetaData 对象通过 getColumnName()方法取得查询结果的字段名。

ResultSet 对象通过 getType()方法获取记录集中的一条记录的每个字段的值，Type 表示与 SQL 类型对应的 Java 类型。

2. ResultSet 数据导航

在 JDBC 1.0 中，ResultSet 对象只能按照从第一条记录开始到最后一条记录结束的顺序方式遍历结果。这种方式限制了对记录集中的记录进行灵活的访问，所以 JDBC 2.0 中通过 createStatement()或 prepareStatement()方法中的 ResultSetType 参数来实现对记录集中的记录进行除 next 之外的 previous、absolute、last 和 first 等操作，并且还能够把其他用户对数据库的修改情况敏感地在记录集中反应出来。

ResultSetType 包含 3 个整型常量：ResultSet.TYPE_FORWARD_ONLY（不滚动）、ResultSet.TYPE_SCROLL_INSENSITIVE、ResultSet.TYPE_SCROLL_SENSITIVE。

- ResultSet.TYPE_FORWARD_ONLY：默认的光标类型，仅支持结果集向前浏览，和 JDBC 1.0 中的记录集查看方式相同。
- ResultSet.TYPE_SCROLL_INSENSITIVE：支持光标在记录集中进行 backforward、random、last、first 等操作，对其他用户更改数据库中的数据是不敏感的。

这两种方式从数据库取出数据后，会把全部数据保存到缓存中，对结果集的后续操作实际上是操作缓存中的数据，数据库中的记录发生变化后不会影响缓存中的数据。

- ResultSet.TYPE_SCROLL_SENSITIVE：支持光标在记录集中的 backforward、random、last、first 等操作，对其他用户更改数据库中的数据是敏感的，数据库中的数据发生变化会反应到敏感的记录集中。

ResultSet.TYPE_SCROLL_SENSITIVE 的执行方式和前两种不同，从数据库取出的数据不是全部保存到缓存中，而是把每条数据的 rowid（行 id）保存至缓存，对记录集进行后续操作时，根据 rowid 与数据库中记录的引用获取数据。所以如果 ResultSet 是 SENSITIVE 的，则通过 ResultSet 能反应出数据库中最新的记录变化。但 Insert 和 Delete 操作不会影响到 ResultSet，因为 Insert 数据的 rowid 不在 ResultSet 取出记录的 rowid 中，所以 Insert 的数据对 ResultSet 是不可见的，而 Delete 数据的 rowid 依旧在 ResultSet 的缓存中，所以 ResultSet 仍可以取出被删除的记录，这也是由于一般数据库的 Delete 操作是标记删除，不是真正在数据库中删除记录。

例 10-4 对 pet 表中的记录执行导航操作。

在 beans 项目的 DbOperation 中修改 getQueryInfo()方法，代码如下：

```
public ResultSet getQueryInfo(String dbTable, String sens_status) {
        try {
            if (sens_status.equals("insensitive")) {
                stmt = conn.createStatement(ResultSet.CONCUR_READ_ONLY, ResultSet.TYPE_
                        SCROLL_INSENSITIVE);
```

```
                } else if(sens_status.equals("sensitive")){
                    stmt = conn.createStatement(ResultSet.CONCUR_UPDATABLE, ResultSet.TYPE_
                    SCROLL_SENSITIVE);
                }else{
                    stmt=conn.createStatement();
                }
                String sql = "select * from " + dbTable;
                rs = stmt.executeQuery(sql);

            } catch (SQLException sqle) {
                sqle.printStackTrace();
            }
            return rs;
        }
```

lesson10d4.jsp

```
<%@page import="java.sql.SQLException"%>
<%@page import="java.io.IOException"%>
<%@page import="java.io.PrintWriter"%>
<%@page import="java.sql.ResultSetMetaData"%>
<%@page import="java.sql.ResultSet"%>
<%@page import="java.sql.Connection"%>
<%@page contentType="text/html" pageEncoding="GB2312"%>
<!DOCTYPE HTML PUBLIC "-//W3C//DTD HTML 4.01 Transitional//EN"
    "http://www.w3.org/TR/html4/loose.dtd">
<jsp:useBean id="dbopbean" class="org.bean.user.DbOperation"/>
<html>
    <head>
        <meta http-equiv="Content-Type" content="text/html; charset=GB2312">
        <title>JSP Page</title>
    </head>
    <body>
        <h3>Navigate Result Set</h3>
        <%
            Connection conn = dbopbean.getConnectionByUser();
            String dbTable = "pet";
            ResultSet rs = dbopbean.getQueryInfo(dbTable,"Insensitive");
            ResultSetMetaData rsmd = rs.getMetaData();
            rs.last();
            int rowCount = rs.getRow();
```

```
        rs.first();
    %>
        <table border="1">
            <thead>
            <tr>
                <th> </th>
                <%
                    for (int i = 1; i <= rsmd.getColumnCount(); i++) {
                %>
                <th><%=rsmd.getColumnName(i)%></th>
                <%}%>
            </tr>
        </thead>
            <tbody>
                <tr>
                    <td>
                        <form>
                        <select name="selRowId">
                            <%
                                for (int i = 1; i <= rowCount; i++) {
                            %>
                            <option><%=i%></option>
                            <%}%>
                        </select>
                        <input type="submit" value="select" name="submit" />
                    </form>
                    </td>
                    <%
                    if(request.getParameter("submit")!=null){
                    Integer rowid=Integer.valueOf(request.getParameter("selRowId"));
                        rs.absolute(rowid);
                    %>
                    <td><%=rs.getString(1)%></td>
                    <td><%=rs.getString(2)%></td>
                    <td><%=rs.getString(3)%></td>
                    <td><%=rs.getString(4)%></td>
                    <td><%=rs.getDate(5)%></td>
                    <td><%=rs.getDate(6)%></td>
                    <%}%>
```

```
                </tr>
            </tbody>
        </table>
    </body>
</html>
```

例 10-4 的执行结果如图 10-17 所示。

Navigate Result Set

	name	owner	species	sex	birth	death
5 select	Bowser	Diane	dog	m	1979-08-31	1995-07-29

图 10-17　浏览 pet 表中的记录

除此之外，ResultSet 对象在设置 resultSetType 参数后还提供 afterLast()和 previous()等方法实现光标直接跳转到记录集最末、向前跳转光标等操作。

3. ResultSet 数据更新

在 JDBC 1.0 中，更新数据需要使用 SQL 语句 update，并执行 Statement 或 PreparedStatement 的 executeUpdate()和 execute()方法实现；在 JDBC 2.0 之后，可以通过设置 ResultSetConcurrency 参数来实现直接更新记录集中的数据。

ResultSetConcurrency 的整型常量有两个：ResultSet.CONCUR_READ_ONLY 和 ResultSet.CONCUR_UPDATABLE。

根据两个常量的字面意思可知，ResultSet.CONCUR_READ_ONLY 表示数据记录为只读，不可修改；ResultSet.CONCUR_UPDATABLE 表示数据记录可以修改，JDBC 会把更新同步到数据库，更新语法如下（假设 Connection 对象 conn 已经连接成功）：

```
Statement stmt=conn.createStatement(ResultSet.TYPE_SCROLL_SENSITIVE, ResultSet.CONCUR_UPDATABLE);
String sql="select columnName1,columnName2…columnNameN from tableName";
ResultSet rs=stmt.executeQuery(sql);
rs.absolute(rowid);
rs.updateType(columnName1,value1);
…
rs.updateType(columnNameN,valueN);
rs.updateRow();
```

上述代码中，absolute()方法指定需要修改的行 id；updateType()和 setType()、getType()实现对记录集中具体数据类型的更新操作，其中的参数可以是 String 的 columnName，也可以是 int 的 columnId，一般的更新操作使用 columnName 提高代码的可读性；updateRow()表示将更新结果同步到数据库。在执行 updateRow()方法之前，更新操作均在缓存中执行，在执行该方法后，被更新的记录才会在数据库中执行更新。若需要取消更新，可以在调用 updateRow()方法之前执行 cancelRowUpdates()方法来实现。

使用 ResultSet.CONCUR_UPDATABALE 不但可以执行更新，还能执行插入和删除操作。

（1）insert 操作。

```
rs.moveToInsertRow();
rs.updateType(1,value1);
rs.updateType(2,value2);
…
rs.updateType(n,valueN);
rs.insertRow();
```

调用 moveToInsertRow()方法将 ResultSet 的光标移动到需要插入的位置，再通过 updateType()方法实现对每个字段的插入（更新）操作，由于插入数据的普遍性，可以直接使用 columnId 作为 updateType()方法的参数来执行插入操作；调用 insertRow()方法把缓存中的数据插入到数据库中。

（2）delete 操作。

```
rs.absolute(rowid);
rs.deleteRow();
```

delete 操作相对简单，只需要先把光标移动到需要删除行的位置，然后调用 deleteRow()方法删除行即可。

注意：若要在 ResultSet 中对数据进行更新等操作，必须在生成 Statement 或 PreparedStatement 对象时指定构造方法中的参数：ResultSet.TYPE_SCROLL_SENSITIVE 和 ResultSet.CONCUR_UPDATABLE。

JDBC 3.0 提供了 ResultSetHoldability 参数来决定事务提交或回滚之后 ResultSet 对象是否仍然可用。

ResultSetHoldability 参数包括两个整型常量，HOLD_CURSORS_OVER_COMMIT 表示在事务 commit（提交）或 rollback（回滚）后，ResultSet 仍然可以使用；另一个参数 CLOSE_CURSORS_AT_COMMIT 表示在事务完成后，不论成功失败，都关闭 ResultSet。

10.3.4 JDBC 实现批处理

除了一条一条地进行数据更新、插入、删除之外，JDBC 还提供了对一个 Statement 对象同时执行多条数据操作的 SQL 语句的支持，即实现批处理操作。

JDBC 的批处理操作通过 Statement 对象调用多个 addBatch()方法执行，并最终调用 executeBacth()方法完成对数据库的全部操作，语法如下：

```
Statement stmt=conn.createStatement();
int[] rows;
stmt.addBatch("第 1 条更新 SQL 语句");
```

```
stmt.addBatch("第 2 条更新 SQL 语句");
…
stmt.addBatch("第 N 条更新 SQL 语句");
try{
        rows=stmt.executeBatch();
}catch(BatchUpdateException bue){
        int[] success_rows=bue.getUpdateCounts();
}
```

JDBC 执行批处理操作会产生部分 SQL 语句无法更新成功的情况；而 JDBC 的事务处理默认为自动提交，即批处理中所有的 SQL 语句全部执行成功才执行事务提交，否则仅提交从第一条 SQL 语句起连续成功执行的更新操作，若批处理中有错误发生，则错误发生后的更新指令将不被执行。可以通过批处理执行异常 BatchUpdateException 事件中的 getUpdateCounts() 方法来获取出错之前执行成功的 SQL 语句。

若想在批处理中实现完整的事务性质，需要关闭事务的自动提交模式，调用 Connection 对象的 setAutoCommit()方法，将默认的 true 参数设为 false 之后即可实现手动提交事务。

语法如下：

```
conn.setAutoCommit(false);
Statement stmt=conn.createStatement();
int[] rows;
stmt.addBatch("第 1 条更新 SQL 语句");
stmt.addBatch("第 2 条更新 SQL 语句");
…
stmt.addBatch("第 N 条更新 SQL 语句");
try{
        rows=stmt.executeBatch();
        conn.commit();
}catch(BatchUpdateException bue){
        conn.rollback();
}
```

通过手动控制事务的提交和回滚就能够实现事务 ACID 的特性，值得注意的是，commit() 和 rollback()方法需要抛出 SQLException 异常。

10.3.5 JSTL 访问数据库

在 JSP 中访问数据库，在加载数据驱动、创建数据连接或指定数据源对象时不建议使用 JSTL 访问数据库的功能，因为根据软件开发思想中高内聚、低耦合的规范，JSP 页相当于在 MVC 架构中的 View，而数据连接这些功能应放在 Model 中。但在一些小型网站的建设中，JSTL 访问数据库的功能比使用 Scriptlet 要简单快速。

JSTL 访问数据库的标签库的 URI 是 http://java.sun.com/jsp/jstl/sql，指定的前缀是 SQL，其中包含的标签及其功能描述在 8.5.1 节中已列出。

1．设置数据源

根据数据源（DataSource）的存在与否，<sql:setDataSource>语法分为两种：

- 数据源已存在，指定在 JSP 页中调用的 DataSource 的变量名。

```
<sql:setDataSource dataSource="已知数据源"
[var="varName"]
[scope="{page|request|session|application}"] />
```

- 数据源不存在，即创建新的 DataSource 对象。

```
<sql:setDataSource driver="数据库驱动程序类全名"
url="jdbcURL"
user="userName"
password="password"
[var="varName"]
[scope="{page|request|session|application}"]
```

第二种创建新数据源的方式包含了 JDBC 加载数据库驱动程序和创建数据连接两个部分的功能，并将其统一，通过 var 属性指定 DataSource 的变量名。

例 10-5 通过 JSTL 创建与 MySQL 中 MyNewDatabase 数据库的连接。

实现代码如下：

```
<%@page contentType="text/html" pageEncoding="GB2312"%>
<%@taglib prefix="sql" uri="http://java.sun.com/jsp/jstl/sql" %>
<!DOCTYPE HTML PUBLIC "-//W3C//DTD HTML 4.01 Transitional//EN"
    "http://www.w3.org/TR/html4/loose.dtd">
<html>
    <head>
        <meta http-equiv="Content-Type" content="text/html; charset=GB2312">
        <title>Connect to Database by JSTL</title>
    </head>
    <body>
        <sql:setDataSource driver="com.mysql.jdbc.Driver"
                           url="jdbc:mysql://localhost:3306/MyNewDatabase"
                           user="root" password="nbuser"
                           var="newdbSrc" scope="page"/>
    </body>
</html>
```

2．数据查询

数据查询的标签为<sql:Query>，其属性名和功能描述如表 10-5 所示。

表 10-5 <sql:query>标签的属性

属性名	支持 EL	功能描述
sql	支持	设置 select 查询语句，可以作为标签体（标签内容）实现
dataSource	支持	数据源
maxRows	支持	设置查询返回的记录对象中临时保存记录的最大行数
startRow	支持	设置查询返回的记录对象的起始下标，未指定从 0 开始
var	不支持	设置保存查询返回的记录对象的变量名
scope	不支持	设置 var 的作用域范围

一般情况下，把 sql 属性的内容直接作为<sql:query>的标签体实现。

例 10-6 查询 MyNewDatabase 数据库中 subject 表从第 2 条记录开始的共 5 条记录，并在表格中显示查询结果。

简要分析：

（1）根据题意，获取 subject 表中从第 2 条记录开始的共 5 条记录，则使用<sql:Query>的 startRow 属性，由于初始值从 0 开始，把 startRow 属性值设为 1，maxRows 属性值为 5。

（2）var 属性获取 SQL 语句的返回值，其类型为 javax.servlet.jsp.jstl.Result，Result 接口提供了访问查询（Query）结果的方法，如表 10-6 所示。

表 10-6 Result 接口中的方法

方法名	EL 方法表达式	功能描述
SortedMap[] getRows()	Rows	获取以字段名为关键字（key）的 SortedMap 数组对象集，数组的每一个元素对应一条记录
Object[][] getRowByIndex()	RowsByIndex	返回值是个二维数组，一维数组为行集，每一行通过下标方式访问列（字段），通常用两个<c:forEach>遍历
String[] getColumnNames()	ColumnNames	获取 SQL 语句返回值的字段名的集合
int getRowCount()	RowCount	获取 SQL 语句返回的最大行数
boolean isLimitedByMaxRows()	LimitedByMaxRows	是否通过 maxRows 属性限制了返回的最大行数

代码实现如下：

```
<%@page contentType="text/html" pageEncoding="GB2312"%>
<%@taglib prefix="sql" uri="http://java.sun.com/jsp/jstl/sql" %>
<%@taglib prefix="c" uri="http://java.sun.com/jsp/jstl/core"%>
<!DOCTYPE HTML PUBLIC "-//W3C//DTD HTML 4.01 Transitional//EN"
    "http://www.w3.org/TR/html4/loose.dtd">
```

```
<html>
    <head>
        <meta http-equiv="Content-Type" content="text/html; charset=GB2312">
        <title>Connect to Database by JSTL</title>
    </head>
    <body>
        <sql:setDataSource driver="com.mysql.jdbc.Driver"
                              url="jdbc:mysql://localhost:3306/MyNewDatabase"
                              user="root" password="nbuser"
                              var="newdbSrc" scope="page"/>
        <sql:query var="rs_subject" maxRows="5" startRow="1" dataSource="${newdbSrc}">
            SELECT * FROM Subject
        </sql:query>
        <table border="1">
            <thead>
                <tr>
                    <c:forEach var="colName" items="${rs_subject.columnNames}">
                        <th><c:out value="${colName}"/></th>
                    </c:forEach>
                </tr>
            </thead>
            <tbody>
                <c:forEach var="row" items="${rs_subject.rowsByIndex}">
                    <tr>
                        <c:forEach items="${row}" var="column">
                            <td><c:out value="${column}" /></td>
                        </c:forEach>
                    </tr>
                </c:forEach>
            </tbody>
        </table>
    </body>
</html>
```

例 10-6 的执行结果如图 10-18 所示。

subject_id	name	description	counselor_idfk
2	Existential Psychotherapy	Often wonder what the purpose of life is? After learning the basics of Existential Psychotherapy, you'll understand why you're happy when you're feeling happy, and why you're not feeling happy when you're not happy, allowing you to transcend to a state of pure bliss.	7
3	Temper Management	Are your angry outbursts affecting your relationships with loved-ones? Do tantrums at work hinder your ability to perform? Temper management helps you to channel your anger into positive, life-changing productivity.	4
4	Past-Life Regression	Past-Life Regression is a journey of the soul, backward and forward through time, like a yo-yo.	2
5	Marriage Guidance	Even if you share a solid, caring and mutually beneficial relationship with your spouse, you may both still need urgent counseling. There's only one way to find out. Contact us now!	1
6	Crisis Management	Whether you're a fireman, executive CEO, or housewife, applying crisis management techniques at the right moment can be life-saving for you as well as all those around you.	3

图 10-18　指定 startRow 和 maxRows 的返回结果

3. 数据更新

<sql:update>标签用以实现除查询之外的数据库操作，如 create、insert、update、delete 等，具有 sql、var 和 scope 三个属性，和<sql:query>相同，sql 属性一般放在标签体中实现，语法为：

```
<sql:update [var="varName"] [scope="{page|request|session|application}"]>
    SQL 更新语句
</sql:update>
```

若 SQL 更新语句中带有参数，需要在<sql:update>标签中嵌入子标签<sql:param>，通过<sql:param>标签的属性 var 来对参数进行赋值，若参数类型是 Date 类型，则使用<sql:dateParam>。

例 10-7 使用<sql:update>创建新的数据表 PLAYERS，并插入一条记录。

实现代码如下：

```
<sql:update var="effectRows">
CREATE TABLE PLAYERS
        (PLAYERNO        INTEGER NOT NULL PRIMARY KEY,
         NAME            CHAR(15) NOT NULL,
         BIRTH_DATE      DATE,
         SEX             CHAR(1) NOT NULL
                       CHECK(SEX IN ('M','F')),
         JOINED          SMALLINT NOT NULL
                       CHECK(JOINED > 1969) )
</sql:update>
<c:catch var="errInfo">
    <sql:update var="effectRows">
    insert into PLAYERS(PLAYNO,NAME,BIRTH_DATE,SEX,JOINED) values(?,?,?,?,?)
        <sql:param value="${playno}"/>
        <sql:param value="${param.name}"/>
        <sql:dateParam value="${param.birth_date}" type="date"/>
        <sql:param value="${param.sex}"/>
        <sql:param value="${param.joined}"/>
    </sql:update>
    Executed successfully, <c:out value="${effectRows}"/>rows affected.
</c:catch>
```

变量 playno 通过 java.util.UUID.randomUUID().toString()方式生成，其他属性通过文本框控件提交后由 EL 隐式对象 param 从 request 请求对象中获取。

10.4 事务处理

数据库中的事务处理可以确保除非事务性单元内的所有操作都成功完成，否则不会永久更新面向数据的资源。通过将一组相关操作组合为一个要么全部成功要么全部失败的单元，可以简化错误恢复并使应用程序更加可靠。一个逻辑工作单元要成为事务，必须满足原子性、一致性、隔离性和持久性属性。

10.4.1 JDBC 处理事务

JDBC API 中的事务处理是通过 Connection 对象进行控制的。Connection 对象提供了两种事务模式：自动提交模式和手工提交模式。系统默认为自动提交模式，即对数据库进行操作的每一条记录都被看做是一项事务，操作成功后，系统会自动提交，否则自动取消事务。如果想自行处理事务，先需要取消自动提交模式。通过使用 Connection 对象的 setAutoCommit(false) 方法来取消自动提交事务。

Connection 接口中提供了控制事务的方法，如表 10-7 所示。

表 10-7 Connection 接口中的事务处理方法

方法名	功能描述
void setAutoCommit()	设置是否取消自动提交模式
boolean getAutoCommit()	判断当前事务模式是否为自动提交
void commit()	手动提交事务
void rollback()	手动回滚事务

使用 JDBC 进行事务处理需要注意，并不是所有数据库管理系统均支持事务处理，同时一个 JDBC 不能跨越多个数据库实现；DatabaseMedaData 的 supportTranslations()方法便可以实现该功能，检查数据库是否支持事务处理，若返回 true 则说明支持事务处理，否则返回 false。如使用 MySQL 的事务功能，就要求 MySQL 里的表的类型为 Innodb 才支持事务控制处理，否则 JSP 中实现的提交和回滚操作在数据库中是不生效的。

综上所述，实现事务处理的基本流程如下：

（1）判断当前使用的 JDBC 驱动程序和数据库是否支持事务处理。

（2）在支持事务处理的前提下，取消系统的自动提交模式。

（3）添加需要进行的数据库处理指令。

（4）将事务处理提交到数据库。

（5）在处理事务时，若某条指令发生错误，则执行事务回滚操作，回滚到事务提交前的状态。

10.4.2 JSTL 处理事务

JSTL 中的事务处理同样用于保护作为一个组必须成功或失败的数据库操作，通过将相应的<sql:query>和<sql:update>操作嵌套到一个<sql:transaction>标签体内容中实现，即把<sql:query>和<sql:update>作为<sql:transcation>的子标签，<sql:transaction>的语法为：

```
<sql:transaction [dataSource="dataSourceName"]
[isolation="{ READ_COMMITTED|READ_UNCOMMITTED|REPEATABLE_READ| SERIALIZABLE}"]>
    <sql:query…/>
    or
    <sql:update…/>
</sql:transaction>
```

isolation 属性表示事务的隔离级别，隔离级别越高，为避免冲突所耗费的系统资源越多，应用程序执行的速度就越慢，数据库的访问就越可靠，这是一个矛盾的共同体。上述 4 种隔离级别由低到高的顺序依次是：READ_UNCOMMITTED<READ_COMMITTED<REPEATABLE_READ< SERIALIZABLE。

例 10-8 通过 JSTL 的 SQL 标签实现对 MySQL 下 Test 数据库中 Employee 表的管理，并实现事务操作。

实现代码如下：

```
<%@ page import="java.sql.Date,java.text.*" %>
<%@ taglib uri="http://java.sun.com/jsp/jstl/core" prefix="c"%>
<%@ taglib uri="http://java.sun.com/jsp/jstl/sql" prefix="sql"%>
<html>
    <head>
        <title>JSTL sql:transaction Tag</title>
    </head>
    <body>
        <sql:setDataSource var="testSrc" driver="com.mysql.jdbc.Driver"
                            url="jdbc:mysql://localhost:3306/TEST"
                            user="root"    password="nbuser"/>
        <%
                    Date DoB = Date.valueOf("2001/12/16");
                    int empId = 100;
        %>
        <sql:transaction dataSource="${testSrc}">
            <sql:update var="count">
                UPDATE Students SET last = 'Ali' WHERE Id = 102
            </sql:update>
            <sql:update var="count">
                UPDATE Students SET last = 'Shah' WHERE Id = 103
            </sql:update>
            <sql:update var="count">
                INSERT INTO Employee
                VALUES (104,'Nuha', 'Ali', '2010/05/26');
```

```
            </sql:update>
        </sql:transaction>
        <sql:query dataSource="${testSrc}" var="result">
            SELECT * from Employee;
        </sql:query>
        <table border="1">
            <tr>
                <th>Emp ID</th>
                <th>First Name</th>
                <th>Last Name</th>
                <th>DoB</th>
            </tr>
            <c:forEach var="row" items="${result.rows}">
                <tr>
                    <td><c:out value="${row.id}"/></td>
                    <td><c:out value="${row.first}"/></td>
                    <td><c:out value="${row.last}"/></td>
                    <td><c:out value="${row.dob}"/></td>
                </tr>
            </c:forEach>
        </table>
    </body>
</html>
```

例 10-8 的执行结果如图 10-19 所示。

Emp ID	First Name	Last Name	DoB
100	Zara	Ali	2001-12-16
101	Mahnaz	Fatma	1978-11-28
102	Zaid	Ali	1980-10-10
103	Sumit	Shah	1971-05-08
104	Nuha	Ali	2010-05-26

图 10-19 Employee 表的操作结果

10.5 数据库连接池

在 10.4 节中发现，JDBC 创建的数据库连接在不同的 JSP 页中访问数据库时不停地被打开和关闭，这样不但加重了程序员代码开发的冗余，还造成了系统资源的频繁分配和释放。对数据库连接的管理能显著地影响整个 Web App 的伸缩性和健壮性，直接反映应用程序的性能指标。数据库连接池正是针对这个问题提出来的一种有效的解决方式。

10.5.1 连接池概述

数据库连接池负责分配、管理和释放数据库连接，它允许应用程序重复使用一个现有的数据库连接，无需重新创建。数据库连接池在初始化时将创建一定数量的数据库连接并保存在数据库连接池中，当用户需要访问数据库时，直接从数据库连接池中取出已经创建好的空闲连接对象，执行对数据库的访问操作；当操作完毕后，用户也无需关闭数据库连接，而是将连接放回连接池，以供下一个请求访问使用。数据库连接的建立、断开均由连接池自身管理，程序员只充当连接池使用者的角色，同时程序员可以设置连接池的最大连接数来防止系统无止境地创建并保存数据库连接，保证系统资源的有效利用。

数据库连接池的分配释放对系统性能有很大的影响，是否分配缓存创建新的数据库连接或删除连接释放缓存通过一种被称为引用计数（Reference Counting）的方式来实现。

当用户请求数据库连接时，首先查看连接池中是否有空闲连接，即当前没有分配出去的连接。如果存在空闲连接，则把连接分配给客户并标记该连接为正在使用，使引用计数加 1；如果没有空闲连接，则查看当前已经创建的连接个数是不是已经达到最大连接数，如果没达到就新创建一个连接给请求的用户；如果达到最大连接数就按设定的最大等待时间进行等待，如果等待时间结束后仍没有空闲连接，就抛出无空闲连接的异常给用户。

当用户释放数据库连接时，先判断该连接的引用次数是否超过了规定值，如果超过就删除该连接，并判断当前连接池内的连接数是否小于最小连接数，若小于就将连接池充满；如果没超过就将该连接标记为开放状态，可供再次复用。

通过使用引用计数的方式保证了数据库连接的有效复用，避免频繁地建立、释放连接所带来的系统资源开销。

在进一步了解数据库连接池计数之前，读者还需要掌握另外两个概念：JNDI 和数据源（DataSource）。

JNDI（Java Naming and Directory Interface，Java 命名和目录接口）是 JavaEE 提供的一种为应用程序查找所需资源的命名和目录的服务，特别是在 Web 环境下，JNDI 可以使用户在不知道所需资源物理路径的情况下，通过资源的一个逻辑名称获取并使用该资源。如果访问的资源是数据库，JDBC 提供了 javax.sql.DataSource 接口，在 Web Server 的支持下把数据库连接封装成一个数据库资源的逻辑名称，供 JNDI 访问。

10.5.2 NetBeans 访问数据库连接池

NetBeans 提供对数据库连接池的支持，并且通过与 Web 服务器的集成，使得数据源的设置、JNDI 的访问和数据库连接池的创建与维护变得更为简单。

在 NetBeans 设置数据库连接池之前，首先必须确认需要访问的数据库管理系统和其中的数据库资源，这里以 MySQL 中创建的 mynewdatabase 数据库的 Subject 和 Counselor 表作为数据库实例。NetBeans 实现与 MySQL 的连接请参见 10.2.2 节的内容。

NetBeans 访问数据库连接池的步骤如下：

（1）在 GlassFishV3 服务器环境下配置。

在 2.5.5 节中提到了 NetBeans 6.9 之后的版本默认支持的 Web Server 是 GlassFish，所以 NetBeans 提供 GlassFish 资源文件的创建向导，简单有效地为 GlassFish 创建可以引用的资源。

1）通过 NetBeans 的“服务”窗格创建与 MySQL 下的 mynewdatabase 数据库的连接，如图 10-20 所示。

图 10-20　NetBeans 连接 MySQL 下的数据库

2）设置 JDBC 数据源和连接池。

①创建 Web 应用程序，在“服务器和设置”界面中修改服务器为 GlassFish Server 3，如图 10-21 所示。

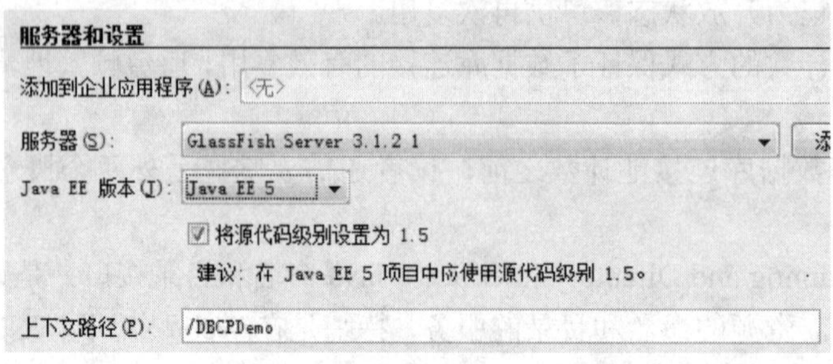

图 10-21　选择 GlassFish 服务器

②选中当前的 Web 项目，选择“文件”菜单中的“新建文件”命令（Ctrl+N）打开“新建文件”向导，在“选择文件类型”区域中指定“类别”为 GlassFish，“文件类型”是 JDBC 资源，如图 10-22 所示。

③随后会打开“New JDBC 资源”向导，在“常规属性”下选择“创建新的 JDBC 连接池”，把“JNDI 名称”改为 jdbc/mynewdatabase；这里创建的 JNDI 名称即是由 JNDI 访问的逻辑名称。“对象类型”和“启用”保持默认选项，单击“下一步”按钮。

④直接单击“下一步”按钮跳过“附加属性”。如果当前资源无附加配置信息而单击了“添加”按钮，则向导无法正常进行，需要退出向导后重新进入。

图 10-22 创建 GlassFish 的 JDBC 资源文件

⑤修改 JDBC 连接池的名称，一般以访问的数据库名称和池的英文单词 Pool 一起作为连接池的名称，单击“下一步”按钮。

⑥查看“资源类型”为数据源的全称 javax.sql.DataSource，实现数据连接的 3 个必要属性——URL、User 和 Password 是否正确，一般情况下无需修改，如图 10-23 所示。

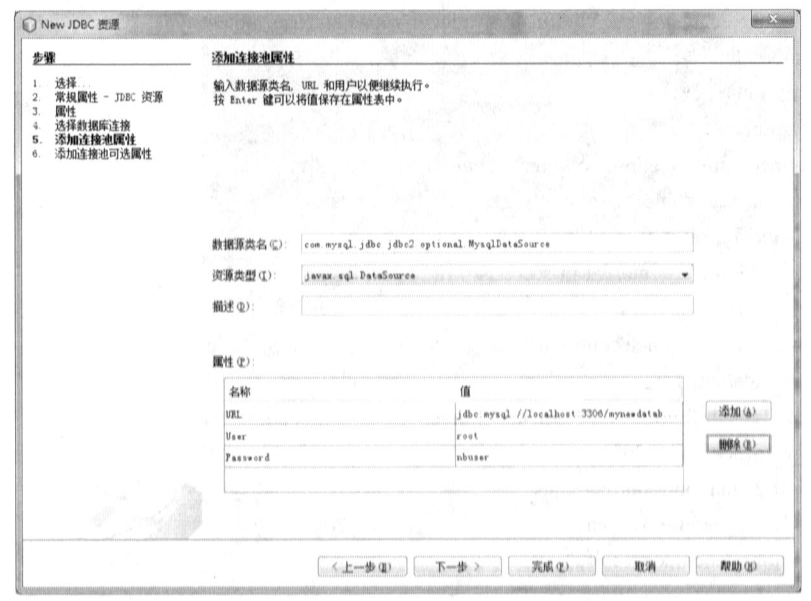

图 10-23 添加连接池属性界面

这一步可以直接单击“完成”按钮结束 JDBC 连接池的创建，也可以单击“下一步”按钮来查看并修改连接池的可选属性，如稳定池大小、最大池大小、最长等待时间、空闲超时等。

⑦JDBC 资源创建成功后，在“项目”窗口的“服务器资源”目录下会生成一个名为 glassfish-resources.xml 的文件，如图 10-24 所示。

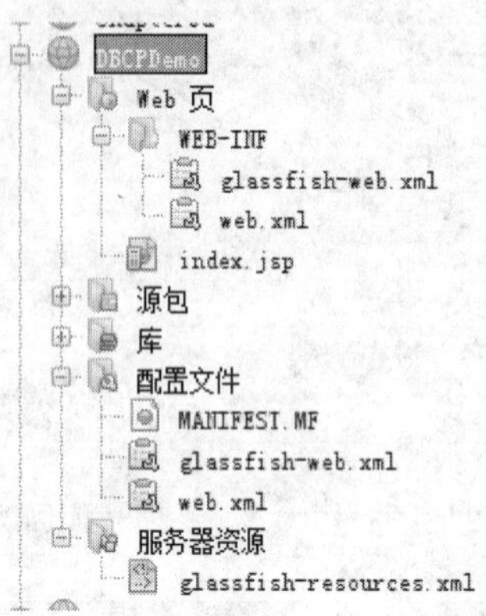

图 10-24　服务器资源文件 glassfish-resources.xml

glassfish-resources.xml 文件的内容如下：

```
<?xml version="1.0" encoding="UTF-8"?>
<!DOCTYPE resources PUBLIC "-//GlassFish.org//DTD GlassFish Application Server 3.1 Resource
   Definitions//EN" "http://glassfish.org/dtds/glassfish-resources_1_5.dtd">
<resources>
   <jdbc-resource enabled="true" jndi-name="jdbc/mynewdatabase" object-type="user" pool-name=
"mynewdatabasePool">
      <description/>
   </jdbc-resource>
   <jdbc-connection-pool allow-non-component-callers="false"
associate-with-thread="false"
connection-creation-retry-attempts="0"
connection-creation-retry-interval-in-seconds="10"
connection-leak-reclaim="false"
connection-leak-timeout-in-seconds="0"
connection-validation-method="auto-commit" datasource-classname=
"com.mysql.jdbc.jdbc2.optional.MysqlDataSource" fail-all-connections="false"
idle-timeout-in-seconds="300"
is-connection-validation-required="false"
is-isolation-level-guaranteed="true"
lazy-connection-association="false"
lazy-connection-enlistment="false"
match-connections="false"
```

```
max-connection-usage-count="0"
max-pool-size="32"
max-wait-time-in-millis="60000"
name="mynewdatabasePool"
non-transactional-connections="false"
pool-resize-quantity="2"
res-type="javax.sql.DataSource"
statement-timeout-in-seconds="-1"
steady-pool-size="8"
validate-atmost-once-period-in-seconds="0"
wrap-jdbc-objects="false">
    <property name="URL" value="jdbc:mysql://localhost:3306/mynewdatabase?
    zeroDateTimeBehavior=convertToNull"/>
    <property name="User" value="root"/>
    <property name="Password" value="nbuser"/>
  </jdbc-connection-pool>
</resources>
```

在 JDBC 资源创建好之后，选中当前的 Web 项目，右击并选择“部署”选项，当输出窗口提示“成功构建”时，便可以在“服务”窗口中启动 GlassFish Server，查看其中“资源”目录下的 JDBC 资源和连接池，如图 10-25 所示。

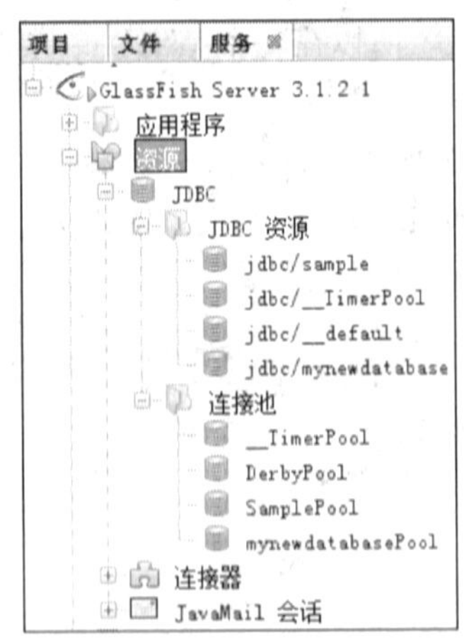

图 10-25　GlassFish 下的 JDBC 资源创建成功

3）引用数据源。

在项目窗口中，展开 WEB-INF 目录，打开 web.xml 部署描述符文件，单击 web.xml 文件图形界面中的“引用”标签，在“资源引用”区域中单击“添加”按钮，弹出“添加资源引用”对话框，键入资源名称 jdbc/mynewdatabase，如图 10-26 所示。

单击“确定”按钮，引用的资源会列在“资源引用”标题下，如图 10-27 所示。

添加资源引用
资源名称(N): jdbc/mynewdatabase
资源类型(T): javax.sql.DataSource
验证(A): Container
共享范围(S): Shareable
描述(D):
确定 取消

图 10-26　添加资源引用对话框

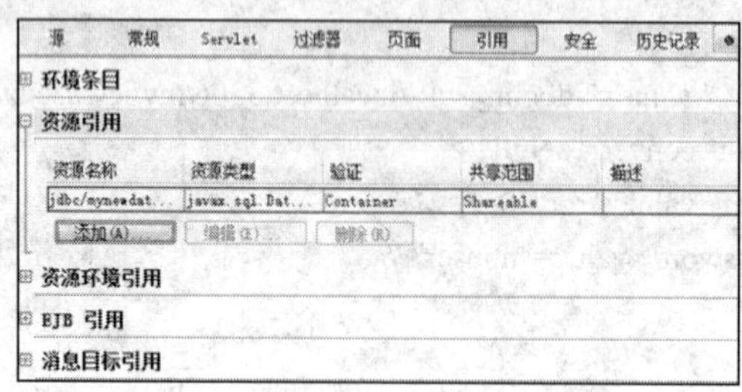

图 10-27　JDBC 资源引用成功

4）Web App 访问数据库连接池。

经过前面的 3 个步骤，JDBC 数据库资源成功创建并被 web.xml 文件引用，由于 web.xml 文件的作用域范围属于应用程序级，所以在整个 Web App 中的任何页面均可以访问该数据库连接池。

从 JSP 页的“组件”面板中选择“数据库”→“数据库报告”命令嵌入 JSTL 的 sql 标签库的数据库报告标签（封装过的<sql:query>标签），键入变量名称、范围、数据源和查询语句，如图 10-28 所示。

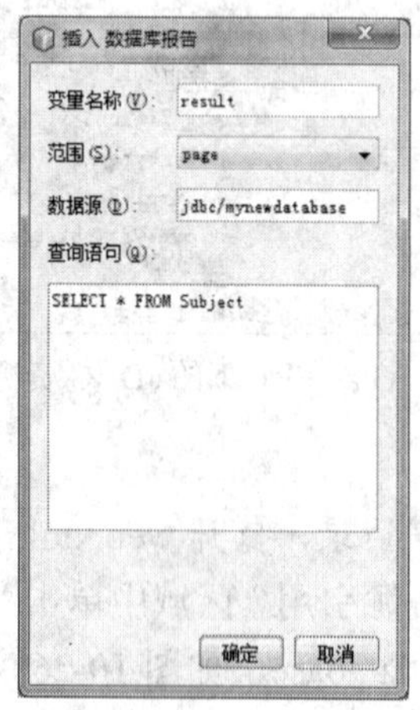

图 10-28　插入数据库报告

10 Chapter

JSP 页代码如下：

```
<%@page contentType="text/html" pageEncoding="UTF-8"%>
<%@taglib prefix="sql" uri="http://java.sun.com/jsp/jstl/sql" %>
<%@taglib prefix="c" uri="http://java.sun.com/jsp/jstl/core"%>
<sql:query var="result" dataSource="jdbc/mynewdatabase">
    SELECT * FROM Subject
</sql:query>

<table border="1">
    <!-- column headers -->
    <tr>
    <c:forEach var="columnName" items="${result.columnNames}">
        <th><c:out value="${columnName}"/></th>
    </c:forEach>
</tr>
<!-- column data -->
<c:forEach var="row" items="${result.rowsByIndex}">
    <tr>
    <c:forEach var="column" items="${row}">
        <td><c:out value="${column}"/></td>
    </c:forEach>
    </tr>
</c:forEach>
</table>
<!DOCTYPE html>
<html>
    <head>
        <meta http-equiv="Content-Type" content="text/html; charset=UTF-8">
        <title>JSP Page</title>
    </head>
    <body>
        <h1>Database ConnectionPool Demo</h1>
    </body>
</html>
```

JSP 页的程序运行结果如图 10-29 所示。

（2）Apache Tomcat 7 服务器环境配置。

NetBeans 对 Tomcat 服务器的支持相对疲软，程序员必须自己键入配置文件的内容，并在 web.xml 文件里实现引用。在 Tomcat 服务器环境下配置 JDBC 资源的实现步骤和 GlassFish 较为相似，除了在上下文配置文件 context.xml 中要手动输入数据库连接池的属性外。

subject_id	name	description	counselor_idfk
1	Financial Consultancy	Investment advice and financial planning guidance, helping you to maximize your net worth through proper asset allocation. This includes the stocks, bonds, mutual funds, insurance products, and gambling strategies proven to work.	9
2	Existential Psychotherapy	Often wonder what the purpose of life is? After learning the basics of Existential Psychotherapy, you'll understand why you're happy when you're feeling happy, and why you're not feeling happy when you're not happy, allowing you to transcend to a state of pure bliss.	7
3	Temper Management	Are your angry outbursts affecting your relationships with loved-ones? Do tantrums at work hinder your ability to perform? Temper management helps you to channel your anger into positive, life-changing productivity.	4
4	Past-Life Regression	Past-Life Regression is a journey of the soul, backward and forward through time, like a yo-yo.	2
5	Marriage Guidance	Even if you share a solid, caring and mutually beneficial relationship with your spouse, you may both still need urgent counseling. There's only one way to find out. Contact us now!	1
6	Crisis Management	Whether you're a fireman, executive CEO, or housewife, applying crisis management techniques at the right moment can be life-saving for you as well as all those around you.	3
7	Dream Analysis	Dream Analysis will allow you to delve into the depths of your subconcious. Your counselor will put you through a rigorous, disciplined training program, allowing you to remain in a waking state while dreaming. By the end, you'll be able to analyse your dreams while you are having them!	8
8	Hypnosis	Contrary to popular belief, hypnosis can be a powerful and effective form of counseling.	6
9	Reiki	Need a massage but are afraid to let a stranger touch your body? Reiki could be the perfect solution for you.	5

Database ConnectionPool Demo

图 10-29　Web App 访问数据库连接池成功

context.xml 文件在“项目”窗体中当前 Web 项目的 META-INF 目录下，双击打开，内容如下：

```
<?xml version="1.0" encoding="UTF-8"?>
<Context antiJARLocking="true" path="/Chapter10d" />
```

在 context.xml 文件中添加 JDBC 资源的信息，代码如下：

```
<?xml version="1.0" encoding="UTF-8"?>
<Context path="/Chapter10d" docBase="Chapter10d"
    debug="5" crossContext="true" reloadable="true"
    cachingAllowed="true" cacheMaxSize="20480"
    cacheTTL="10000">
<WatchedResource>WEB-INF/web.xml</WatchedResource>
<Resource
name="jdbc/mynewdatabase"
auth="Container"
type="javax.sql.DataSource"
driverClassName="com.mysql.jdbc.Driver"
url="jdbc:mysql://localhost:3306/mynewdatabase?autoReconnect=true"
username="root"
password="nbuser"
```

```
maxActive="5"
maxIdle="2"
maxWait="1000" />
</Context>
```

Context 元素表示一个 Web 应用，其部分属性的功能如表 10-8 所示。

表 10-8　Context 元素的部分属性

Context 元素属性	功能描述
path	指定 Web 应用的上下文路径
docBase	指定 Web 应用的文档基础路径
debug	与 Engine 关联的 Logger 记录的调试信息的详细程度，数字越大，输出越详细，如果没有指定，默认为 0
crossContext	如果在应用内调用 ServletContext.getContext()来返回在该虚拟主机上运行的其他 Web 应用的 request dispatcher，则设为 true
reloadable	监视/WEB-INF/classes/和/WEB-INF/lib 下面的类是否发生变化，在发生变化时自动重载 Web 应用

WatchedResource 元素用来监控标签描述符文件，使得自动加载器能随时更新这个文件。

Resource 元素用来定义资源的属性，在 Context 元素下最多只能拥有一个<Resource>标签。Resource 元素定义的资源可以在 web.xml 文件中通过<resource-ref>或<resource-env-ref>标签引用，Resource 元素的部分属性描述如表 10-9 所示。

表 10-9　Resource 元素的部分属性

Resource 属性	功能描述
name	资源名称
auth	指定管理 Resource 的 Manager，在 Container 和 Application 之间选择
type	指定资源所对应 Java 类名的全称
driverClassName	数据库驱动程序类名全称
url	数据库连接字符串
username	访问数据库的用户名
password	访问数据库对应用户名的密码
maxActive	指定数据库连接池中处于活动状态的数据库连接的最大数目，取值为 0，表示不受限制
maxIdle	指定数据库连接池中处于空闲状态的数据库连接的最大数目，取值为 0，表示不受限制
maxWait	指定数据库连接池中数据库连接处于空闲状态的最长时间（ms），超过一定时间将会抛出异常。取值为-1，表示可以无限制等待

打开 web.xml 图形界面中的“引用”选项，单击“添加”按钮，弹出和图 10-26 一致的“添加资源引用”对话框，键入“资源名称”等属性，完成资源引用。

因为使用的数据源名称相同，即 jdbc/mynewdatabase，所以 JSP 页的代码和 GlassFish 中的相同。

如果完成上述步骤之后仍出现“找不到数据库驱动程序”的异常，则执行如下操作，使用 NetBeans 对该 Web 应用实现部署，部署成功后切换到“文件”管理窗口，会出现 build 文件夹，把 MySQL 的数据库驱动程序拷贝到 build 文件夹的 WEB-INF\lib 文件夹里，才能保证 Tomcat 服务器在执行该 Web 项目时获取到 MySQL 的数据库驱动程序类，如图 10-30 所示。

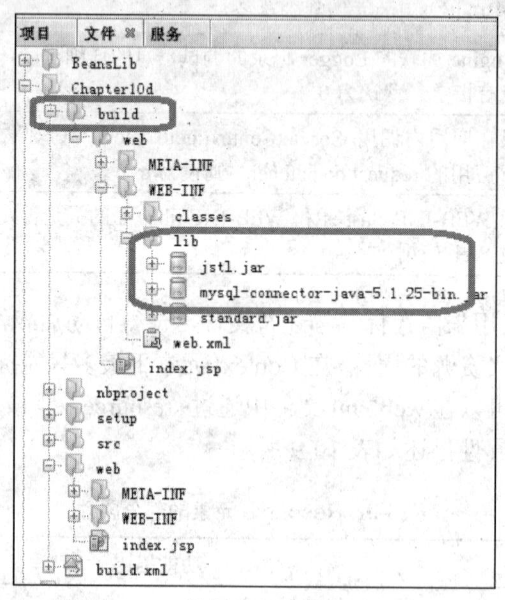

图 10-30　拷贝 MySQL 数据库驱动程序到 build\WEB-INF\lib\

最终执行结果和 GlassFish 一致。

10.6　实例实现

通过本章的学习，10.1 节引入的 CHERRYONE 公司需要开发的新一代原型，读者是否能够根据 10.1 节给出的功能需求自行实现呢？下面来看一下 Zac 开发团队是如何实现该原型的。

提示：在创建数据表时，country 表可以作为 users 的子表，包含国家代码和语言代码；users 表和 products 表可以参照第 3 章的 JavaBean 属性。

创建获取数据库连接的 bean，实现连接（也可以通过数据库连接池和 JSTL 实现）；再创建访问数据库的 bean，实现查询、新增、修改、删除等方法。

在 Servlet 里调用 bean 中的各种方法，并通过 JSP 页的用户请求返回相应的数据内容。

10.7 习题

1．JDBC 和数据库创建连接的顺序是（　　）。

A．注册驱动、加载驱动、生成连接字符串、返回连接

B．加载驱动、注册驱动、生成连接字符串、返回连接

C．生成连接字符串、注册驱动、加载驱动、返回连接

D．生成连接字符串、加载驱动、注册驱动、返回连接

2．当执行单一 SQL 多次时，________比________的效率高。

3．在 JDBC 中，可对数据库进行遍历，以数组形式得到数据表、表字段属性、数据库版本号等信息，通过________接口可以实现。

4．ResultSet 对象通过________属性实现在记录集中更新数据，通过________属性实现记录集和数据库同步。

5．使用 Connection 的（　　）方法可以建立一个 PreparedStatement 接口。

A．createPrepareStatement()

B．prepareStatement()

C．createPreparedStatement()

D．preparedStatement()

6．下面的描述正确的是（　　）。

A．PreparedStatement 继承自 Statement

B．Statement 继承自 PreparedStatement

C．ResultSet 继承自 Statement

D．CallableStatement 继承自 PreparedStatement

7．在 JDBC 中使用事务，回滚事务的方法是（　　）。

A．Connection 的 commit()

B．Connection 的 setAutoCommit()

C．Connection 的 rollback()

D．Connection 的 close()

第四篇　深入 JSP 开发

11 Web App的框架模式

MVC 模式是一种软件架构模式，它把软件系统分为 3 个部分：模型（Model）、视图（View）和控制器（Controller）。MVC 模式最早由 Xerox（施乐）公司帕罗奥多研究中心在 20 世纪 80 年代提出，最初只是针对 Smalltalk 语言开发的一种软件设计模式。MVC 模式的目的是实现一种动态的程序设计，使后续对程序的修改和扩展简化，并且使程序某一部分的重复利用成为可能。除此之外，MVC 模式通过对复杂度的简化，使程序结构更加直观。

学习完本章，您能够：

- 了解 MVC 框架的概念和优势。
- 掌握 JavaEE 模型下 MVC 框架的两种模式。
- 掌握 MVC 的具体应用。

11.1 实例引入

CHERRYONE 公司准备组织部分员工对 Zac 团队的 Web 项目进行测试，要求 Zac 团队对项目进行构建和部署，并对 Zac 项目经理提出以后会有更多的业务功能需要被添加到该项目中。Zac 项目经理通过和团队成员讨论，决定将之前的项目套用 MVC 框架。

本次需要实现的功能有：

- 将之前的项目内容套用 MVC 框架模式。
- 对 Web 项目进行构建和部署。

11.2 MVC 框架简介

MVC 作为一种经典的框架模式，通过把职责、性质相近的成分归结在一起，不相近的进行隔离，将系统分解为模型（Model）、视图（View）、控制器（Controller）3 个部分，每一部分都相对独立、职责单一，在实现过程中可以专注于自身的核心逻辑。MVC 是对系统复杂性的一种合理的梳理与切分，它的思想实质就是“关注点分离”，有效地在存储和展示数据的对象中区分功能模块以降低它们之间的耦合度，这种体系结构将传统的输入、处理和输出模型转化为图形显示的用户交互模型。

MVC 框架的体系结构如图 11-1 所示。

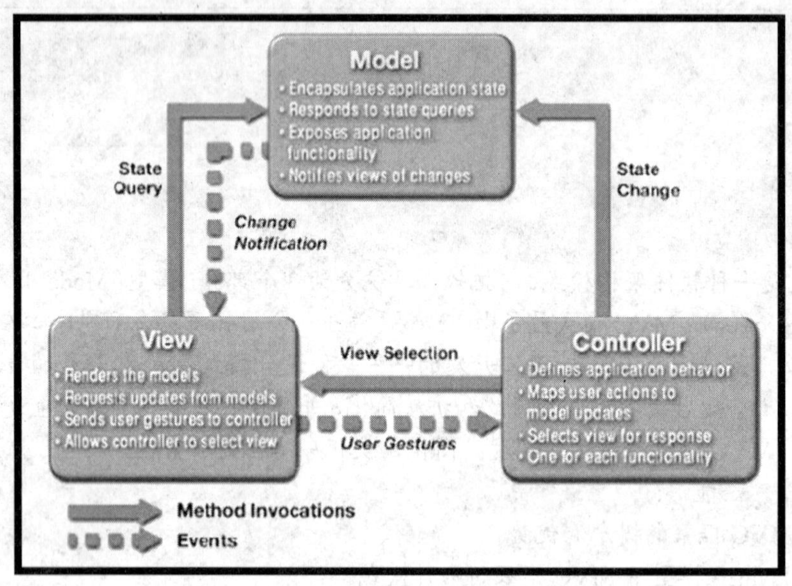

图 11-1　MVC 体系结构

Model 的基本功能：封装应用程序状态，响应状态查询，暴露应用程序功能，通知 View 数据状态改变。

View 的基本功能：反映 Model 中数据的改变，从 Model 中请求更新，将用户指令发送到 Controller，允许 Controller 选择合适的 View。

Controller 的基本功能：定义应用程序行为，映射用户行为到 Model 的数据更新，为响应选择合适的 View，每个功能设定一个 Controller 模块。

11.2.1　模型 Model

Model 是整个 Web App 的核心部分，又被称为数据模型，用于封装与应用程序的业务逻辑相关的数据以及对数据的处理方法。Model 有对数据直接访问和操作的权力，如数据库访问；一定层面上，Model 不依赖 View 和 Controller，也就是说 Model 不关心它会被如何显示或是如何被操作，但是 Model 中数据的变化一般会通过事件（Event）通知 View，这需要那些用于监视此 Model 的 View 事先在此 Model 上注册，才可以了解在数据模型上发生的改变。

数据模型的关键是访问数据，实现数据在 View 上的更新。Model 层中与数据库交互可以使用 JDBC 的数据访问对象（Data Access Objects，DAO）结合以 JavaBean 形式出现的值对象（Value Objects，VO）等共同实现，这也是传统 MVC 模式中 Model 层常用的方式之一。除此之外，Hibernate 框架[1]也是创建 Model 层的快捷方式之一。

注释：[1]Hibernate 框架对 JDBC 进行了非常轻量级的对象封装，使得 Java 开发人员从大量相同的数据持久层的相关工作中解放出来，Hibernate 为面向对象的领域到传统的关系型数据库的映射提供了一个方便的实用框架。

11.2.2 视图 View

View 是与用户交互的界面，它通常从 Model 中获取数据并指定这些数据的表现形式；当 Model 中的数据发生改变时，View 通过状态查询维护数据表现的一致性。同时 View 接收用户输入，将用户的需求通知 Controller。

View 在传统的 MVC 模式中通过 JSP 页的方式实现，MVC 强制实现 Model 层和 View 层的分离，实现网页设计和数据库逻辑的分离，大大提高了维护效率。

在 Web 应用开发之初，JSP 的确是一种在网页中进行动态交互的优秀的方法，如本书中介绍的一样，它通过在 HTML 标签里嵌入 Java 代码来完成程序逻辑。这种所有的代码均在 JSP 页中完成的方式可以算是 MVC 的雏形，即 View 包含 Model 和 Controller，三层全在 View 中实现。这种被称为万能 JSP 法的模式随着 JSP 页中嵌入的数据量和业务逻辑的增多而变得越来越杂乱无章，并且导致了可读性的低下，同时造成代码的维护和修改成倍增长。一个 JSP 页的大小可能会达到上百 KB，这使得要找到自己的程序逻辑所花的定位时间严重滞后，同时在修改时必须小心翼翼，防止篡改了团队成员的逻辑。所以随着 Web 应用程序业务量和数据量的提升，在 JSP 页中实现 View、Model 和 Controller 的功能变得难以接受。换句话说，不是写不下去，是读不出来，也无法维护和修改。

11.2.3 控制器 Controller

Controller 作为 View 和 Model 的桥梁，控制数据流向，接收 View 中的用户指令，并对 View 进行重绘或是选择合适的 View 进行显示。Controller 定义了应用程序的行为，它可以分派用户的请求并选择恰当的视图以用于显示，同时它也可以解释用户的输入并将它们映射为 Model 中可执行的操作。在一个图形界面中，常见的用户输入包括单击按钮和菜单选择，而在 Web 应用中，它还包括对 Web 层的 HTTP 的 GET 和 POST 的请求；Controller 可以基于用户的交互和 Model 的操作结果来选择下一个可以显示的 View，一个应用程序通常会基于一组相关的功能设定一个 Controller 的模块，甚至一些应用程序会根据不同的用户类型具有不同的

Controller 设定，这主要是因为不同用户的 View 交互和选择也是不同的。

在万能 JSP 法之后，JavaEE 的开发者们试着把 JSP 页中的 Java 代码提取出来，并作为 Servlet 实现，这使得 Controller 和 Model 从 View 中被分离出来，使得整个程序流程变得比之前清晰很多，但即便如此，Web App 的开发仍然步履维艰，开发者试着把实现相同功能的 Java 类提取出来，并把直接和数据操作的程序代码从 Servlet 中抽出，使其成为独立的部分，而剩下的 Java 代码则专门用来处理具体的业务逻辑，这便产生了 Controller。

11.3 两种框架模式

作为一种主流的框架模式，MVC 一直是很多 Web App 开发架构所依据的框架模式，它为软件的分层及实现提供了一种稳定而成熟的结构方案和开发方法。随着 Web App 随互联网技术的不断扩张，MVC 框架模式也根据程序逻辑的复杂性和解决方式划分成了不同的派别。

其中最早的 MVC 框架模式被称为万能 JSP 法，这种模式直观却不易维护，又被称为 Model1 方法；为了有效地控制开发，为问题的解决提供一个清晰的层次模型，增加解决方案的扩展性和维护性，主流 MVC 模式诞生了，这种完全基于 MVC 框架模式的开发方法被统称为 Model2 方法；随着需要实现的程序逻辑的不断增长，传统 MVC 对程序逻辑容量和扩展性的改善也显得捉襟见肘，由此递归的应用 MVC 框架模式的分析方法被提出，之后又提出了三角形结构和双键结构，甚至链状结构，本节内容重点介绍主流的 MVC 模式 Model2。

11.3.1 Model1

前面提到最初的 MVC 框架原型又被称为万能 JSP 法，即 View、Model 和 Controller 全都集中在一个 JSP 页中实现，由于这种方式存在的种种问题，JavaEE 的设计师们将可以重复使用的组件从 JSP 页中抽取出来写成 JavaBean。当用户发送一个请求时，服务器端通过 JSP 作为 View 调用被分离的 JavaBean，而这部分 JavaBean 则负责相关的数据存取、逻辑运算等职能，并将执行结果返回到 JSP 页上作为对用户的响应，这就是 JavaEE 中 MVC 的 Model1，如图 11-2 所示。

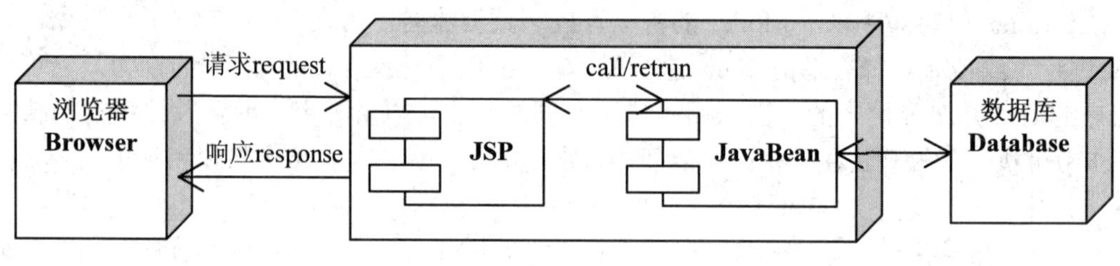

图 11-2 使用 JSP+JavaBean 的 Model1

在当时而言，Model1 比之前的万能 JSP 法提高了程序的可读性，并且通过 JavaBean 重复利用已经存在的代码逻辑，使不同的 JSP 页调用实现不同功能的组件，提升了开发效率；但由于 Model1 缺少 Controller，即缺少了整个程序中进行交互的纽带，无法控制数据流向，不利于维护和扩展。

11.3.2 Model2

1. Model2 的概念

Model2 是一种被广泛应用于 Java Web Application 中的复杂的框架模式，这种模式把显示内容从曾用于获取和操作这些内容的逻辑中分离出来。因为 Model2 能够分离逻辑层和显示层，它也常常与 Model View Controller（MVC）规范联系起来，然而 Model2 框架中并没有确切规定包含 MVC 中的 Model 层，一部分书籍刊物中推荐 Model2 中应有一个形式化的层来包含 MVC 中 Model 的代码，如在 Java BluePrints 的最初设想中，用 EJBs 封装 MVC 的 Model。Model2 架构如图 11-3 所示。

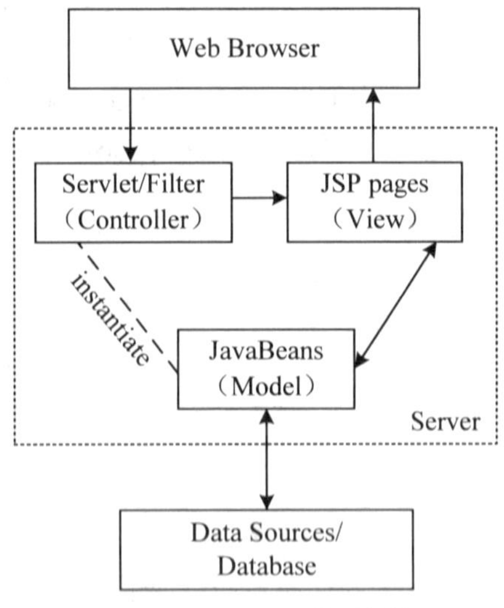

图 11-3 Model2 体系结构

在通过 Model2 框架构建的应用程序中，客户端浏览器的请求被传递到 Controller，Controller 通过执行任何逻辑需求来获取用以显示的正确数据内容，它处理这些通常用 JavaBean 或 POJO[1]形式实现的请求内容，并决定哪些 JSP 页面将显示这些请求信息，即由 View 层把 Controller 传递过来的内容呈现出来。

为设计 JSP 页面诞生的 Model2 体系结构实际上就是应用于 Web App 的 MVC 框架，换句话说，它们两者之间在 Web 场景中可以互相替换。Model2 体系结构和它的派生模式是设计所有正规和有产业优势的 Web App 的关键和基石。

2. Model2 的优势

Model 的目标可以用"Since there is no presentation logic in JSP, there are no Scriptlet."来形容，这句话的意思是"若 JSP 中没有了程序逻辑，也就消除了 Scriptlet（脚本编译元素）"。虽然 Model2 的直接目的是消除 Scriptlet，但它在结构上并没有强制用户不使用 Scriptlet。

在 MVC 架构中，程序员能够在 Web App 中使用尽可能多的 Servlet 来作为 Controller；实际上在一个模块中使用一个 Servlet 作 Controller 就够了，因为整个 Web App 中用作 Controller 的单个 Servlet 能够集中处理应用程序中要被分派到不同 View 的请求对象，如果存在多个 Servlet 作为 Controller 来接收不同用户请求中的任务，实际上处理这些任务时出现业务逻辑重复的几率将大大增高，这样反而得不偿失。

3. Model2 和 Model1 的区别

- Model2 使用 Controller 来处理用户请求，而 Model1 仍然在 JSP 中实现请求处理。
- Model2 通过 Controller 访问 Model 中的 JavaBean 对象来处理业务逻辑。
- Model2 通过 Controller 对 Model 中的 JavaBean 进行赋值和取值。
- Model2 通过 Controller 基于请求的 URL 分派请求对象到各个 View。
- Model2 在 View 中不存在业务逻辑，JSP 页的功能是提交用户输入、显示被实例化的 bean 中的数据。

注释：[1]POJO 是简单 Java 对象（Plain Old Java Objects），即普通的 JavaBean，是为了避免和 EJB 混淆所创造的简称，它通指没有使用 Entity Bean 的普通 Java 对象，可以把 POJO 作为支持业务逻辑的协助类。

11.3.3 MVC 简单应用

本节以主流的 MVC 框架模式 Model2 为规范，即 JavaBean+JSP+Servlet 的形式来创建简单的 Web 应用。

例 11-1 以 Model2 的方式创建一个用户登录程序。

简要分析：由于涉及到数据库访问，创建类似映射数据表形式的 JavaBean 文件 login_user_bean，指定其属性与数据表的字段对应；使用 DAO 访问 test 数据库下的 login_user 数据表，在接口中定义以 login_user_bean 为参数的 validateLogin()验证方法，并通过 DAOImpl 和 DAOProxy 进行实现；最后通过 DAOFactory 创建接口实例，实现接口中的方法。

创建 LoginServlet，用来接收从 JSP 页提交的用户输入，通过 DAOFactory 实现的接口实例调用 validateLogin()方法，并把实例化的 login_user_bean 对象传入 Model 层中验证，返回验证结果。

在 View 层的 index.jsp 页中，接收用户输入的信息，并通过<form>提交给 Controller 中的 LoginServlet，再把从 Model 层中返回的信息通过中介 Controller 发送到 View 上响应给客户端浏览器。

整个 Web 项目的结构如图 11-4 所示。

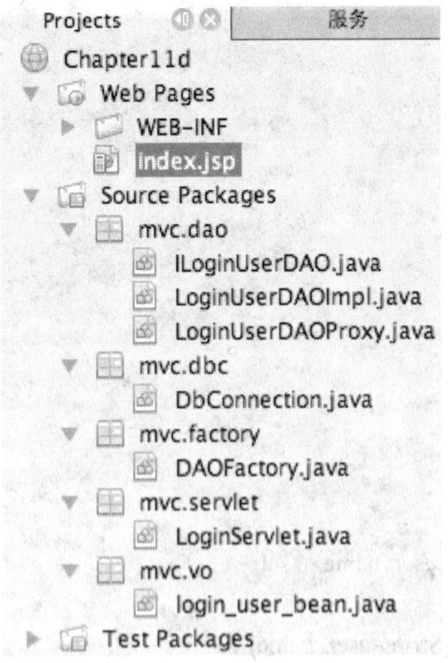

图 11-4　套用 MVC 框架的 Web 项目结构

下面给出实现代码。

按照 DAO 的设计标准，先定义出 VO 类，以 JavaBean 的形式来实现 login_user_bean.java，代码如下：

```
package mvc.vo;
public class login_user_bean {
    private int login_user_id;
    private int user_id;
    private String user_name;
    private String user_password;
    private String description;
    public login_user_bean(){
    }

    /**
     * @return the login_user_id
     */
    public int getLogin_user_id() {
        return login_user_id;
    }
```

```
    /**
     * @return the user_id
     */
    public int getUser_id() {
        return user_id;
    }

    /**
     * @return the user_name
     */
    public String getUser_name() {
        return user_name;
    }

    /**
     * @param user_name the user_name to set
     */
    public void setUser_name(String user_name) {
        this.user_name = user_name;
    }

    /**
     * @return the user_password
     */
    public String getUser_password() {
        return user_password;
    }

    /**
     * @param user_password the user_password to set
     */
    public void setUser_password(String user_password) {
        this.user_password = user_password;
    }

    /**
     * @return the description
     */
    public String getDescription() {
        return description;
```

```
    }

    /**
     * @param description the description to set
     */
    public void setDescription(String description) {
        this.description = description;
    }
}
```

访问数据库之前，先建立数据连接 DbConnection.java，代码如下：

```
package mvc.dbc;
import java.sql.*;
public class DbConnection {
    private static final String DB_Driver = "com.mysql.jdbc.Driver";
    private static final String DB_URL = "jdbc:mysql://localhost:3306/test";
    private static final String DB_USER = "root";
    private static final String DB_PASSWORD = "nbuser";
    private Connection conn = null;

    public DbConnection() {
        try {
            Class.forName(DB_Driver);       //加载驱动程序
            //连接数据库
            this.conn = DriverManager.getConnection(DB_URL, DB_USER, DB_PASSWORD);
        } catch (SQLException sqle) {
            sqle.printStackTrace();
        } catch (ClassNotFoundException cnfe) {
            cnfe.printStackTrace();
        }
    }

    public Connection getConnectionByUser() {
        return this.conn;
    }

    public void closeByUser() {
        if (this.conn != null) {
            try {
                this.conn.close();
            } catch (SQLException sqle) {
```

```
                    sqle.printStackTrace();
                }
            }
        }
}
```

DAO 中的接口 ILoginUserDAO.java，代码如下：

```
package mvc.dao;
import mvc.vo.login_user_bean;
public interface ILoginUserDAO {
    /**
         * 用户登录验证
         *@param logUser  传入 VO 对象
         *@param output  验证的操作结果
         *@throw Exception
         */
    public boolean validateLogin(login_user_bean logUser)throws Exception;
}
```

DAO 中的接口实现 LoginUserDAOImpl.java，代码如下：

```
package mvc.dao;
import mvc.vo.login_user_bean;
import java.sql.*;
public class LoginUserDAOImpl implements ILoginUserDAO{
    private Connection conn;
    private PreparedStatement ps;
    public LoginUserDAOImpl(Connection conn){
        this.conn=conn;
    }
    public boolean validateLogin(login_user_bean logUser) throws Exception {
        boolean flag=false;
        try{
        String sql="select user_password,description from login_user where user_name=?";
        ps=conn.prepareCall(sql, ResultSet.TYPE_SCROLL_SENSITIVE, ResultSet.CONCUR_UPDATABLE);
        ps.setString(1,logUser.getUser_name());
        ResultSet rs=ps.executeQuery();
        if(rs.next()){
            if(rs.getString("user_password").equals(logUser.getUser_password())){
                flag=true;
                logUser.setDescription(rs.getString("description"));
            }
        }
```

```
        }catch(Exception e){
            throw e;
        }finally{
            if(this.ps!=null){
                try{
                this.ps.close();
                }catch(Exception e){
                    throw e;
                }
            }
        }
        return flag;
    }
}
```

DAO 中的接口代理 LoginUserDAOProxy.java，代码如下：

```
package mvc.dao;
import mvc.dbc.DbConnection;
import mvc.vo.login_user_bean;
public class LoginUserDAOProxy implements ILoginUserDAO{
    private DbConnection dbconn;
    private ILoginUserDAO log_dao;
    public LoginUserDAOProxy(){
        dbconn=new DbConnection();
        log_dao=new LoginUserDAOImpl(dbconn.getConnectionByUser());
    }
    public boolean validateLogin(login_user_bean logUser) throws Exception {
        boolean flag=false;
        try{
            flag=this.log_dao.validateLogin(logUser);
        }catch(Exception e){
            throw e;
        }finally{
            this.dbconn.closeByUser();
        }
        return flag;
    }
}
```

定义工厂类 DAOFactory.java，代码如下：

```
package mvc.factory;
import mvc.dao.*;
```

```
public class DAOFactory {
    public static ILoginUserDAO getLoginUserInstance(){
        return new LoginUserDAOProxy();
    }
}
```

定义作为 Controller 的 LoginServlet.java，代码如下：

```
package mvc.servlet;
import java.io.IOException;
import java.io.PrintWriter;
import java.util.ArrayList;
import java.util.List;
import javax.servlet.ServletException;
import javax.servlet.http.HttpServlet;
import javax.servlet.http.HttpServletRequest;
import javax.servlet.http.HttpServletResponse;
import mvc.factory.DAOFactory;
import mvc.vo.login_user_bean;
public class LoginServlet extends HttpServlet {
    /**
     * Processes requests for both HTTP <code>GET</code> and <code>POST</code> methods.
     * @param request servlet request
     * @param response servlet response
     * @throws ServletException if a servlet-specific error occurs
     * @throws IOException if an I/O error occurs
     */
    protected void processRequest(HttpServletRequest request, HttpServletResponse response)
            throws ServletException, IOException {
        response.setContentType("text/html;charset=UTF-8");
        PrintWriter out = response.getWriter();
        try {
            String destUrl = "index.jsp";
            List<String> msg = new ArrayList<String>();
            String user_name = request.getParameter("user_name");
            String user_password = request.getParameter("user_password");
            if (user_name == null || "".equals(user_name)) {
                msg.add("用户名为空");
            }
            if (user_password == null || "".equals(user_password)) {
                msg.add("密码为空");
            }
```

```
            if (msg.isEmpty()) {
                login_user_bean loguser = new login_user_bean();
                loguser.setUser_name(user_name);
                loguser.setUser_password(user_password);
                try {
                    if (DAOFactory.getLoginUserInstance().validateLogin(loguser)) {
                        msg.add("用户登录成功，欢迎" + loguser.getDescription() + " " +
                        loguser.getUser_name() + "光临！");
                    } else {
                        msg.add("登录失败，用户名或密码不正确！");
                    }
                } catch (Exception e) {
                    e.printStackTrace();
                }
            }
            request.setAttribute("msg", msg);
            request.getRequestDispatcher(destUrl).forward(request, response);
        } finally {
            out.close();
        }
    }

    // <editor-fold defaultstate="collapsed" desc="HttpServlet methods. Click on the + sign on the left to edit
     the code.">
    /**
     * Handles the HTTP <code>GET</code> method.
     * @param request servlet request
     * @param response servlet response
     * @throws ServletException if a servlet-specific error occurs
     * @throws IOException if an I/O error occurs
     */
    @Override
    protected void doGet(HttpServletRequest request, HttpServletResponse response)
            throws ServletException, IOException {
        processRequest(request, response);
    }

    /**
     * Handles the HTTP <code>POST</code> method.
     * @param request servlet request
```

```
     * @param response servlet response
     * @throws ServletException if a servlet-specific error occurs
     * @throws IOException if an I/O error occurs
     */
    @Override
    protected void doPost(HttpServletRequest request, HttpServletResponse response)
            throws ServletException, IOException {
        processRequest(request, response);
    }

    /**
     * Returns a short description of the servlet.
     * @return a String containing servlet description
     */
    @Override
    public String getServletInfo() {
        return "Short description";
    }// </editor-fold>
}
```

定义作为 View 的 JSP 页 index.jsp，代码如下：

```
<%@page import="java.util.Iterator"%>
<%@page import="java.util.List"%>
<%@page contentType="text/html" pageEncoding="GB2312"%>
<!DOCTYPE HTML PUBLIC "-//W3C//DTD HTML 4.01 Transitional//EN"
    "http://www.w3.org/TR/html4/loose.dtd">

<html>
    <head>
        <meta http-equiv="Content-Type" content="text/html; charset=GB2312">
        <title>JSP MVC DEMO</title>
    </head>
    <body>
        <h2>LOGIN...</h2>
        <form action="LoginServlet" method="POST">
            <table border="0">
                <tbody>
                    <tr>
                        <td>Name: </td>
                        <td><input type="text" name="user_name" value="" /></td>
                    </tr>
```

```
                <tr>
                    <td>Password: </td>
            <td><input type="password" name="user_password" value="" /></td>
                </tr>
                <tr>
            <td><input type="submit" value="LOGIN" name="submit" /></td>
            <td><input type="reset" value="RESET" name="reset" /></td>
                </tr>
            </tbody>
        </table>
    </form>
    <%
                request.setCharacterEncoding("utf-8");
        List<String> msg = (List<String>) request.getAttribute("msg");      //取得属性
                if (msg != null) {      //判断是否有内容
                    Iterator<String> iter = msg.iterator();       //实例化 Iterator
                    while (iter.hasNext()) {
    %>
    <h3><%=iter.next()%></h3>
    <%
                    }
                }
    %>
</body>
</html>
```

直接运行 index.jsp，键入正确的用户名和密码，结果如图 11-5 所示。

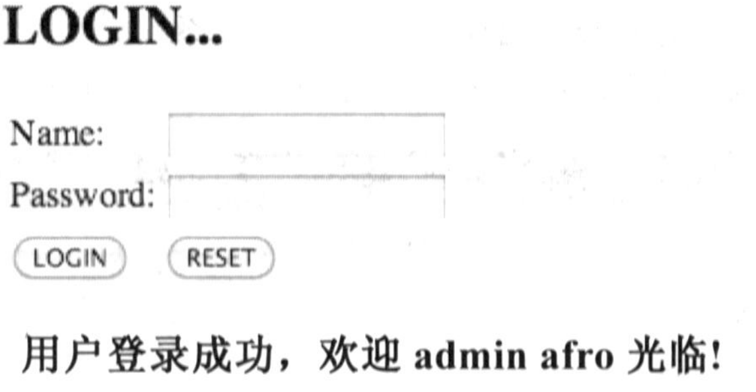

LOGIN...

Name: [ ]

Password: [ ]

(LOGIN) (RESET)

用户登录成功，欢迎 admin afro 光临!

图 11-5　登录成功

用户名和密码出错，结果如图 11-6 所示。

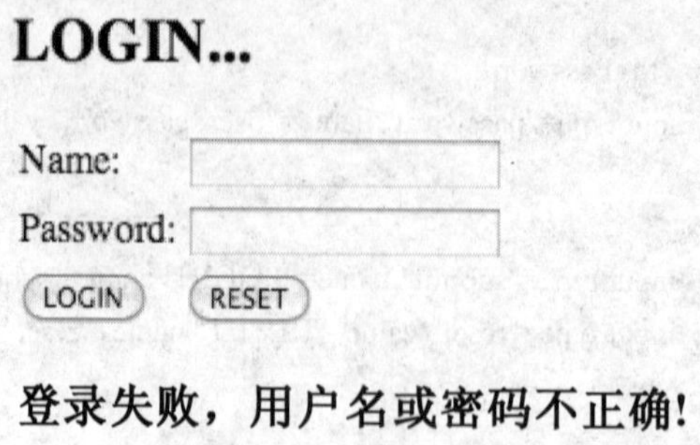

LOGIN...

Name:

Password:

LOGIN RESET

登录失败，用户名或密码不正确!

图 11-6 登录失败

11.4 构建和部署

11.4.1 构建 WAR

在 Web Server 上部署（发布）Web App 之前，需要对整个 Web 项目进行构建（生成），把包含 Web 项目的目录进行打包操作，生成 WAR（Web Archive）文件。

WAR 需要 JDK 的支持，如果在安装 JDK 时设置了 Java 二进制执行文件在操作系统环境下的 Path，则直接在命令提示符下输入 jar 命令。

Path 设置方法：以 Windows 7 为例，右击桌面上的“计算机”图标，选择“属性”选项，在弹出的“系统”窗口左侧选择“高级系统设置”，弹出“系统属性”→“高级”设置窗口；单击“环境变量”按钮，弹出“环境变量”对话框，在“系统变量”下找到 Path 选项并选中，单击“编辑”按钮，把 JDK 目录下保存二进制文件的文件夹 bin 的绝对路径添加到已经存在的 Path 之后，与前面的路径用“分号”(;) 隔开；单击“确定”按钮，完成 Path 设置。

在命令提示符中直接键入 path 指令，会显示所有在系统变量中被设置的应用程序路径，查看是否存在 Java 二进制文件保存目录 bin 的路径，如图 11-7 所示。

```
gies\ATI.ACE\Core-Static;D:\ProgramData\AppServer\MySQL Server 5.4\bin;C:\Progra
m Files\Java\jdk1.7.0_21\bin;C:\Program Files (x86)\Microsoft SQL Server\100\Too
```

图 11-7 bin 目录路径添加成功

在命令提示符方式下使用 cd 指令进入需要打包成 WAR 文件的 Web 项目的根目录，如 Chapter11d，在该目录下执行以下指令：

```
jar -cvf chapter11d.war */.
```

或者在包含打包目录的父目录中执行下列指令：

```
jar -cvf chapter11d.war -C Chapter11d /
```

注意：在 Chapter11d 和“/”之间必须存在“ ”(空格)，否则 jar 无法执行成功。

上述指令均实现把整个 Chapter11d 目录的文件打包成 chapter11d.war 文件。

jar 指令选项及功能描述如表 11-1 所示。

表 11-1　jar 选项及描述

jar 指令选项	功能描述
-c	创建新的归档（Archive）文件
-t	列出归档目录
-v	在标准输出中生成详细输出
-u	更新现有的归档文件
-x	从档案中提取指定的（或所有）文件
-f	指定归档（jar、war、ear）文件名
-m	包含指定清单文件中的清单信息
-C	更改为指定的目录并包含其中的文件

例 11-2　把 Tomcat 的 webapps 目录下的项目文件夹 manager 构建成 manager.war。

执行步骤：

（1）打开命令提示符，进入 Tomcat 根目录下的 webapps 目录。

（2）执行 jar 命令。

```
jar -cvf manager.war -C manager /
```

jar 命令执行过程如图 11-8 所示。

```
管理员: Windows 命令处理程序
D:\inServers\Apache Tomcat 7.0.34\webapps>jar -cvf manager.war -C manager /
已添加清单
正在添加: images/(输入 = 0) (输出 = 0)(存储了 0%)
正在添加: images/add.gif(输入 = 1037) (输出 = 693)(压缩了 33%)
正在添加: images/asf-logo.gif(输入 = 7279) (输出 = 6965)(压缩了 4%)
正在添加: images/code.gif(输入 = 394) (输出 = 368)(压缩了 6%)
正在添加: images/design.gif(输入 = 608) (输出 = 483)(压缩了 20%)
正在添加: images/docs.gif(输入 = 261) (输出 = 258)(压缩了 1%)
正在添加: images/fix.gif(输入 = 345) (输出 = 321)(压缩了 6%)
正在添加: images/tomcat.gif(输入 = 2066) (输出 = 2063)(压缩了 0%)
正在添加: images/update.gif(输入 = 627) (输出 = 568)(压缩了 9%)
正在添加: images/void.gif(输入 = 43) (输出 = 37)(压缩了 13%)
正在添加: index.jsp(输入 = 906) (输出 = 525)(压缩了 42%)
正在忽略条目META-INF/
正在添加: META-INF/context.xml(输入 = 1214) (输出 = 692)(压缩了 42%)
正在添加: status.xsd(输入 = 4037) (输出 = 1025)(压缩了 74%)
正在添加: WEB-INF/(输入 = 0) (输出 = 0)(存储了 0%)
正在添加: WEB-INF/jsp/(输入 = 0) (输出 = 0)(存储了 0%)
正在添加: WEB-INF/jsp/401.jsp(输入 = 3341) (输出 = 1507)(压缩了 54%)
正在添加: WEB-INF/jsp/403.jsp(输入 = 4099) (输出 = 1777)(压缩了 56%)
正在添加: WEB-INF/jsp/404.jsp(输入 = 2657) (输出 = 1252)(压缩了 52%)
正在添加: WEB-INF/jsp/sessionDetail.jsp(输入 = 8356) (输出 = 2368)(压缩了 71%)
正在添加: WEB-INF/jsp/sessionsList.jsp(输入 = 11055) (输出 = 2564)(压缩了 76%)
正在添加: WEB-INF/web.xml(输入 = 7189) (输出 = 1732)(压缩了 75%)
正在添加: xform.xsl(输入 = 4813) (输出 = 1319)(压缩了 72%)
```

图 11-8　jar 命令执行过程

（3）在 webapps 目录中使用 dir 命令查看，存在 manager.war 文件则构建成功，如图 11-9 所示。

```
2013/05/24  22:20    <DIR>          manager
2013/07/01  21:03            29,528 manager.war
```

图 11-9　成功构建 manager.war

11.4.2　Tomcat 部署 Web App

Web App 在 Apache Tomcat 服务器中必须要部署之后才能被浏览器访问，而 Tomcat 服务器部署 Web App 有两种方式：静态部署和动态部署。

（1）静态部署：在 Apache Tomcat 服务器启动之前就把 Web 项目或打包的 Web 应用的 WAR 文件拷贝到服务器的 webapps 目录中，这样才能在服务器启动之后，通过客户端浏览器访问该 Web App。第 2 章中提到过 webapps 目录 Tomcat 服务器默认的 Web 应用程序目录，当 Tomcat 服务启动时会加载这个目录下的应用。

若 Web 项目不存在于 Tomcat 的 webapps 下或者不方便移动，则可以在 Tomcat 根目录下的\conf\Catalina\localhost 目录中创建一个和 Web 项目同名的 xml 文件，并添加 Context 标签。以本章项目 Chapter11d 为例，在 localhost 目录下创建 chapter11d.xml 文件，代码如下：

```
<?xml version="1.0" encoding="UTF-8"?>
<Context docBase="D:\iDesign\NetBeansInstance\Chapter11d\build\web" path="/Chapter11d" reloadable="false"/>
```

Context 标签的部分属性在 10.5.2 节已经介绍，这里不再赘述。

创建该 XML 文件后，Tomcat 服务器会根据 docBase 的属性值加载 Web 应用程序。客户端浏览器地址栏中的 URL 为：

```
http://localhost:8080/Chapter11d/
```

如果已经构建成 Chapter11d.war 文件，该文件的存放目录为 D 盘根目录，localhost 目录下的 chapter11d.xml 文件代码如下：

```
<?xml version="1.0" encoding="UTF-8"?>
<Context docBase="D:\ Chapter11d.war " path="/Chapter11d" reloadable="false" unpackWAR="false"/>
```

unpackWAR 属性用来指定 Tomcat 访问 WAR 文件的方式，默认为 true，即 Tomcat 服务器在 webapps 下创建一个 Chapter11d 目录，然后把 Chapter11d.war 包解压后拷贝到该目录下；该属性为 false 则取消自动解压 WAR 包。

（2）动态部署：在 Apache Tomcat 服务器启动之后部署 Web App，无需重启服务器。

动态部署需要使用 Tomcat 服务器提供的 manager.war 文件，manager 目录可以在 webapps 目录下找到，对其进行打包即可。

另外，使用 manager.war 还需要编辑 conf 目录下的 tomcat-users.xml 文件，在文档编辑器中打开，添加访问 manager 应用的相关权限和隶属于这些权限下的用户。

添加代码块如下：

```
<role rolename="manager-script"/>
  <role rolename="manager-gui"/>
  <role rolename="manager-jmx"/>
  <role rolename="manager-status"/>
  <role rolename="admin-gui"/>
  <role rolename="admin-script"/>
<user username="nbuser" password="nbuser" roles="manager-gui,manager-script,manager-jmx,
manager-status,admin-gui,admin-script"/>
```

在命令提示符下键入 startup 启动 Tomcat 服务器，在浏览器地址栏中输入地址：http://localhost:8080/manager 执行 manager.war，在弹出的对话框中输入用户名和密码 nbuser，输入正确则进入 Tomcat Web Application Manager 页面，其中列出当前 Tomcat 服务器中部署的所有 Web App，可以对它们执行 Start、Stop、Reload 和 Undeploy 操作，并且可以设置 session 的过期时间。

动态部署需要使用该页面中的 Deploy 表单中的属性，如图 11-10 所示。

Deploy	
Deploy directory or WAR file located on server	
Context Path (required):	
XML Configuration file URL:	
WAR or Directory URL:	
	Deploy
WAR file to deploy	
Select WAR file to upload	浏览...
	Deploy

图 11-10　Deploy 表单

Context Path 中输入需要在浏览器地址栏中访问的路径，如/Chapter11d；XML Configuration file URL 输入包含 Context 标签的 XML 文件的地址，也可以省略；WAR or Directory URL 输入需要部署的 WAR 文件或 Web 项目的路径，如 D:\ Chapter11d.war。

单击第一个 Deploy 按钮实现动态部署 Web App。

如果部署的是 WAR 文件，可以直接在 WAR file to deploy 节点下的 Select WAR file to upload 后通过“浏览”按钮选中需要部署的 WAR 文件，再单击第二个 Deploy 按钮即可实现动态部署。

11.4.3　NetBeans 构建部署

NetBeans 作为一款集成的快速开发工具，将构建和部署通过更加简便的方式实现，实现步骤如下：

（1）在“项目”窗格中右击选中需要构建的 Web 项目，在弹出的快捷菜单中选择“构建”或“清理并构建”选项，后者能对之前的内容先进行清除。

（2）若构建成功，进入“文件”窗格，找到部署的 Web 项目的文件夹，展开后出现 build 目录和 dist 目录，其中 WAR 文件在 dist 目录中，如图 11-11 所示。

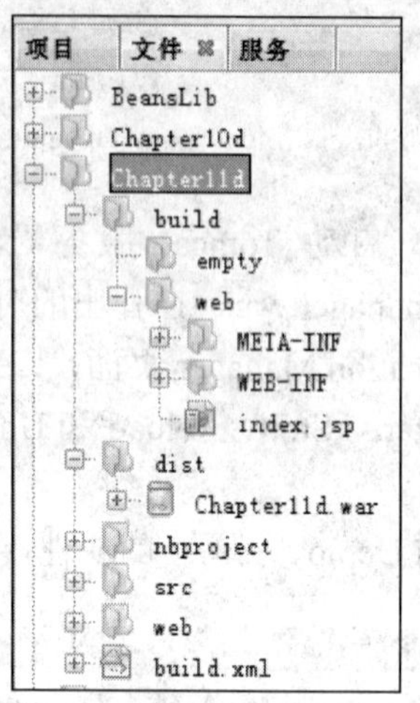

图 11-11　build 目录和 dist 目录

build 目录实际上就是 Web App 的文件目录，而 dist 目录则保存 Web App 被打包后的 WAR 文件。

（3）根据在创建 Web App 时选择的 Web Server，返回“项目”窗格，右击需要部署的 Web 项目，在弹出的快捷菜单中选择“部署”选项，则 NetBeans 启动 Web Server，对 Web 项目进行部署，成功后在输出栏中显示相关信息，如图 11-12 所示。

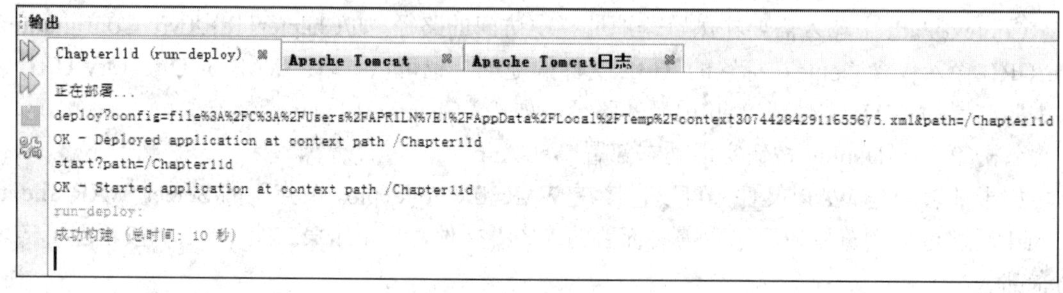

图 11-12　部署成功

（4）切换到“服务”窗格，展开“服务器”节点，继续展开 Apache Tomcat 服务器节点下的 Web 应用程序，可以看到已经部署成功的 Web App，如图 11-13 所示，可以在“服务”窗格中选中 Web App 并右击，在弹出的快捷菜单中选择“在浏览器中打开”选项；或直接在浏览器地址栏中输入 http://localhost:8084/Chapter11d/打开部署成功的 Web App。

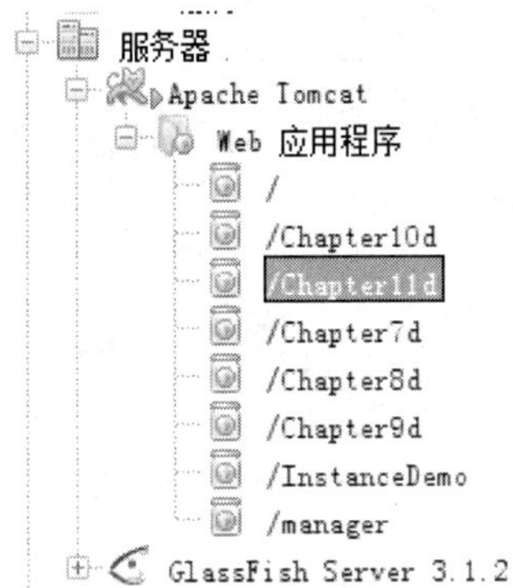

图 11-13　Tomcat 服务器中部署的 Web App

11.5　实例实现

通过本书内容的学习，读者应该可以发现全书的实例均是按照 MVC 框架的规范按部就班地创建和执行的，是否存在某些不足之处，还需要聪明的读者根据 2.1 节给出的功能需求来自行实现。

提示：在 NetBeans 环境下构建并部署该实例能够事半功倍。

11.6　习题

1．简述 MVC 中各层的基本功能和联系。

2．Model1 分为哪两个阶段，它们的区别是是什么？

3．能够在 Model 层中访问数据库的组件是（　　）。（多选）

A．JavaBean　　B．POJO　　C．EJBs　　D．JSP

4．在 Model2 体系结构中，（　　）被单独提出来。

A．Model　　B．View　　C．Controller　　D．Servlet

5．对 JDBC 进行轻量级封装的框架技术是（　　）。

A．Hibernate　　B．Struts　　C．Struts2　　D．Spring

6．说出静态部署和动态部署的区别。